烟草栽培学实验指导

主　编　符云鹏

副主编　时向东　叶协锋

参　编　王　静　王　景
　　　　姚鹏伟

黄河水利出版社

·郑州·

内 容 提 要

本书是为配合讲授《烟草栽培学》课程而编写的。本书在烟草栽培核心实验基础上,适当增加了基础学科实验,包括土壤学、植物生理学和分子生物学等,同时,增加了一定比例的综合性、设计性实验。全书共 66 个实验,主要介绍烟草植物学性状观察、烟草生长与品质分析、烟草生理生化指标测定、调制后烟叶样品化学成分测定、土壤养分分析等实验技术。附录部分包括烟草农艺性状调查方法、烤烟国家标准(GB 2635—1992),以及各种常用试剂的配制和使用方法等,可供读者查阅。

全书实验在多年实验教学和科研反复验证的基础上,参考了其他研究方法和烟草行业的部分标准。本书可作为高等农林院校烟草学专业的烟草栽培实验教材,也可供烟草行业从事烟草栽培的科技工作者参考使用。

图书在版编目(CIP)数据

烟草栽培学实验指导/符云鹏主编. —郑州:黄河水利出版社,2019.7

ISBN 978 - 7 - 5509 - 1496 - 4

Ⅰ.①烟… Ⅱ.①符… Ⅲ.①烟草 - 栽培技术 - 实验 - 高等学校教学参考资料 Ⅳ.①S572 - 33

中国版本图书馆 CIP 数据核字(2018)第 266714 号

出 版 社:黄河水利出版社
  地址:河南省郑州市顺河路黄委会综合楼 14 层　　邮政编码:450003
发行单位:黄河水利出版社
  发行部电话:0371 - 66026940、66020550、66028024、66022620(传真)
  E-mail:hhslcbs@ 126. com
承印单位:河南承创印务有限公司
开本:787 mm × 1 092 mm　1/16
印张:13.5
字数:312 千字　　　　　　　　　　　　印数:1—1 000
版次:2019 年 7 月第 1 版　　　　　　　印次:2019 年 7 月第 1 次印刷

定价:36.00 元

前　言

　　烟草栽培学是研究烟草生长发育、产量和品质形成规律及其与环境的关系,探索通过栽培管理、生长调控和优化决策等途径,实现烟草优质、适产、高效及可持续发展的理论、方法和技术的科学。烟草栽培学实验和实习是烟草栽培学课程学习的重要环节,不仅有助于学生深入理解烟草栽培学的理论与方法,更重要的是通过烟草栽培实验和实习,掌握烟草栽培基本研究方法和实验技术,以及从事烟草栽培工作的基本技能。

　　本书在内容上力求遵循科学性、系统性、实用性,理论与实践相结合,反映了现代作物栽培学发展的成果。本书以烟草生物学、烟叶品质评价和烟草栽培技术实验为主,在实际教学中有选择地安排实验。为了满足学生实验实习的需要,增加了烟草栽培过程中经常用到的土壤样品和烟株样品的采集与处理、土壤养分的测定、烟草生理指标和化学成分的测定、烟草 DNA 和 RNA 的提取方法等内容,供本科生、研究生参考。

　　本书由河南农业大学烟草学院组织编写,参与编写人员及编写分工如下:第一部分由符云鹏编写,第二部分由时向东编写,第三部分实验 8、9、10、13、14、15、16 由符云鹏编写,实验 11、12 由时向东编写,第四部分实验 17 由姚鹏伟编写,实验 18～29 由王静编写,实验 30～40 由王景编写,第五部分实验 41～48 由叶协锋编写,实验 49～52 由王静编写,第六、第七部分由姚鹏伟编写,附录 1、2 由姚鹏伟编写,附录 3 由时向东编写,附录 4、5、6、7 由王静编写。全书由符云鹏统稿。

　　由于编者水平所限、时间仓促,难免有错误和不当之处,恳请读者批评指正,以便进一步修订提高。

编　者
2019 年 6 月

目　录

第一部分　样品的采集与处理

第一节　烟株样品的采集与处理

烟草栽培学实验既有不同栽培措施下烟株形态特征的观察,也有烟株生理指标的测定,所用的材料主要包括烟草的幼苗、根、茎、叶、花等器官或组织,因实验目的和条件不同而加以选择。

一、样品的采集

烟株材料形态指标及生理生化指标分析的准确性,在很大程度上取决于采集的烟株材料是否具有良好的代表性。为了保证烟株材料的代表性,必须采用科学的方法采集样品。

（一）采集方法

1. 随机取样

在试验区(或大田)中选择有代表性的取样点,取样点的数目应视田块大小而定。选好点后,随机采集一定数量具有代表性的样株。

2. 对角线取样

在试验区(或大田)按对角线选定 5 个取样点,然后在每个点上随机采集一定数量具有代表性的烟株。

（二）取样注意事项

(1)取样的地点。一般在距田埂或地边一定距离的株行取样,或在特定的取样区内取样。取样点的四周不应该有缺株现象。

(2)取样后,按分析目的将根、茎、叶分开,并附上标签,装入放有冰块的泡沫箱,或将整个烟株尽快无损伤地带回实验室。

(3)为了动态地了解供实验用的烟株在不同生育期的生理状况,常按烟株不同的生育期采集样品进行分析。

二、样品的处理与保存

从田间采集的烟株样品,或从烟株上采集的器官组织样品,在正式测定之前的一段时间里,如何正确妥善地保存和处理非常重要,它关系到测定结果的准确性。一般实验所取烟株样品应该是生育正常、无损伤的健康材料。采集的烟株样品或器官组织样品,必须放入事先准备好的装有冰袋的保湿容器中,以维持样品的水分状况与未取下之前基本一致。否则,由于取样后的失水,特别是在田间取样带回室内的过程中,由于强烈失水,使离体材料的许多生理过程发生明显的变化,用这样的试材进行测定,会产生较大的误差。对于器官组织样品,如叶片或叶组织,在取样后就应立即放入已铺有湿纱布带盖的瓷盘或样品箱中;对于干旱研究的实验材料,应尽可能维持其原来的水分状况。

采回的新鲜样品在做分析之前,一般先要经过净化、杀青、烘干(或冻干)等一系列处理。

(一)净化

从田间或试验地取回的新鲜烟叶样品,可能沾有灰尘或泥土等杂质,应用柔软湿布擦净,不应用水冲洗。用于测定矿质营养元素的烟株根、茎样品,沾染泥土较多,可用清水快速冲洗干净,不可在水中浸泡。

(二)杀青

为了保持样品化学成分不发生转变和损耗,应将样品置于 105 ℃的烘箱中杀青 15 ~ 20 min ,以终止样品中酶的活动。

(三)烘干

样品经过杀青之后,应立即降低烘箱的温度,维持在 65 ~ 70 ℃,直到烘干至恒重为止。烘干所需的时间因样品数量和含水量、烘箱的容积和通风性能而定。烘干后的植株样品一般要进行磨碎。

(四)冷冻干燥

在烟草代谢组学研究中,一般需要对样品进行真空冷冻干燥处理,防止样品在烘干过程中代谢物组成的改变;在测定不同栽培措施下烟草叶片发育过程中挥发性香味物质含量变化时,也需要进行真空冷冻干燥处理,以防止杀青或烘干过程中挥发性香味物质的损失。冷冻干燥处理的具体步骤如下:

(1)冻干机预冷、装料。将装料盘装入冻干机,在 – 40 ℃下预冷 30 min,将液氮温度下捣碎的新鲜烟叶样品快速装入预冷的物料盘中,放回冻干机内。

(2)新鲜烟叶样品预冻。在 – 40 ℃下预冷 30 min,真空度 600 mTorr(1 Torr = 133 Pa)。

(3)一次干燥。在 – 20 ℃下冻干 4 ~ 12 h,真空度达到 200 mTorr 时进入下一个程序。

(4)二次干燥。干燥温度 0 ℃,冻干 4 ~ 12 h,真空度达到 50 mTorr 时进入下一个程序。

(5)升温至 20 ℃,真空度设定为 0 ~ 5 mTorr,在该条件下继续干燥 4 h 以上,让样品充分干燥并升至室温。

烘干或冻干后的叶样品要进行磨碎,过 40 ~ 60 目筛,并混合均匀作为分析样品,储存于具有磨口玻塞的广口玻璃瓶中,随即贴上标签,注明样品的采集地点、试验处理、采样日期。

此外,在测定植物材料中酶的活性或某些成分(如维生素 C、DNA、RNA 等)的含量时需要用新鲜样品,取样时应注意保鲜,取样后应立即进行待测组分提取。在进行新鲜材料的活性成分(如酶活性)测定时,样品的匀浆、研磨一定要在冰浴上或低温室内操作。新鲜样品采后来不及测定的,可放入液氮中速冻,再放入 – 80 ℃的冰箱中保存。

第二节　土壤样品的采集与处理

土壤是一个复杂的且不均一的体系,因而给土壤样品的采集带来了很大的困难。各种因素也会对其产生影响,自然因素包括地形(高度、坡度)、母质等;人为因素有耕作和施肥等,特别是耕作和施肥导致的土壤养分分布不均匀,例如条施和穴施、起垄种植、深耕等措施,均能造成局部的差异。采集 1 kg 土样,再在其中取出几克或者几百毫克,而足以代表一定面积的土壤,送到实验室工作者手中的仅仅是土样的一小部分,如果送来的样品不符合要求,那么任何精密仪器和熟练的分析技术都将毫无意义。因此,分析结果能否说明问题,关键在于土壤样品的采集。

分析测定只能是样品,但要通过样品的分析,而达到以样品论"总体"的目的。因此,采集的样品对所研究的对象(总体),必须具有最大的代表性。总体是指一个从特定来源的、具有相同性质的大量个体事物或现象的全体;样品是由总体中随机抽取出来的一些个体所组成的。样品与总体之间存在着同质的"亲缘"联系,因而样品可作为总体的代表,但同时也存在着一定程度非异质性的差异,差异愈小,样品的代表性愈大;反之亦然。因此,必须十分注意所采集样品的代表性,采样时要贯彻"随机"化原则,即样品应当随机地取自所代表的总体。为了达到这个目的,必须避免一切主观因素,使组成总体的个体有同样的机会被选入样品。

一、土壤样品的采集

(一)混合土样的采集

1. 混合土样的采集方法

以指导农业生产或进行田间试验为目的的土壤分析,一般都采集混合土样。采集土样时首先根据土壤类型以及土壤的差异情况,把土壤划分成若干个采样区,称之为采样单元,每一个采样单元的土壤要尽可能均匀一致。一个采样单元包括多大面积的土地,由于分析目的的不同,具体要求也不同。每个采样单元再根据面积大小,分成若干小单元,每个小单元代表面积愈小,则样品的代表性愈可靠。但是面积愈小,采样花费的劳力就愈大,而且分析工作量亦愈大,那么一个混合样品代表多大面积比较可靠而经济呢? 除不同土类必须分开来采样外,一般可以从几亩❶到几十亩。原则上应使所采的土样能对所研究的问题,在分析数据中得到应有的反映。

由于土壤的不均一性,使各个体都存在着一定程度的变异。因此,采集样品必须按照一定采样路线和"随机"多点混合的原则。每个采样单元的采样点 5 ~ 20 个,视土壤差异和面积大小而定,但不宜少于 5 个点。混合土样一般采集耕层土壤(0 ~ 15 cm 或 0 ~ 20 cm);有时为了了解不同土壤的肥力差异和自然肥力变化趋势,可适当采集底土(15 ~ 30 cm 或 20 ~ 40 cm)的混合样品。烟草上一般采集耕层 0 ~ 20 cm 的土壤样品,最多采到犁底层的土壤;对土层深厚、疏松、根系分布较深的土壤,可适当增加采样深度到 20 ~ 30

---

❶　1 亩 = 1/15 hm² ≈ 666.67 m²。

cm。

2. 采集混合样品的要求

（1）每一点采集的土样厚度、深浅、宽狭应大体一致。

（2）根据地形、样点数量和地力均匀程度布置采样点。面积不大、比较方正的地块，可采用对角线取样法；面积较大、形状方正、肥力不匀的地块，可采用棋盘式取样法（方格取样法）；面积较大、形状长条或复杂、肥力不匀的地块，多采用S形取样法（见图1）。

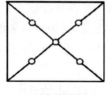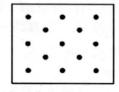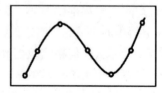

对角线取样法　　　　棋盘式取样法　　　　S形取样法

图1　采样点分布

（3）采样地点应避免田边、路边、沟边和特殊地形的部位以及堆过肥料的地方。

（4）一个混合样品是由均匀一致的许多点组成的，各点的差异不能太大，不然就要根据土壤差异情况分别采集几个混合土样，使分析结果更能说明问题。

（5）一个混合样品重在1 kg左右，如果重量超出很多，可以把各点所采集的土壤样品放在塑料布上用手捏碎混合并铺成四方形，划分对角线分成四等份，取其对角的两份，其余可弃去，如果所得的样品较多，可再用四分法处理，直到所需数量（见图2）。将样品混合均匀后放在布袋或塑料袋里，附上标签，用铅笔注明采样地点、采土深度、采样日期、采样人，标签一式两份，一份放在袋里，一份粘贴在袋上。与此同时，要做好采样记录。

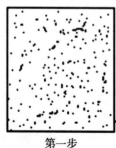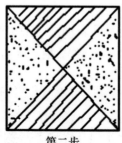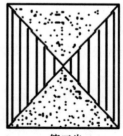

第一步　　　　　　　第二步　　　　　　　第三步

图2　四分法

（6）试验田土样的采集首先选择肥力比较均匀的土壤进行试验，使试验中的各个处理尽可能少受土壤不均一性的干扰；采样单元的面积不能太大。

3. 采样时间

土壤有效养分的含量随着季节的改变而有很大的变化，主要受土壤温度和水分影响较大。一般反映土壤养分供应、制订施肥方案时，往往在秋耕后或春季烟田耕耙后施肥前采集耕层土壤样品。

(二)特殊土样的采集

1. 观测土壤养分动态变化样品的采集

为研究烟草生长过程中土壤养分的动态变化而进行土壤样品采集时,可根据研究的要求分层次进行布点采样。

2. 根际土的采集

松散黏附在根系表面 1~4 mm 范围内的土壤为根际土。根际土的采集一般采用抖根法,将整株烟连根拔起,会有大量的土附着在根系上,先将表面的大块松软的土抖落弃掉;剩下的附着在根系表面、黏附力强的土为根际土,继续抖根收集根际土,注意将混在土壤中的根系剔除。

3. 物理性质样品的采集

有些试验是对土壤物理结构进行研究,这时就需要采集原状土,避免破坏其物理结构。以植烟土壤的团聚体为例,用土铲铲取垄上的待测土层,用手轻轻地将表面的土拨开,只要最中心的未被破坏的原状土,然后放到硬质的塑料盒中,且在运输过程中避免剧烈震动。

4. 土壤盐分动态样品的采集

研究盐分在剖面中的分布和变动时,不必按发生层次取样,而自地表起每 10 cm 或 20 cm 采集一个样品。

二、采集土壤样品的工具

采集方法随采样工具而不同。常用的采样工具有 3 种类型:小土铲、管形土钻和普通土钻。

(一)小土铲

用小土铲取样,斜着向下切取一薄片的土壤样品(见图 3)。这种土铲在任何情况下都可使用,但比较费工,不适合多点混合采样。

图 3 小土铲采样图

(二)管形土钻

下部为一圆柱形开口钢管,上部为柄架,根据工作需要可用不同管径的管形土钻。采样时,将土钻垂直钻入土中,在一定土层深度处,取出一均匀土柱。管形土钻取土速度快,又少混杂,特别适用于大面积多点混合样品的采集。但它不太适用于沙性大的土壤,或干硬的黏重土壤。

(三)普通土钻

普通土钻使用起来比较方便,但一般只适用于湿润的土壤,不适用于很干的土壤,同样也不适用于沙土。另外,普通土钻的缺点是容易使土壤混杂。用普通土钻采集的土样,分析结果往往比其他工具采集的土样要低,特别是有机质、有效养分等的分析结果较为明显。这是因为用普通土钻取样,容易损失一部分表层土样。由于表层土较干,容易掉落,而表层土的有效养分、有机质的含量又较高。

不同取土工具带来的差异主要是上下土体不一致造成的。这也说明采样时应注意采土深度,上下土体保持一致。

三、土壤样品的制备和保存

从野外取回的土样,经登记编号后,都需经过一个制备过程,即风干、磨细、过筛、混匀、装瓶,以备各项指标测定之用。

样品制备目的是:①除去非土壤的组成部分;②适当磨细,充分混匀,使分析时所称取的少量样品具有较高的代表性,以减少称样误差;③全量分析项目,样品需要磨细,以使分解样品的反应能够完全和彻底;④使样品可以长期保存,不致因微生物活动而霉坏。

(一)新鲜样品和风干样品

为了样品的保存和工作的方便,从野外采回的土样都先进行风干。但是,在风干过程中,有些成分如低价铁、铵态氮、硝态氮等会起很大的变化,这些成分的分析一般均用新鲜样品。在做土壤酶活性或者土壤微生物的试验时,这些成分非常容易失活,所以需要采集新鲜土样,并且在采集的时候如果试验地距离实验室较远,需要带装有冰袋的冰盒,取完土样立即放入冰盒中。需要注意的是,冰盒只是起到暂时存放的作用,冰盒的保鲜效果只能维持一段时间,不可放入太久,带回实验室后应立即放入 4 ℃ 或 −80 ℃ 冰箱中(根据所测指标而定)。

(二)样品的风干、粉碎和保存

(1)风干。将采回的土样放在木盘中或塑料布上,摊成薄薄的一层,置于室内通风阴干。在土样半干时,须将大土块捏碎(尤其是黏性土壤),以免完全干后结成硬块,难以磨细。风干场所力求干燥通风,并要防止酸蒸气、氨气和灰尘的污染。

样品风干后,应拣去动植物残体如根、茎、叶、虫体等和石块、结核(石灰、铁、锰)。如果石子过多,应当将拣出的石子称重,记下所占的百分数。

(2)粉碎。过筛风干后的土样,倒入钢玻璃底的木盘上或牛皮纸上,用木棍研细,使之全部通过 10 目(2 mm 孔径)的筛子。充分混匀后用四分法分成两份,一份作为物理分析用,另一份作为化学分析用。作为化学分析用的土样还必须进一步研细,使之全部通过 20 目(1 mm 孔径)或 40 目(0.5 mm 孔径)的筛子。土壤 pH、交换性能、速效养分等测定样品不能研磨太细,过细容易破坏土壤矿物晶粒,使分析结果偏高。同时要注意,土壤研细主要使团粒或结粒破碎,这些结粒是由土壤黏土矿物或腐殖质胶结起来的,而不能破坏单个的矿物晶粒。因此,研碎土样时只能用木棍滚压,不能用榔头捶打。因为矿物晶粒破坏后,增加有效养分的溶解。

全量分析的指标包括 Si、Fe、Al、有机质、全氮等的测定则不受磨碎的影响,而且为了减少称样误差和促进样品分解,需要将样品磨得更细。方法是取部分已混匀的过 20 目或 40 目筛子的样品铺开,划成许多小方格,用骨匙多点取出土壤样品约 20 g,磨细,使之全部通过

100目筛子。测定Si、Al、Fe的土壤样品需要用玛瑙研钵研细,瓷研钵会影响Si的测定结果。

（3）保存。一般用磨口塞的广口瓶或塑料瓶保存半年至一年,以备必要时查核之用。样品瓶上标签须注明样号、采样地点、土类名称、试验区号、深度、采样日期、筛孔等项目。

标准样品是用以核对分析人员各次成批样品的分析结果,特别是各个实验室协作进行分析方法的研究和改进时需要有标准样品。标准样品需长期保存,不使混杂,样品瓶贴上标签后,应以石蜡涂封,以保证不变。每份标准样品附各项分析结果的记录。

第二部分 烟草植物学性状观察

实验 1 烟草叶片细胞基本结构观察

一、实验目的

(1)掌握光学显微镜的使用方法。
(2)掌握光学显微镜下烟草叶片细胞的基本结构。
(3)了解烟草叶片细胞核、质体以及液泡的特点与分布。

二、实验材料与用品

(1)仪器:光学显微镜。
(2)永久制片:成熟烟草叶片海绵组织永久制片。

三、实验步骤与方法

(一)实验内容
(1)调节显微镜观察烟草叶细胞。
(2)记录在显微镜下观察到的烟草细胞的基本结构。

烟草叶片细胞具有复杂的结构(见图1),在这里我们只观察烟草叶片海绵组织细胞的基本结构,需在高倍镜下观察下列部分:

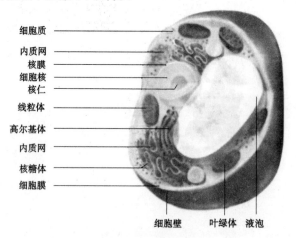

图 1 烟草叶片细胞亚显微结构图

细胞壁:包围在细胞的最外层,通过调节细调节器和光圈,可见相邻两个细胞的细胞壁,中间是共有的胞间层。

细胞膜(质膜):是包围整个细胞的膜,通常情况下与细胞壁贴在一起。研究细胞内部结构,首先要有单位膜概念,细胞内结构,很多都是膜结构。对膜结构的研究不断深入,单位膜的认识也在不断发展。

细胞核:原生质体中有一染色较深的,呈扁圆球状的结构,在成熟烟草叶片细胞中一般是贴近细胞壁的,在幼嫩细胞中核位于中央。核内有折光性更强,染色更深的一个至多个小颗粒,为核仁。

液泡:植物细胞的液泡是一个复杂系统,有着维持细胞渗透压、储存同化物等重要作用。一般观察中,成熟细胞有中央大液泡。小液泡则是各时期都存在的。液泡具有重要的代谢作用。其结构是单膜包绕,液泡中常见到内消化结构。

质体:植物细胞内的质体分为有色体和白色体。最重要的是叶绿体,外周为两层膜,基质内有扁平封密的小囊称为类囊体,类囊体密叠排列形成基粒。组成基粒的类囊体被称为基粒类囊体或基粒片层,叶绿体内含有淀粉粒。白色体主要有造粉体和造油体,结构也是双层膜包围。未成熟的质体为前质体。

(二)实验步骤

1. 取镜和放置

安放显微镜要选择临窗或光线充足的地方,桌面要清洁、平稳。显微镜平时存放在柜或箱中,用时从柜中取出,右手紧握镜臂,左手托镜座,将显微镜放在自己左肩前方的实验台上,镜座后端距桌边 1～2 寸(1 寸 = 3.33 cm)为宜,然后安放目镜和物镜(物镜10×、目镜10×)。

2. 对光

用拇指和中指移动旋转器(切忌手持物镜移动),使低倍镜正对通光孔(当转动听到碰叩声时,说明物镜光轴已对准镜筒中心)。打开光圈,上升集光器,并将反光镜(光强时用平面镜,光弱时用凹面镜)转向光源,以左眼在目镜上观察(右眼睁开),同时调节反光镜方向,至视野内的光线均匀明亮为止。

3. 放置玻片标本

取一成熟烟草叶永久制片放在镜台上,使有盖玻片的一面朝上,用推片器弹簧夹夹住,将所要观察的部位正对通光孔中心。

4. 调节焦距

观察之前,以左手按逆时针方向转动粗调节器,使镜筒缓慢下降至物镜距标本片约5 mm 处,应注意在镜筒降低时,从侧面观察镜筒下降,切勿使物镜与玻片标本接触,造成镜头或标本片的损坏。然后,两眼同时睁开,用左眼在目镜上观察,左手顺时针方向缓慢转动粗调节器,直到视野中出现清晰的物像(如果物像不在视野中心,可调节推片器将其调到中心)。

5. 低倍镜观察

焦距调准后,移动玻片标本,对烟草叶片细胞的基本形态和结构特点(见图2)进行全面的观察。

6. 高倍镜观察

选择一个结构清晰的叶片细胞,并将其调至到视野的正中央。调换上高倍镜头,转动

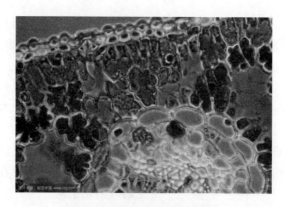

图2 烟草叶片细胞显微结构

转换器,并从侧面进行观察,防止高倍镜头碰撞玻片。转换高倍镜后,轻轻转动细调节器,直到视野中出现清晰的烟草叶片细胞。

7. 绘图

观察烟草叶片细胞的基本结构(见图3)以及细胞核和液泡的特点,并画图记录。绘图时使用铅笔,尽量使线条平滑连贯。用细点点击表示原生质,原生质浓度高的地方点得稠密些,浓度低的地方点得稀一些,并用平直线及文字标示细胞结构。

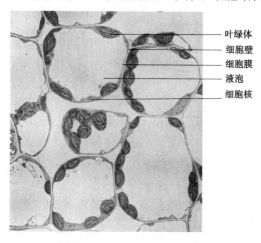

叶绿体
细胞壁
细胞膜
液泡
细胞核

图3 烟草叶片细胞结构图

8. 收放

观察完毕之后,先提升镜筒,取下玻片样本,然后转动转换器,使两个物镜伸向前方,并将镜筒缓慢降至最低处,最后将显微镜装入镜箱。

四、作业

绘烟草叶片细胞结构图,并标注各部分名称。

实验 2　烟叶的形态和结构观察

一、目的要求

(1)了解不同烟叶形态特征。

(2)掌握烟叶内部组织结构特征。

二、实验材料与用品

显微镜 15 台,烟草叶片横切片 15 组;不同类型烟株叶片 10 组;1/10 000 电子天平 10 台;铅笔 30 支;直尺 30 把;烘箱 2 台;计算器 10 个。

三、实验步骤与方法

(一)形态观察

取不同种类烟株叶片 10 组,进行烟叶的形态观察。

1.叶片大小(单位:cm)

叶长——叶尖到叶基的直线长度(见图 1)。

叶宽——叶面最宽处的直线长度(见图 1)。

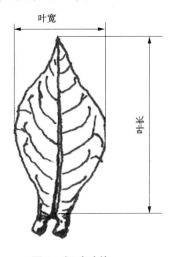

图 1　烟叶叶片

2.叶形

叶形根据叶片的形状和长宽比例确定,分椭圆形、卵圆形、心脏形和披针形。根据烟草叶形模式图,确定叶片的基本形状,再依据叶片的长宽比例(或称叶形指数)均值,确定烟叶的实际形状。

根据叶片长宽比例和最宽处的位置,叶形分为以下 8 种(见图 2):

(1)宽椭圆形:叶长为叶宽的 1.6 ~ 1.9 倍。

(2)椭圆形:叶长为叶宽的 1.9 ~ 2.2 倍。

（3）长椭圆形:叶长为叶宽的 2.2 ~ 3.0 倍。

（4）宽卵圆形:叶长为叶宽的 1.2 ~ 1.6 倍。

（5）卵圆形:叶长为叶宽的 1.6 ~ 2.0 倍。

（6）长卵圆形:叶长为叶宽的 2.0 ~ 3.0 倍。

（7）披针形:叶长为叶宽的 3 倍以上,最宽处大多在叶的基部。

（8）心脏形:叶长为叶宽的 1 ~ 1.5 倍,最宽处在叶的基部,叶基近主脉处呈凹陷状。

（1）~（3）三种叶形的最宽处都在叶片的中部,（4）~（6）三种叶形的最宽处都在叶片的基部。

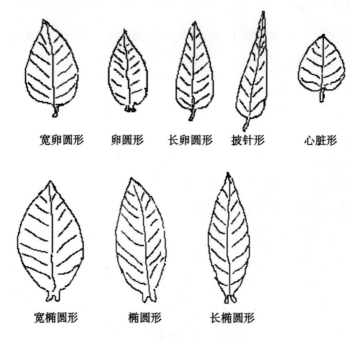

宽卵圆形　卵圆形　长卵圆形　披针形　心脏形

宽椭圆形　椭圆形　长椭圆形

图2　叶形

3.叶柄

叶柄分有、无两种(见图3),自茎至叶基部的长度为叶柄长度。

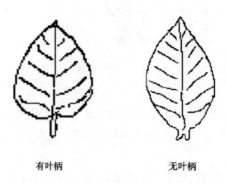

有叶柄　　　　　无叶柄

图3　叶柄

4. 叶尖

叶尖分钝尖、渐尖、急尖、尾尖四种(见图4)。

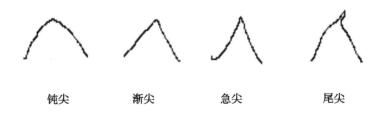

钝尖　　　　　渐尖　　　　　急尖　　　　　尾尖

图4　叶尖

5. 叶耳

叶耳分大、中、小、无四种。

6. 叶面

叶面指叶片表面的平整程度,分平、较平、较皱、皱折四种(见图5)。

平　　　　　较平　　　　　较皱　　　　　皱折

图5　叶面

7. 叶缘

叶缘分较平滑、微波、波浪、皱折、锯齿五种(见图6)。

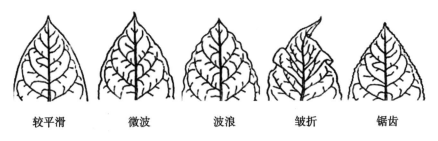

较平滑　　　　微波　　　　波浪　　　　皱折　　　　锯齿

图6　叶缘

8. 叶色

叶色分浓绿、深绿、绿、浅绿、黄绿等。

9. 叶片厚薄

叶片厚度分厚、较厚、中、较薄、薄五级。

10. 叶肉组织

叶肉组织分细密、中等、疏松三级。

(二)结构观察

烟草叶片的解剖结构观察:通常叶片的内部结构分为表皮、叶肉和叶脉三部分(见图7)。取烟草叶横切片于低倍镜下观察,分清上、下表皮,叶肉和叶脉等几个部位的构造,然后转换高倍镜观察。

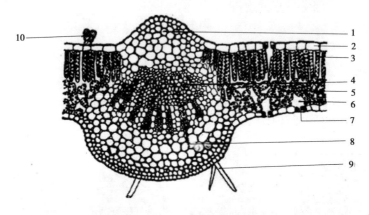

1—厚角细胞;2—表皮;3—栅栏组织;4—主脉木质部;
5—海绵组织;6—气孔下室;7—气孔器;8—主脉韧皮部;9—表皮毛;10—腺毛

图7 烟叶经主脉的部分横剖面图

1. 表皮

表皮是一层排列整齐而紧密的细胞,横切面上呈扁长方形,外壁较厚,上表皮具角质层,下表皮中有成对、较小的细胞即保卫细胞,两个保卫细胞之间的缝隙是气孔。

2. 叶肉

叶肉位于上、下表皮之间,细胞内含有大量的叶绿体,是植物进行光合作用的场所。烟草叶肉细胞分为栅栏组织和海绵组织。栅栏组织是一列或几列长柱形的薄壁细胞,其长轴与上表皮垂直相交,成栅栏状排列。在叶片横切面上,栅栏组织排列紧凑,而在与表皮平行的切面上观察,可发现栅栏组织细胞之间互相不接触或接触很少,形成发育良好的胞间隙系统,保证了每个细胞与气体充分接触,有利于光合作用时大量的气体交换。海绵组织位于栅栏组织与表皮之间,是形状不规则、含少量叶绿体的薄壁细胞。细胞排列疏松,胞间隙很大,特别是在气孔内方,形成较大的气孔下室。

3. 叶脉

叶脉是叶片内的维管束,由原形成层发育而来。在主脉和较大侧脉的维管束周围还有薄壁组织和机械组织,是由基本分生组织发育成的。主脉或大的侧脉由维管束和机械组织组成。主脉维管束中木质部在近轴端,而韧皮部在远轴端,且两者之间有 1~2 层形成层细胞属无线维管束(见图8)。侧脉维管束的组成趋于简单,木质部和韧皮部只有少数几个细胞,但一般都具有薄壁形成的维管束鞘。

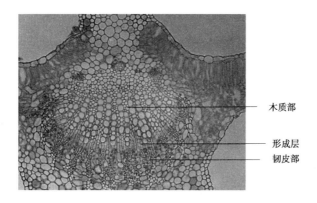

图8　烟叶中脉维管束

木质部
形成层
韧皮部

四、作业

（1）对提供的10组不同类型烟株叶片进行烟叶形态观察并记录（见表1）。

（2）绘制烟草叶片横切片图。

表1　烟叶形态记录表

烟叶形态＼样品编号		1	2	3	4	5	6	7	8	9	10
叶片大小	长（cm）										
	宽（cm）										
叶形											
叶柄											
叶尖											
叶耳											
叶面											
叶缘											
叶色											
厚度											
叶肉组织											

实验3 不同发育时期烟草叶片显微结构观察

一、目的要求

了解烟草叶片的显微结构及不同发育时期表皮、栅栏组织、海绵组织等结构形态变化。

二、实验材料与用品

（1）不同发育时期烟草叶片石蜡切片，按叶龄（叶长）分别为 7 d（5 cm）、10 d（10 cm）、14 d（20～25 cm）、28 d（35～40 cm）、36 d（50～55 cm）、59 d（65～70 cm）、63 d（成熟）。

（2）光学显微镜。

三、实验步骤与方法

（一）了解烟草叶片的结构

烟草叶片由表皮、栅栏组织、海绵组织构成（见图1）。

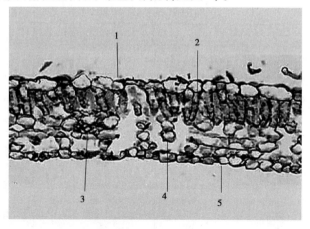

1—上表皮;2—栅栏组织;3—维管束;4—海绵组织;5—下表皮

图1　烟草叶片横切面

1. 表皮

在烟叶的上、下两面各有一层排列整齐、紧密、呈长方形或近椭圆形的细胞,这就是烟叶的表皮,上表皮细胞较下表皮细胞稍大。正面看表皮细胞形状不整齐,呈凹凸不平的波纹状轮廓,邻近细胞凹凸部分互相嵌合。表皮细胞内不含叶绿体,叶缘部分表皮细胞常膨大,并向外突出。

2. 栅栏组织

栅栏组织存在于上表皮的下方,是一些平行排列呈栅栏状的长柱状细胞。栅栏组织有大量的叶绿体,是光合作用的主要场所,它的细胞长轴垂直于叶表面,细胞间隙较小但自由表面积较大,有利于光合作用。烟草叶片只有一层栅栏组织细胞。

3.海绵组织

海绵组织在下表皮的上方,一般品种有三四层。细胞形状不规则,细胞间隙较大,呈腔穴状。海绵组织细胞叶绿体较少,但叶绿体多呈圆盘形,其直径较栅栏组织细胞的叶绿体稍大。

(二)方法与步骤

取不同叶龄烟草切片,置于显微镜下观察,注意不同发育时期叶片内部组织结构变化情况。

(1)观察烟草叶片7 d(5 cm)切片:叶肉细胞排列紧密规则,细胞分裂旺盛,能看出有些细胞处于有丝分裂末期,各层细胞的形状规则一致,近圆形或方形,叶肉细胞中还没有出现栅栏组织和海绵组织的分化,无胞间隙,细胞核清晰可见,体积较大,细胞质较浓(见图2)。

(2)观察烟草叶片10 d(10 cm)切片:叶肉细胞增多,叶肉栅栏细胞纵向伸长形成长柱状的栅栏组织,细胞排列整齐,叶肉组织逐渐分化为栅栏组织和海绵组织,各组织细胞依然紧密排列(见图3)。

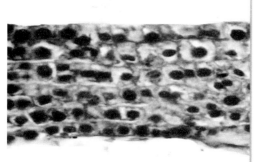

图2　烟草叶片7 d(5 cm)切片　　　　图3　烟草叶片10 d(10 cm)切片

(3)观察烟草叶片14 d(20～25 cm)切片:栅栏组织和海绵组织分化十分明显,栅栏组织纵向生长较快,海绵组织细胞形状开始不规则,细胞间出现细胞间隙,组织结构稍疏松(见图4)。

(4)观察烟草叶片28 d(35～40 cm)切片:栅栏组织继续纵向伸长,细胞排列疏松,海绵组织横向伸长,形状无规则,组织细胞间隙增大(见图5)。

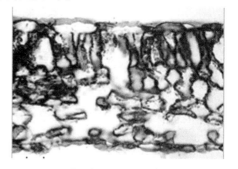

图4　烟草叶片14 d(20～25 cm)切片　　　图5　烟草叶片28 d(35～40 cm)切片

(5)观察烟草叶片36 d(50～55 cm)切片:海绵组织细胞数量减少,成层现象消失,形状更加不规则,呈明显的多臂形,细胞间产生了较大的胞间隙,栅栏组织细胞密度降低,细胞间隙也逐渐增大(见图6)。

(6)观察烟草叶片59 d(65~70 cm)切片:叶肉排列更加疏松,细胞间隙更加扩大并相互贯通,部分组织细胞开始收缩解体(见图7)。

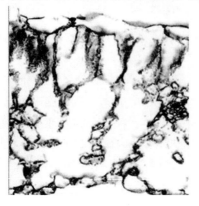 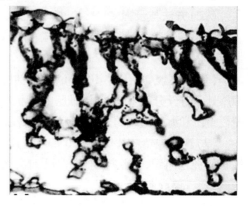

图6　烟草叶片36 d(50~55 cm)切片　　　图7　烟草叶片59 d(65~70 cm)切片

(7)观察烟草叶片63 d(成熟)切片:上下表皮的细胞结构不完整,栅栏组织细胞的收缩和海绵组织细胞的降解程度增大,叶片组织结构十分疏松(见图8)。

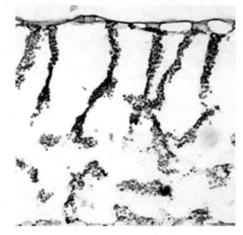

图8　烟草叶片63 d(成熟)切片

(8)根据观察情况填写表格(见表1)。

表1　不同发育时期烟草叶片显微结构观察情况

组织结构 ＼ 叶龄	7 d	10 d	14 d	28 d	36 d	59 d	63 d
上表皮							
栅栏组织							
海绵组织							
下表皮							

四、作业

（1）绘制烟草叶片 14 d(20~25 cm)横切面图,并标注各部分名称。

（2）列表比较烟草叶片在叶龄 14 d(20~25 cm)与叶龄 63 d(成熟)时期组织结构的变化情况。

实验 4　烟草花芽分化及茎尖组织学观察

一、目的要求

（1）通过观察烟草花芽不同分化时期的解剖结构,掌握烟草花芽分化的机制以及不同时期的特点。

（2）通过本次学习掌握石蜡切片的制作方法。

二、实验材料与用品

（1）不同花芽分化时期烤烟的茎尖组织。

（2）显微镜、载玻片、盖玻片、染色缸、解剖针、手工刀、旋转切片机、酒精灯、量筒、烧杯等。

（3）试剂:FAA 固定液、各级浓度酒精、番红染色液、固绿染色液、石蜡、二甲苯、梅氏粘贴剂、加拿大树胶、蒸馏水等。

三、实验步骤与方法

（一）制片

1. 取材

选取不同花芽分化时期的烟草材料,利用手工刀与解剖针进行分割处理。

2. 固定

将分割好的材料立即放入盛有 FAA 固定液的小瓶中进行固定,固定时间为 24 h 以上。

3. 冲洗与脱水

利用 50% 的酒精进行冲洗后,利用 50%→70%→83%→90%→95% 各级酒精逐级脱水,各约 2 h,无水酒精 2 次,每次 1 h,进行脱水。

4. 透明

利用 1/2 酒精 +1/2 二甲苯(2~6 h)→纯二甲苯(2~6 h),直到透明。

5. 浸蜡

在室温下逐渐向装有透明材料的二甲苯小瓶中投入石蜡屑,使其饱和,再把小瓶放入 35~37 ℃ 的恒温箱中,继续投入蜡屑,逐渐增加小瓶中石蜡的浓度,使石蜡逐步向材料内部渗透,过夜。然后倒入 1/2 二甲苯石蜡后,再倒入 1/2 融化的石蜡(重复 2~3 次,每次 2 h),再换纯蜡两次,每次 1 h。

6. 包埋

浸蜡后,将事先叠好的纸盒编号(或在盒壁写上欲包埋的材料名称)放在实验台上,取事先溶好的石蜡倒入盒中,然后迅速从恒温箱中取出材料,移入盒内,并注意摆好位置和切面,待盒内石蜡表面开始凝固时,将纸盒移至冷水中冷却加速凝固。待完全凝固后,将纸盒从水盆中取出拭干,待行切片。

7. 切片

取包埋好的材料,将蜡块的材料之间切一适当深沟,用手掰开,用解剖刀切去材料周围的石蜡,仅留部分不使材料暴露的适当大小方块,并将切面相对的一面黏附在一木块上。

将上述的木块固定在旋转切片机的夹物部上,调节切片厚度(10～15 μm)及切片刀的角度,旋转切片机手轮柄即可切成连续的蜡带。

8. 粘片

取干净载片,用清洁手指蘸少许梅氏粘贴剂均匀地涂在载片上(一定要薄),再在其上加数滴蒸馏水,分割蜡带将蜡片浮于水上,在酒精灯上微微加热,使其展平,倾斜载片,排去多余水分,用解剖刀(针)调整材料位置后,放35～37 ℃三用水箱的烫板上继续展片。当水分完全蒸发后,将玻片放恒温箱干燥。

9. 染色

(1)先将干燥好的载片放入盛二甲苯的染色缸内去蜡。

(2)取出载片分别在材料上滴加二甲苯—1/2 纯酒精＋1/2 二甲苯—纯酒精—蒸馏水—番红染色液(2～3 min)—蒸馏水—纯酒精—固绿染色液(10～30 s)—纯酒精—1/2 纯酒精＋1/2 二甲苯—二甲苯。

10. 透明

滴染后的材料再放入另一盛二甲苯的染色缸中(10～30 min)。

11. 封固

取透明好的切片,将材料周围擦拭干净,滴一滴加拿大树胶后,再取干净的盖片从树胶滴一侧放下盖好,并防止气泡发生。

12. 镜检

利用显微镜进行制片的观察,挑选合适形态的玻片进行观察学习。

(二)观察

(1)选取不同分化时期的花芽切片,利用显微镜进行观察。

(2)不同分化时期的花芽切片如图1～图8所示(TU—原套;CO—原体;LP—叶原基;ABP—腋芽原基;BP—苞叶原基;IP—花序原基;V—维管束;SFP—小花原基;CaP—花萼原基;CoP—花冠原基;SP—雄蕊原基;PP—雌蕊原基;AN—花药;CA—心皮)。

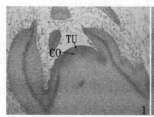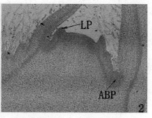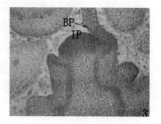

图1　花芽未分化期　　　　　　　　　图2　花芽分化初始期

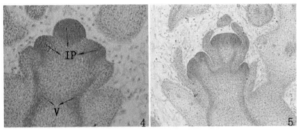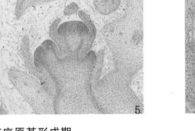

图 3　第一次花序原基形成期　　　　图 4　花萼原基分化

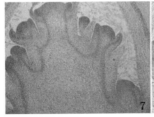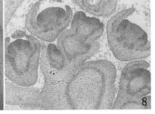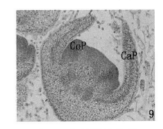

图 5　第二次花序原基形成期　　　　图 6　花瓣原基出现

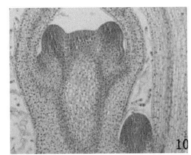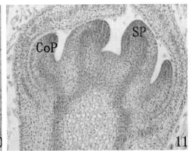

图 7　花瓣、雄蕊原基分化

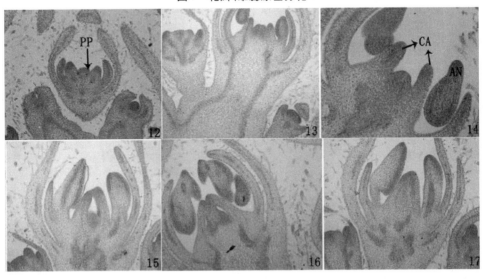

图 8　雌蕊原基分化

四、作业

写出烟草花芽分化各时期的特点并绘制不同时期烟草花芽显微结构剖面图。

备注：

梅氏(Meyer)粘贴剂配方：新鲜的鸡蛋清 25 mL、甘油层 25 mL、水杨酸钠(或麝香草酚,或碳酸)0.5 g。

配制时可将鸡蛋清打入较大的量筒(100 mL)中,再加入甘油与防腐药,然后用力摇荡,可以看到许多泡沫。静置一些时候用纱布过滤后,装入滴瓶中备用。

FAA 固定液配方：50%(70%)酒精 90 mL、冰醋酸 5 mL、福尔马林(37%~40%甲醛)5 mL。

实验 5　烟草根的初生结构和次生结构观察

一、实验目的

(1)掌握烟草根系的构成和基本特征。
(2)掌握烟草根的初生解剖结构。
(3)掌握烟草根的次生解剖结构。

二、实验材料与用品

(1)仪器：光学显微镜。
(2)新鲜材料：烟草幼苗。
(3)永久制片：烟草幼根横切片,烟草老根横切片。

三、实验步骤与方法

(一)实验步骤

(1)观察烟草幼苗根系。
(2)使用光学显微镜观察烟草幼根的初生结构。
(3)使用光学显微镜观察烟草老根的次生结构。

(二)实验方法

1.烟草根系外形观察

取烟草幼苗,观察根的外形(见图 1),注意根发生部位和形态特征的不同。

图 1　烟草幼苗

烟草的根属圆锥根系,由主根、侧根和不定根三部分组成。烟草本属直根系植物,但并不像大豆、棉花的主根那样明显,在烟草移栽时,烟草根系会受到一定程度的损伤,主根甚至有可能会被切断,在主根和根茎部分发生许多侧根,侧根又可产生二级侧根和三级侧根。烟草茎上可以发生不定根,通过培土可以大大增加烟草不定根的数量,因此烟草的侧根和不定根是烟草根系的主要组成部分。

2.烟草根尖的分区

烟草的根尖分为根冠、分生区、伸长区和成熟区四个部分(见图2)。

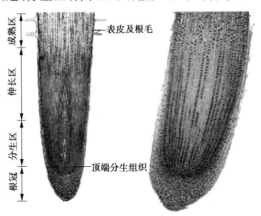

图2　烟草根尖结构

(1)根冠:根尖最前端,由排列疏松的薄壁细胞组成。

(2)分生区:由一群胚性细胞构成,由它分化出根的初生结构。该部分属于分生组织,细胞壁薄、细胞质浓、细胞核大、分裂旺盛。

(3)伸长区:位于分生区的后面,细胞逐渐停止分裂,开始分化,细胞快速伸长,液泡变大。

(4)成熟区:也叫根毛区,初生结构分化完成的部分,也是吸水作用最强的部分,外表密被根毛。

3.烟草幼根初生结构观察

取烟草幼根横切片,使用光学显微镜观察烟草根的初生结构。

通过观察可以发现,烟草根的初生结构由三部分组成。由外向内分别为表皮、皮层和中柱(见图3)。

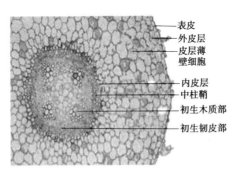

图3　烟草根的初生结构

(1)表皮:主要起吸收和保护作用。

(2)皮层:由皮层薄壁组织和内皮层两部分组成,是水分和溶质从根毛到中柱的输导途径,也是幼根储藏营养物质的场所,并有一定的通气作用。

(3)中柱:包括中柱鞘、初生木质部、初生韧皮部和薄壁组织四个部分。中柱鞘具分裂能力,侧根由此产生,初生木质部是输导水分的组织,初生韧皮部是输导同化物的组织。

4.烟草老根次生结构观察

取烟草老根横切片,使用光学显微镜观察烟草根的次生结构。

烟草根在完成了初生生长后,还会进一步进行次生生长,使根的直径增粗,并形成次生维管组织和周皮等次生结构。维管形成层向内产生次生木质部,向外产生次生韧皮部,形成根的次生维管组织;木栓形成层向外产生木栓层,向内产生栓内层,形成根的周皮(见图4)。

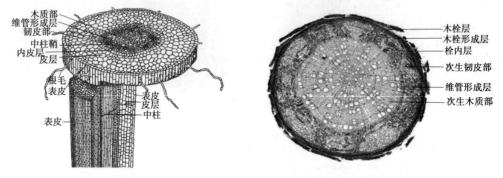

图4 烟草根次生结构

四、作业

(1)绘烟草幼根初生结构图,并标注各部分名称。
(2)绘烟草老根次生结构图,并标注各部分名称。

实验6 烟草叶片腺毛观察

一、目的要求

(1)掌握烟草叶片腺毛观察方法。
(2)熟练区分长柄分泌型腺毛、短柄分泌型腺毛及保护毛。

二、实验材料与用品

(1)新鲜烟草叶片。
(2)VHX-5000超景深显微镜。
(3)直径1 cm的打孔器。
(4)镊子。
(5)相机。

三、实验步骤与方法

（一）内容

（1）使用超景深显微镜（VHX-5000）对烟叶表面的腺毛进行观察。

（2）统计长柄分泌型腺毛、短柄分泌型腺毛及保护毛的个数。

烤烟腺毛属于混合型，按有无分泌功能可分为腺毛和保护毛，根据腺毛形态把腺毛分为长柄腺毛和短柄腺毛。各品种叶面腺毛均由长柄分泌型腺毛、短柄分泌型腺毛及保护毛三种类型组成。长柄分泌型腺毛又分为长柄多细胞腺头腺毛、长柄单细胞腺头腺毛、长柄分枝腺毛，由多细胞腺柄和 1 至多个细胞的腺头组成。短柄分泌型腺毛由一个柄细胞和四个顶生的腺头细胞组成，为单细胞柄多细胞头腺毛。保护毛由多细胞组成，顶端呈矛状，无腺头细胞。

（二）实验步骤与方法

1. 取样

挑选生长一致、健康、具有代表性的烟株 3 株，选取每个烟株同一部位的一片叶子，在叶片主脉一侧的中间，用直径 1 cm 的打孔器在叶片上表面和下表面各打取一个圆片，用镊子直接撕取圆片的上、下表皮，用于观察叶片上表面和下表面的腺毛。

2. 取镜和放置

安放显微镜时要选择临窗或光线充足的地方，桌面要清洁、平稳。

3. 对光

用拇指和中指移动旋转器（切忌手持物镜移动），使低倍镜正对通光孔（当转动听到碰叩声时，说明物镜光轴已对准镜筒中心）。打开光圈，上升集光器，并将反光镜（光强时用平面镜，光弱时用凹面镜）转向光源，用左眼在目镜上观察（右眼睁开），同时调节反光镜方向，直至视野内的光线均匀明亮。

4. 放置玻片标本

取烟样上（下）表皮放在镜台上，使有盖玻片的一面朝上，用推片器弹簧夹夹住，将所要观察的部位正对通光孔中心。

5. 调节焦距

观察之前，用左手按逆时针方向转动粗调节器，使镜筒缓慢下降至距标本片约 5 mm 处，在镜筒降低时应从侧面观察镜筒下降，切勿使物镜与玻片标本接触，以免造成镜头或标本片的损坏。然后，两眼同时睁开，用左眼在目镜上观察，左手顺时针方向缓慢转动粗调节器，直到视野中出现清晰的物像（如果物像不在视野中心，可调节推片器将其调到中心）。

6. 低倍镜观察

焦距调准后，移动玻片标本，对烟草叶片腺毛的基本形态和结构特点进行全面的观察。

7. 高倍镜观察

选择一个清晰的视野，并将其调至视野的正中央。调换上高倍镜头，轻轻转动细调节器，直到视野中出现清晰的烟草腺毛（见图 1、图 2）。

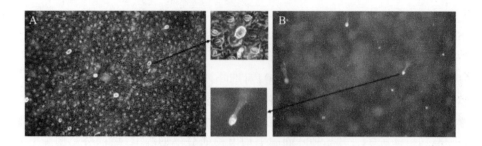

A—短柄腺毛;B—长柄腺毛

图1 长短柄腺毛形态

红花大金元

豫烟11

翠碧1号

K326

中烟100

A—长柄腺毛;B—短柄腺毛;C—保护毛

图2 5种烤烟叶面腺毛示意图

8. 统计

对放大倍数进行统一,拍照后统计视野内长柄分泌型腺毛、短柄分泌型腺毛及保护毛的个数,取 3 次重复的平均值作为最终结果。

9. 收放

观察完毕之后,先提升镜筒,取下玻片样本,然后转动转换器使两个物镜伸向前方,并将镜筒缓慢降至最低处,最后将显微镜装入镜箱。

四、作业

自行观察任意一品种烟叶腺毛形态,拍照后进行分类统计。

实验 7　烟草蒴果和种子形态观察与种子处理技术

一、目的要求

(1)了解普通烟草果实和种子的外部形态。
(2)掌握烟草种子处理的方法。

二、实验材料与用品

(1)普通烟草的蒴果和种子。
(2)白纸、浆糊、带毫米刻度的钢尺、1/10 000 天平、培养皿、恒温恒湿培养箱。
(3)试剂:0.5% 硫酸铜溶液、0.5% 碘化钾溶液、0.5% 溴化钾溶液、1% 硝酸钾溶液。

三、实验步骤与方法

(一)蒴果的观察

(1)取成熟烤烟一株,数其蒴果数量。
(2)观察烟草蒴果的大小、形状、颜色。
(3)测定蒴果的重量、花萼的长度、子房室数目。
(4)取烟草蒴果一个,数其饱满的种子数目,并根据每株蒴果数目计算每株种子数量。
(5)根据观察和测定结果填写表 1。

表 1　普通烟草果实观察记录表

种名	品种名称	颜色	形状	长度 (mm)	花萼长 (mm)	子房室数	每蒴果种子数	单株果数

（二）种子形态的观察

（1）取烟草种子，仔细观察其颜色。种子颜色一般分褐色、深褐色、浅褐色和黄色。

（2）观察种子的形态。种子的形态一般分为圆、椭圆、卵圆或其他形状。

（3）测量种子大小和千粒重。取100粒种子横摆在白纸上，量出总长，换算出一粒种子的长度（以 mm 为单位）；用同样方法，把100粒种子摆在纸上，求其宽度；用1/10 000天平称千粒重。

根据观察和测量结果填写表2。

表2　烟草种子观察记录表

| 种名 | 品种名称 | 颜色 | 大小 | | 形状 | 千粒重（g） | 每克种子数目 |
			长（mm）	宽（mm）			

（三）烟草种子处理技术

分别用清水、0.5%硫酸铜溶液、0.5%碘化钾溶液、0.5%溴化钾溶液、1%硝酸钾溶液浸泡烟草种子10 h，然后用清水冲洗干净，晾干后测定种子的发芽率和发芽势。

四、作业

（1）普通烟草蒴果观察结果。

（2）普通烟草的种子观察结果。

第三部分　烟草生长与品质分析

实验 8　烟草农艺性状调查记载

一、目的要求

烟草农艺性状是指烟草具有的与生产有关的特征、特性,是鉴别品种生产性能的重要标志,受品种特性、环境条件及栽培措施的影响。通过本实验,掌握烟草农艺性状调查方法,了解不同类型烟草农艺性状的特点。

二、实验材料与用品

(1)所需测定的烤烟、白肋烟、香料烟、黄花烟植株。
(2)皮尺、卷尺各一副。

三、实验步骤与方法

(一)选点与取样

1. 选点

大区选取有代表性的田块,采用对角线或 S 形选点。

2. 取样(以株为单位)

田间采用对角线 5 点、S 形多于 5 点取样的方法,每点不少于 10 ~ 20 株;小区实验每小区选取 10 株调查,如相同处理所有小区少于 20 ~ 30 株应做普查。

(二)调查指标与方法

1. 大田生长势

分别在团棵期和现蕾期记载。分强、中、弱三级。

2. 整齐度

在现蕾期调查。分整齐、较齐、不整齐三级。以株高和叶数的变异系数 10% 以下的为整齐,25% 以上的为不整齐。

3. 株形

植株的外部形态,开花期或打顶后一周调查。

(1)塔形:植株叶片自下而上逐渐缩小,呈塔形。

(2)筒形:植株上、中、下三部位叶片大小相近,呈筒形。

(3)腰鼓形:植株上下部位叶片较小,中部叶片较大,呈腰鼓形。

4. 株高

(1)自然株高:不打顶植株在第一青果期进行测量。自地表茎基处至第一蒴果基部的高度(单位:厘米,下同)。

(2)栽培株高:打顶植株在打顶后茎顶端生长定型时测量。自地表茎基处至茎部顶端的高度,又称茎高。

(3)生长株高:是现蕾期以前的株高,为自地表茎基处至生长点的高度。

5. 茎围

定期测量应于第一青果期或打顶后7~10 d,在自下而上第5~6叶位测量茎的周长;不定期测量应在实验规定的日期,在自下而上第5~6叶位测量茎的周长。

6. 节距

定期测量应在第一青果期或打顶后7~10 d测量株高和叶数,计算其平均长度;不定期测量应在实验规定的日期测量株高和叶数,计算其平均长度。

7. 茎叶角度

于第一青果期或打顶后7~10 d的上午10时前,自下而上测量第10片叶与茎的着生角度。分甚大(90°以上)、大(60°~90°)、中(30°~60°)和小(30°以内)四级。

8. 叶序

以分数表示。于第一青果期或打顶后7~10 d测量,自脚叶向上计数,把茎上着生在同一方位的两个叶节之间的叶数作为分母;两叶节之间着生叶片的顺时针或逆时针方向所绕圈数作为分子表示。通常叶序有2/5、3/8、5/13等。

9. 叶数

(1)有效叶数:实际采收的叶数。

(2)着生叶数:又称总叶数,自下而上至第一花枝处顶叶的叶数。

(3)生长期叶数:调查苗期和大田期叶数时,苗期长度1 cm以下的小叶、大田期长度5 cm以下的小叶不计算在内。

10. 叶片长宽

分别测量脚叶、下二棚、腰叶、上二棚和顶叶各个部位的长度和宽度。长度自茎叶连接处至叶尖的直线长度;宽度以叶面最宽处与主脉的垂直长度。

11. 叶形

根据叶片的性状和长宽比例,以及叶片最宽处的位置确定。分椭圆形、卵圆形、心脏形和披针形。

(1)椭圆形:叶片最宽处在中部。长宽比在(1.6~1.9):1为宽椭圆形,长宽比为(1.9~2.2):1为椭圆形,长宽比在(2.2~3.0):1为长椭圆形。

(2)卵圆形:叶片最宽处靠近基部(不在中部)。长宽比在(1.2~1.6):1为宽卵圆形,长宽比在(1.6~2.0):1为卵圆形,长宽比在(2.0~3.0):1为长卵圆形。

(3)心脏形:叶片最宽处靠近基部,叶基近主脉处呈凹陷状,长宽比为(1.0~1.5):1。

(4)披针形:叶片披长,长宽比为3.0:1以上。

12. 叶柄

分有、无两种。自茎至叶基部的长度为叶柄长度(以厘米表示)。

13. 叶尖

分钝尖、渐尖、急尖和尾尖四种。

14. 叶耳

分大、中、小、无四种。

15. 叶面

分皱折、较皱、较平、平四种。

16. 叶缘

分较平滑、微波、波浪、皱折、锯齿五种。

17. 叶色

分浓绿、深绿、绿、浅绿、黄绿等。

18. 叶片厚薄

分厚、较厚、中、较薄、薄五级。

19. 叶肉组织

分细密、中等、疏松三级。

20. 叶脉形态

(1)主脉颜色:分绿、黄绿、黄白等。多数白肋烟为乳白色。

(2)主脉粗细:分粗、中、细三级。

(3)主侧脉角度:在叶片最宽处测量主脉和侧脉着生角度。

21. 茎色

分深绿、绿、浅绿和黄绿四种。多数白肋烟为乳白色。

22. 花序

在盛花期记载花序的密集或松散程度。

23. 花朵

在盛花期调查花冠、花萼的形状、长度、直径和颜色。分深红、红、淡红、白色、黄色、黄绿色等。

24. 蒴果

青果期记载蒴果长度、直径及形状。

25. 种子

记载种子的形状、大小和色泽。

四、作业

提交一次不同类型烟草农艺性状调查报告。

参考文献:

烟草农艺性状调查测量方法:YC/T 142—2010〔S〕.

实验9　烟草生育期调查记载

一、实验目的

掌握烟草生育期调查方法,了解不同类型烟草生育期的差异。

二、实验材料与用品

所需测定的烤烟、白肋烟、香料烟、黄花烟烟田。

三、实验步骤与方法

(一)基本概念

1. 生育期

烟草从出苗到子实成熟的总天数;栽培烟草从出苗到烟叶采收结束的总天数。

2. 出苗期

从播种至幼苗子叶完全展开的日期。

3. 十字期

幼苗在第三真叶出现时,第一、第二真叶与子叶大小相近,交叉呈十字形的日期,称小十字期。幼苗在第五真叶出现时,第三、第四真叶与第一、第二真叶大小相近,交叉呈十字的日期,称大十字期。

4. 生根期

十字期后,从幼苗第三真叶至第七真叶出现时称为生根期。此时幼苗的根系已形成。

5. 假植期

将烟苗再次植入托盘、假植苗床或营养袋(块)的日期。

6. 成苗期

烟苗达到适栽的壮苗标准,可进行移栽的日期。

7. 苗床期

从播种至成苗这段时期。

8. 移栽期

烟苗栽植大田的日期。

9. 还苗期

烟苗从移栽到成活为还苗期。根系恢复生长,叶色转绿、不凋萎、心叶开始生长,烟苗即为成活。

10. 伸根期

烟苗从成活到团棵称为伸根期。

11. 团棵期

植株达到团棵标准,此时叶片 12～13 片,叶片横向生长的宽度与纵向生长的高度比例约2:1,形似半球状时称为团棵期。

12. 旺长期

植株从团棵到现蕾称为旺长期。

13. 现蕾期

植株的花蕾完全露出的时间为现蕾期。

14. 打顶期

植株可以打顶的日期。

15. 开花期

植株第一中心花开放的日期。

16. 第一青果期

植株第一中心蒴果完全长大,呈青绿色的日期。

17. 蒴果成熟期

蒴果呈黄褐色的日期。

18. 收种期

实际采收种子的日期。

19. 生理成熟期

烟草叶片定型,干物质积累最多的时期。

20. 工艺成熟期

烟叶充分进行内在生理生化转化,达到了卷烟原料所要求的可加工性和可用性,烟叶质量达最佳状态的时期。

21. 过熟期

烟叶达到工艺成熟以后,如不及时采收,养分大量消耗,逐渐衰老枯黄的时期。

22. 烟叶成熟期

烟叶达到工艺成熟的日期。

23. 大田生育期

从移栽到烟叶采收完毕(留种田从移栽到种子采收完毕)的这段时期。

(二)生育期调查

1. 播种期

实际播种的日期,以月、日表示。

2. 出苗期

全区50%及以上出苗的日期。

3. 小十字期

全区50%及以上烟苗呈小十字形的日期。

4. 大十字期

全区50%及以上烟苗呈大十字形的日期。

5. 生根期

全区50%及以上烟苗第四、五真叶明显上竖的日期。

6. 假植期

烟苗从母床假植到托盘及营养钵的日期,以月、日表示。

7. 成苗期

全区50%及以上幼苗达到适栽和壮苗标准的日期。

8. 苗床期

从播种到烟苗移栽的时期,以天数表示。

9. 移栽期

将烟苗从苗盘移栽到大田的日期,以月、日表示。

10. 还苗期

移栽后全区50%以上烟苗成活的日期。

11. 伸根期

烟苗成活后到团棵的时期,以天数表示。

12. 团棵期

全区50%植株达到团棵标准,以月、日表示。

13. 旺长期

全区50%植株从团棵到现蕾的时期,以天数表示。

14. 现蕾期

全区10%植株现蕾时为现蕾始期,达50%时为现蕾盛期。

15. 打顶期

全区50%植株可以打顶的日期,以月、日表示。

16. 开花期

全区10%植株中心花开为开花始期,达50%时为开花盛期。

17. 第一青果期

全区50%植株中心蒴果达青果标准的日期。

18. 蒴果成熟期

全区50%植株半数蒴果达成熟标准的日期。

19. 收种期

实际收种的日期,以月、日表示。

20. 烟叶成熟期

分别记载下部叶、中部叶和上部叶达到工艺成熟的日期。

21. 大田生育期

从移栽到烟叶最后一次采收或从移栽到种子收获的日期,以天数表示。

22. 苗期天数

出苗至成苗的天数,又称苗龄,以天数表示。

23. 大田期

从移栽至烟叶末次采收的天数。

24. 烟叶采收天数

首次采收至末次采收的天数。

25. 全生育期天数

出苗至烟叶采收结束的天数,或出苗至种子采收结束的天数。

四、作业

提交不同类型烟草大田生育期调查报告。

参考文献：

烟草农艺性状调查测量方法:YC/T 142—2010［S］.

实验 10 不同类型烟草形态特征观察与测量

一、目的要求

认识不同类型烟草主要的形态特征,能识别不同类型烟草形态特征的差异。

二、实验材料与用品

(1)材料:烤烟、白肋烟、香料烟、黄花烟开花期烟株,不同类型烟草果实、种子。
(2)用具:1/10 000 天平、米尺、镊子、1 000 mL 量筒等。

三、实验步骤与方法

(一)内容说明

烟草属于茄科(Solanaceae)烟草属(*Nicotiana*),有 64 个种。有经济价值且栽培最多的只有红花烟草(又叫普通烟草,*Nicotiana tabacum* L.)和黄花烟草(*N. rastica* L.),它们各部形态特征如下(见表 1)。

表 1 红花烟草与黄花烟草主要特征比较

项目	红花烟草	黄花烟草
生长习性	生长期长,耐寒性较差,适于温暖地区种植	生长期短,耐寒性强,适于寒冷地区种植
根系	根系发达,入土深	根系不够发达,入土浅
茎	植株高大粗壮,高 100～200 cm,圆柱形,外被有茸毛	植株较矮较细,高 60～130 cm,多呈棱形,外被茸毛多,分枝能力强
叶	有叶柄或无叶柄,多呈椭圆形或卵圆形,叶片较大较薄,叶色较淡,每株叶数多在 20 片以上,烟碱含量较低	有叶柄,叶片较小、较厚,多呈心脏形,颜色深绿,每株叶数 10～15 片,烟碱含量高
花	花较大,花冠淡红色,喇叭状	花较小,花冠黄绿色,圆筒形
果实与种子	蒴果较大而长,卵形,种子较小,黄褐色,千粒重 60～80 mg	蒴果较小而短,近球形,种子较大,深褐色,千粒重 170 mg 左右

1. 根

烟草的根属圆锥根系,由主根、侧根和不定根三部分组成。烟草根系体积、分布范围受烟草类型、耕作栽培措施影响较大。普通烟草除香料烟外,根系均发达,根系多分布在地表下40 cm深、茎周30 cm范围内;香料烟根系体积较小,分布宽度和深度均小于普通烟草。黄花烟根系体积及分布介于烤烟和香料烟之间。

2. 茎

普通烟草具有圆柱形直立的主茎,表面有茸毛,一般为鲜绿色,老时呈黄绿色,只有白肋烟的主茎是乳白色。黄花烟的茎是不规则的圆柱形。髓部松软,老熟时中空,变为木质化。栽培烟草的茎一般高60～200 cm,与类型、品种、环境及栽培条件密切相关。到烟株生长后期,茎顶端着生花序,叶腋发生腋芽。

3. 叶

叶片的形状、数目、大小与烟草类型、品种、环境及栽培条件密切相关。一般烟草叶片数20～35片,少的有十几片,多的可超过100片。烟草的叶没有托叶,叶柄有或无;叶形有卵圆形、宽卵圆形、长卵圆形、披针形、心脏形、椭圆形、宽椭圆形、长椭圆形8种。叶面有表皮毛(腺毛、保护毛),腺毛能分泌树脂、芳香油及蜡质,烟叶成熟时表皮毛部分脱落。

4. 花

烟草的花为聚伞形花序。在烟株主茎顶端着生的一朵花称为中心花。花两性,花萼绿色、钟状或管状,由5个萼片愈合而成,上部五裂;5个花瓣结合构成管状花冠,花冠的颜色和大小是烟草不同种的特征之一,黄花烟花冠短、黄绿色,普通烟草花冠较长,红色或基部淡黄色、上部粉红色;雄蕊5枚,雌蕊1枚。

5. 果实与种子

烟草的果实为蒴果,卵圆形或椭圆形;幼嫩时蒴果为绿色,成熟时呈褐色。每个蒴果有2 000～4 000粒种子。烟草的种子一般为黄褐色(黄花烟种子为深褐色),圆形或椭圆形,表面具有不规则的凸凹不平的花纹。普通烟草的种子长0.35～0.60 mm、宽0.25～0.35 mm,千粒重为60～80 mg,1 g种子有10 000～12 000粒;黄花烟的种子较大,其长度为0.55 mm以上,宽度在0.40 mm以上,千粒重约为普通烟草种子的3倍。

(二)实验步骤

1. 根系观察测量

将不同类型烟株根系完整挖出(以烟株为中心,半径为25 cm,深50 cm),用清水冲洗干净,用吸水纸将根表面的水吸干。

先描述不同类型烟草根系的形态;用米尺测量主根及各级侧根、不定根根长;将根茎分开,称根鲜重;用排水法测量根系体积。

2. 茎观察测量

(1)描述不同类型烟草茎秆颜色、形态。

(2)用米尺测量茎高,打顶烟株茎高是指地表茎基处至茎部顶端的高度,开花期烟株茎高是指地表茎基处至第一中心花基部的高度。

(3)在第5～6叶位间用米尺测量茎的周长即茎围。

3.叶片观察

(1)观测记载不同类型烟草有效叶数、叶片颜色。

(2)观测记载不同类型烟草叶片形状,用米尺测量叶片长度(自茎叶连接处至叶尖的直线长度)、宽度(以叶面最宽处与主脉的垂直长度),计算长宽比。

4.花观察

观察不同类型烟草花冠颜色、花冠形状、花冠大小。

5.果实观察

观察不同类型烟草蒴果形态、大小、数量,测量不同类型烟草种子的千粒重。

四、作业

描述各种类型烟草的形态特征,填写表2。

表2 不同类型烟草形态特征观察

器官	项目	烤烟	白肋烟	香料烟	黄花烟
根	根形态				
	根长(cm)				
	根鲜重(g)				
	根系体积(cm³)				
茎	茎高(cm)				
	茎围(cm)				
	茎颜色				
叶	叶数				
	叶色				
	叶形				
	叶长(cm)				
	叶宽(cm)				
花	花冠形状				
	花冠颜色				
	花冠大小				
果实及种子	果实数量				
	果实形状				
	果实大小				
	种子千粒重(mg)				

实验 11   烟草育苗技术

一、实验目的

掌握烟草漂浮育苗小拱棚建造的方法和过程,观察烟苗生长发育过程,熟悉育苗操作规程和关键技术。

二、实验材料与用品

(1)育苗用盆(8 个)。

(2)60 个 200 穴聚苯乙烯格盘。

(3)约 100 kg 漂浮育苗基质。

(4)长 14 m、宽 2 m 的防虫网 2 块,用于覆盖苗床。

(5)黑色塑料薄膜(0.15 mm 厚),长 11.5 m,宽 2.6 m,用于铺苗池。

(6)长 14 m、宽 2 m 的无滴膜 2 块,长 4 m、宽 2 m 的无滴膜 3 块,用于覆盖苗床。

(7)22 根弓形钢筋,每根长 3.2 m,直径 8 mm(或用竹片、塑料管代替)。

(8)包衣种子。

(9)200 孔播种盘 1 个,剪苗器 1 个。

(10)12 个 1 m 长的木桩,用于固定苗床两端的弓形钢筋;2 个 40 cm 的短木桩,用于固定薄膜两端束成的"马尾"。

(11)喷雾器 5 个。

(12)育苗专用肥 20 kg。

(13)普通建筑用砖 1 000 块,细砂 1 000 kg。

(14)铁锹、皮尺。

三、实验步骤与方法

(一)育苗场地选择及周边设施

1.选址

选地势平坦的开阔地带,东、南、西三面无高大树木、建筑物遮阴,西、北方向有防风屏障,与家禽、家畜隔离建棚,以防病害传染。

2.周边设施

育苗区域要设置以下设施:

(1)隔离带。苗床周围用铁丝网、木桩等围护,除管理人员外,严禁闲杂人员及畜禽进入,以防传播病虫害。

(2)警示牌。在育苗区域设立严禁吸烟的警示牌。

(3)消毒池。育苗区域入口处设鞋底消毒池,用消毒液或漂白粉进行消毒,定期更换消毒液。育苗棚外设立洗手池。

(4)病残体处理池。在育苗区域外建造处理池或焚烧炉,对剪叶时的烟苗残体和病残株集中处理。

(二)苗床建设和覆盖物

1. 苗床建设

苗床多为长方形,用红砖、空心砖或木板等做成临时苗床,以便烟苗移栽后拆除。苗床宽度根据各地浮盘的规格而定,以大于1.2 m为宜。苗床底部整平后拍实、做好水平后,用除草剂和杀虫剂喷洒进行池底消毒。用黑色尼龙塑料薄膜或0.10~0.12 mm的黑色薄膜铺底,薄膜的边缘要盖在苗床上。同时在池的一侧做一标尺,便于掌握灌水高度和施肥浓度。苗床做好后,于播种前一周灌水,盖上0.10~0.12 mm的无滴长寿膜以提高水温,并检查是否有漏水发生,如发现渗漏,应及时更换薄膜或补好漏洞。

2. 育苗棚建设

用直径8~10 mm的钢筋或5 mm厚的竹片做拱架,拱间距离约1 m,拱高大于1 m,弓架置于同一高度。为加固棚架,对苗床两头的弓架,各用1根高1.0~1.2 m站桩支撑。苗床的内边缘与拱架的水平距离约0.3 m。棚架上盖40目尼龙网纱,以隔离虫源,防止病毒病和虫害等发生。最后覆上0.10~0.12 mm无滴长寿膜。使用橡皮筋或压膜带绑在钢筋两侧地面处,压住棚膜。棚膜在苗床两端预留约1.5 m,将之束在一起,呈"马尾"状,并用高约0.4 m的地桩固定在距离苗床两端0.9~1.3 m处,以便掀起苗床两侧通风。

3. 育苗棚消毒

育苗前进行棚内外消毒,可选用25%甲霜灵锰锌或37%福尔马林,用200~300倍溶液喷雾。大棚内消毒后工作人员应尽快离开棚室,密闭棚室升温以提高消毒药效,棚外地面消毒也可用3%石灰水喷洒地面,棚外走道、沟渠及棚室两侧必须同时进行消毒。塑料大棚消毒的原则是多次、多种药剂的消毒,消毒时间不少于2周。

(三)水源和水质要求

苗床用水必须清洁、无污染,可用自来水、井水,禁止用坑塘水或污染的河水,以防黑胫病、根黑腐病等发生。

(四)基质选择

一般情况下,基质以富含有机质的材料为主,如泥炭、草炭、碳化或腐熟的作物残体等物料,再配以适当比例的疏水材料,如蛭石和膨化珍珠岩等。

(五)基质装盘和播种

1. 装盘前苗盘消毒

首次使用的干净新盘不用消毒,旧盘在育苗前一周(最多不超过15 d)必须消毒。先用清水(最好有高压水枪)将旧盘孔穴中的基质、烟苗残根等彻底冲刷干净,然后用漂白粉溶液消毒。用清洁水配制30%有效氯含量的漂白粉20倍液,将育苗盘浸入储液池中浸泡15~20 min(或浸入后捞起整齐地堆码在垫有塑料薄膜的平地上放置20 min),然后用清水将育苗盘冲刷干净备用。消毒后的苗盘在运输、保管过程中不接触任何烟叶制品,以确保不被污染。

2. 基质装盘

选择平整、卫生的场地作为装盘场地。装盘的原则是:均匀一致,松紧适度。装盘前将基质喷水搅拌,让基质稍湿润,达到手握成团、触之即散的效果(含水量30%~40%)。

然后把基质于盘上约 30 cm 处均匀撒落,如此反复几次,使每个苗穴的基质装填均匀一致,装满后轻墩苗盘 1～2 次,让基质松紧适中,用刮板刮去多余的基质,检查并充实未装满基质的育苗孔。装填中切忌拍压基质,以防装填过于紧实。

3. 播种

装盘后用压穴板在每个苗穴的中心位置压出整齐一致的小穴,然后用播种盘每穴播 1～2 粒包衣种子,播后喷水促进种子裂解,然后筛盖 2～5 mm 的基质,以隐约可见包衣种子为宜。

(六)施肥

根据苗床中水的容量决定施入肥料的量。

肥料(以氮－磷－钾比例为 20－10－20)用量计算如下:

$$\frac{所需浓度}{20} \times 0.1 = g/L \ 水$$

例如:苗池盛 1 000 L 水,想用 20－10－20 肥料配成 100 mg/L 营养液,计算如下:

$100 \div 20 \times 0.1 = 0.5$ g/L 水　　　　0.5 g/L 水 $\times 1 000$ L 水 $= 500$ g(肥料)

称取 500 g 20－10－20 的育苗专用肥料加入苗池中,所得营养液中氮肥浓度就是 100 mg/L,其他肥料浓度也就在其中了。

肥料施入苗池前,需先将肥料完全溶解于一大桶水中,然后沿苗池走向,将肥料溶液均匀地倒入苗床的水中,稍做搅动,使营养液混匀。严格禁止从苗盘上方加肥料溶液和水。

播种或出苗后可施入 100 mg/L 氮素浓度的肥料;播种后第 5 周、第 6 周苗池中各加一次营养液,氮素浓度为 100 mg/L;移栽前二周,根据烟苗长势施肥,氮素浓度为 50 mg/L,方法同前。每次施肥时检查苗床水位,若水位下降,要注入清水至起始水位。

(七)苗床管理

1. 温湿度管理

播种后棚内应采取严格的保温措施,使盘表面温度保持在 25 ℃左右,以获得最大的出苗率,并保证烟苗整齐一致。从出苗到十字期,仍然以保温为主。晴天中午,若棚内温度高于 30 ℃,应及时将棚膜两侧打开,通风排湿,下午及时盖膜保温,以防温度骤降伤害烟苗。从十字期到成苗,随着气温升高,要特别注意掀膜通风,避免棚内温度超过 38 ℃产生热害(烟苗变褐死亡)。成苗期应将棚膜两边卷起至顶部,加大通风量,使烟苗适应外界的温度和湿度条件,提高抗逆性。注意在整个育苗过程中,大棚要经常通风排湿,使苗床表面有水平气流。

2. 间苗和定苗

当烟苗长至小十字期开始间苗、定苗,拔去苗穴中多余的烟苗,同时在空穴上补栽烟苗,保证每穴一苗,烟苗均匀。间苗定苗时注意保持苗床卫生和烟苗生长的一致。

3. 烟苗修剪

剪叶是漂浮育苗过程中的一项必要措施。通过剪叶,可以调节烟苗生长,使烟苗均匀一致,增加茎粗,提高烟苗的根冠比。剪叶前要对剪叶工具进行消毒,当烟苗茎秆长至 1～2 cm 高时开始剪叶,采用平剪的方法剪去中上部叶片的 1/3～1/2,不能伤及生长点。

4.炼苗

炼苗的目的是增强烟苗的抗逆性和移栽大田后的返苗速度。烟苗第三次剪叶后应逐步进行炼苗,揭去苗棚薄膜(保留防虫网),加强光照和通风,使烟苗完全接触外界环境,若育苗后期气温较高,可考虑昼夜通风。移栽前 7 ~ 10 d 排去营养液,断水断肥。炼苗的程度以烟苗中午发生萎蔫,早晚能恢复为宜。如此反复,干湿交替炼苗。

(八)善后工作

烟苗移栽后,尽快将苗盘、塑料薄膜、棚架等收回,用水冲洗干净,存放备用,以降低育苗成本。浮盘应特别注意放于无鼠害之处,以防损坏。

四、作业

(1)记载烟苗生长发育过程中各个生育时期发生时间。

(2)调查记载烟苗在大十字期、7 片真叶期和成苗期素质状况(见表1)。

表 1 烟苗在大十字期、7 片真叶期和成苗期素质状况

时期	茎高(cm)	茎围(cm)	根长(cm)	根体积(mL/株)
大十字期				
7 片真叶期				
成苗期				

(3)记载烟苗间苗、剪叶、施肥、喷药情况。

(4)记载烟苗播种后每天 8:00、13:00、18:00 棚内外温度情况。

提交烟苗成苗率报告,分析育苗过程中出现的问题。

(注:成苗率 = 成苗数/播种数)

实验 12 烟苗综合素质分析

一、目的要求

(1)掌握烟草壮苗特征和烟苗素质分析方法。

(2)掌握烟草根系活力的测定方法(TTC 法)。

二、实验材料与用品

漂浮育苗、托盘育苗、营养袋育苗方式培育的温室成苗期烟苗各 1 畦,1/10 000 电子天平 10 台,铅笔 30 支,放大镜 30 个,直尺 30 把,烘箱 2 台,计算器 10 个,可见分光光度计 2 台,研钵 30 个,蒸馏水 4 桶,离心机 2 台,TTC 溶液,称量瓶 30 个。

三、实验步骤与方法

(一)苗情观察

取不同育苗方式的烟苗各 10 株,做如下观察。

1.根:根条数、根长、根干鲜重、根系组成

烟苗的根属圆锥根系,由主根、侧根两部分组成。主根由胚根发育而成,主根产生的各级大小分支都叫侧根。从主根上生出的侧根可称为一级侧根(或枝根)或次生根,一级侧根上生出的侧根为二级侧根或三生根,以此类推。

根条数:洗净根系去掉地上部分后统计,观察记录主根和一、二、三级侧根的数量。

根长:每个根的长度累计为根长度。在平整桌面上用铅笔画上 1 m 的长度,然后倒少量水保持浅水层,将湿根置于其上,把根拉直,累计每条根的长度,得到样品的总根长,主根和不同级别侧根分开测量。

根鲜重:烟苗根系洗净后,用吸水纸或滤纸吸干根表面水分,用电子天平称取根鲜重。

根干重:一般采用烘干重量法。获得鲜重数据后将烟苗根装入牛皮纸袋放入烘箱内,在 105 ℃下烘干至恒重,称其干重。

2.茎:茎高、茎粗、茎干鲜重、茎秆柔韧性

茎高:茎基部至茎部顶端的高度。

茎粗:在株高 1/3 处测量茎的周长,一般用棉线测量后再测量棉线长度(单位:cm)。

茎鲜重:烟苗去掉根系和叶片,洗净后用吸水纸或滤纸吸干茎表面水分,用电子天平称取茎鲜重。

茎干重:一般采用烘干重量法。获得鲜重数据后将新鲜茎装入牛皮纸袋放入烘箱内,在 105 ℃下烘干至恒重,称其干重。

茎秆柔韧性:茎秆绕指判断其柔韧性,烟草壮苗要求幼茎粗,茎秆柔韧不老化,绕指不折断。

3.叶:叶色、着生叶数、最大叶面积、叶鲜重、叶干重

叶色:分浓绿、深绿、绿、浅绿、黄绿等。

着生叶数:或称总叶数,自下而上叶数总和(1 cm 以下的小叶不计算在内)。

最大叶面积:测量烟苗最大叶的长和宽,代入叶面积计算公式:

$$叶面积(m^2) = 0.634\ 5 \times (叶长 \times 叶宽)$$

叶鲜重:叶片自茎基部剪下,洗净叶片表面杂质,用吸水纸或滤纸吸干叶表面水分,用电子天平称取叶片鲜重。

叶干重:获得鲜重数据后将新鲜叶片装入牛皮纸袋放入烘箱内,在 105 ℃下烘干至恒重,称其干重。

4.成苗率

成苗率指符合移栽标准的烟苗数量占烟苗总数的百分率。

5.漂浮育苗烟苗壮苗标准

苗龄 60 ~ 70 d,总根数达到 300 条以上,单株 7 ~ 9 片叶,茎高 8 ~ 16 cm,茎围 1.5 ~ 2.1 cm,根系干重 0.05 g 以上,地上部分干重 0.46 g 以上,移栽成活率 100%。

(二)根系活力测定(TTC 法)

根系活力测定参考第四部分实验 20。

四、作业

(1)列表比较不同育苗方法烟苗素质的差异(见表 1)。

（2）总结烟草壮苗的标准。

表1　不同育苗方法烟苗素质

苗情			漂浮育苗	托盘育苗	营养袋育苗
根	根条数	主根			
		一级侧根			
		二级侧根			
		三级侧根			
	根长	主根(cm)			
		一级侧根(cm)			
		二级侧根(cm)			
		三级侧根(cm)			
	根重	鲜重(g)			
		干重(g)			
	根活力				
茎	茎高(cm)				
	茎粗(cm)				
	苗高(cm)				
	茎重	干重(g)			
		鲜重(g)			
叶	叶色				
	着生叶数				
	最大叶面积(cm^2)				
	叶重	干重(g)			
		鲜重(g)			

实验 13　烤烟外观质量评价

一、实验目的

通过实验,掌握烟叶外观质量评价方法。

二、实验材料与用品

不同产地、不同等级烤烟样品 5~6 份。

三、实验步骤与方法

(一)烟叶外观质量各指标的量化打分标准

烟叶外观质量是指人们通过感官可以做出判断的烟叶外在的特征特性。衡量烟叶外观质量的因素主要有部位、成熟度、颜色、油分、色度、身份、叶片结构、长度、宽度和残伤、完整性、均匀性等。研究确定颜色、成熟度、叶片结构、身份、油分、色度等6项指标作为烤烟外观质量评价指标,烟叶外观质量各指标的量化打分标准见表1。

表1　烤烟外观质量评分标准

颜色	分数	成熟度	分数	叶片结构	分数	身份	分数	油分	分数	色度	分数
橘黄	7~10	成熟	7~10	疏松	8~10	中等	7~10	多	8~10	浓	8~10
柠檬黄	6~9	完熟	6~9	尚疏松	5~8	稍薄	4~7	有	5~8	强	6~8
红棕	3~7	尚熟	4~7	稍密	3~5	稍厚	4~7	稍有	3~5	中	4~6
微带青	3~6	欠熟	0~4	紧密	0~3	薄	0~4	少	0~3	弱	2~4
青黄	1~4	假熟	3~5			厚	0~4			淡	0~2
杂色	0~3										

(二)烟叶外观质量综合评价方法

首先根据各指标的重要程度进行权重赋值,颜色、成熟度、叶片结构、身份、油分、色度各指标权重依次为 0.30、0.25、0.15、0.12、0.10、0.08;然后采用指数和法计算烤烟外观质量综合分值,分值越高,质量越高。即

外观质量综合评分　　　　　　$P = \sum C_i \cdot P_i$

式中:C_i 为某一指标权重;P_i 为该指标分值。

四、作业

对所给烟叶样品进行外观质量评价,将所给样品逐个指标进行打分,然后计算每个样品外观质量综合评分,并计入表2。

表2　烟叶外观质量综合评价

样品编号	颜色	成熟度	叶片结构	身份	油分	色度	综合评分
1							
2							
3							
4							
5							
6							

实验 14　烟叶品质评吸鉴定

一、目的要求

(1)掌握烟叶品质评吸鉴定的基本方法。

(2)了解不同产区(不同香型)、同一产区不同部位烟叶感官质量的差异。

(要求学生不能喷洒香水、使用化妆品等)

二、实验材料与用品

(1)不同产区(香型)烟叶样品:清香型(云南)、浓香型(河南)、中间型(贵州)中部叶烟丝。

(2)不同部位烟叶样品:浓香型下、中、上部烟叶烟丝。

(3)手持卷烟机、空烟筒、镊子若干。

三、实验步骤与方法

(一)评吸样品卷制

每位同学分别卷制每种单料烟评吸样品 2 支,并进行编号标记。

(二)评吸方法

1.局部循环法

烟气吸入口腔后稍作停留,然后从鼻腔缓缓呼出。对香气、杂气、刺激性、浓度、余味进行鉴定。

2.整体循环法

烟气吸入口腔后稍作停留,然后吸入肺部,再从鼻腔缓缓呼出。对各指标进行全面鉴定。

评吸时要求每口烟气量一致。

(三)评定术语和档次及评分标准

(1)香气质:好、较好、中偏上、中等、中偏下、较差。

(2)香气量:充足、较充足、尚充足、有、较少、少。

(3)余味:舒适、较舒适、尚舒适、欠舒适、滞舍。

(4)浓度:浓、较浓、中等、较淡、淡。

(5)杂气:无、似有、较轻、有、略重、重。

(6)刺激性:无、似有、微有、有、略大、较大。

(7)劲头:大、较大、中等、较小、小。

(8)燃烧性:强、中、弱、熄火。

(9)灰色:白色、灰白色、灰色、黑色。

(四)烟叶质量评吸鉴定方法

(1)不同香型烟叶品质鉴定:取云南清甜香型、河南焦甜焦香型、贵州蜜甜香型中部叶单料烟样品各 2 支,其中 1 支点燃后插在烟灰缸上,观察其燃烧性和烟灰颜色;另 1 支点燃后进行评吸,评价烟叶的香气质、香气量、浓度、劲头、杂气、刺激性、余味。

(2)取河南典型焦甜焦香型烟叶上、中、下部叶单料烟样品各 2 支,按照上述方法进行评吸。

四、作业

将评吸结果记载在表 1 中。

表 1　烟叶品质评吸鉴定表

序号	香型	香气质	香气量	余味	浓度	杂气	刺激性	劲头	燃烧性	灰色
1										
2										
3										
4										
5										
6										

参考文献:

烟草及烟草制品感官评价方法:YC/T 138—1998[S].

实验 15　基于叶绿素 SPAD 值的烤烟氮素营养诊断

一、目的要求

掌握叶绿素计的使用方法;了解不同氮素营养水平下烤烟烟叶 SPAD 值的变化,并通过 SPAD 值诊断氮素营养状况。

二、实验材料与用品

(1)材料:不同氮素营养水平烤烟旺长期或成熟期烟田。
(2)用具:叶绿素计、酒精棉。

三、实验步骤与方法

(一)内容说明

氮素是对烤烟产量和品质影响最大的营养元素。在烤烟生产中,经常遇到过量施氮和过迟追氮的现象,这不仅增加生产成本,而且造成烟叶质量下降,同时由于肥料利用效率低,还引起环境污染等系列问题。研究表明,施氮量与烟叶叶绿素呈极显著的正相关关系。利用叶绿素仪(SPAD meter)可在田间无损检测烟草叶片叶绿素含量,从而了解烟草氮供应状况,为烤烟实时实地氮肥管理提供依据。

（二）测定方法

在不同施氮水平烟田,选择长势一致的烟株,用干净的棉布拭干完全展开的功能叶自上而下第 3 片中部,采用 SPAD meter 计测定其 SPAD 值,每片叶测 4 次,取平均值作为该叶片的 SPAD 值。每个小区测定 5 株,取平均值作为该小区的 SPAD 值。

四、作业

（1）测定不同氮素营养水平下烤烟叶片 SPAD 值。

（2）根据所测 SPAD 值,初步确立烤烟该生长阶段氮素营养适宜水平下的 SPAD 值。

实验 16　烤烟采收成熟度的识别

一、目的要求

了解烤烟叶片发育进程,掌握不同部位烤烟的成熟特征,很好地把握田间成熟度,达到适时采烤,提高烟叶品质的目的。

二、实验材料与用品

（1）材料:烤烟成熟期烟田。

（2）用具:叶绿素 SPAD 计。

三、实验步骤与方法

（一）内容说明

1.烟叶成熟度的含义

烟叶成熟度是指烟叶适于调制加工和最终卷烟可用性要求的质量状态和程度。从生理角度讲,烟叶成熟度是指烟叶在田间生长发育完成营养物质积累之后各种生理生化活动的变化达到成熟衰老的程度。成熟度是烟叶品质形成的中心因素,全面了解烟叶成熟特征,正确识别和判断烟叶成熟度,把握好适熟采收标准,采摘适熟一致的烟叶,容易烘烤,烤后烟叶品质好、等级高、香吃味好。近年来,也有用叶绿素 SPAD 值表征烟叶的田间成熟程度,做到采收成熟度的田间快速判定。

2.烟叶成熟特征

生长正常的烟株,一般在打顶一周后叶片自下而上逐渐落黄成熟。烟叶成熟主要有五大特征:叶色变黄,叶片下垂,主脉变白,茸毛脱落,出现成熟斑。

（1）叶色变黄。烟叶达到成熟时,叶面的绿色逐渐消退,黄色程度增加,称为“落黄”。下部烟叶落黄成熟,叶尖和叶边缘为黄色,整个叶面为绿黄色。中上部或比较厚的叶片成熟时,叶面为浅黄至淡黄色,有黄色至黄白色成熟斑,叶尖和叶缘为黄白色。

（2）主脉变白。烤烟在生长发育状态时,主脉、支脉都为绿色,达到成熟时变为白色且发亮。下部叶成熟时,主脉 2/3 变白,支脉开始变白;中部叶成熟时,主脉全白,支脉1/2变白;上部烟叶成熟时,主脉全白,支脉 2/3 以上变白。在烟叶主脉变白的同时,叶基部产生离层,采摘时硬脆,易折断,采收后的断面呈整齐的马蹄形。

(3)茸毛脱落。叶面上的茸毛具有分泌油脂、蜡质、树脂的作用,当烟叶生理成熟之后,部分茸毛开始脱落。此时,烟叶表面烟油增多,似有胶质薄膜覆盖,手摸烟叶有明显的粘手感,采收时手上常粘着一层不易洗掉的黑色油状物。

(4)叶片下垂。叶尖部和叶边缘下卷,叶片下垂,茎叶角度增大。

(5)成熟斑出现。叶面发皱,出现黄色成熟斑,中上部烟叶表现较为突出。在判断烟叶成熟度时,发皱和黄斑,对中上部烟叶,特别是上二棚叶和顶叶的成熟度,有重要的参考价值。

烟叶成熟度如图1所示(请扫描图右二维码查看彩图)。

未熟　　　　欠熟　　　　适熟　　　　过熟

图1　烟叶成熟度

(二)不同部位烟叶成熟特征识别

1.下部叶成熟特征

脚叶、下二棚叶,处在湿度大、光照差、通风不良的条件下生长成熟,叶片较薄,组织疏松,干物质少。下部叶,成熟叶龄为50~70 d。成熟时,叶色绿黄,主脉变白,叶尖茸毛部分脱落。适熟期短,适当早收,掌握成熟标准宜宽。底脚叶起始的2~3片,无烘烤价值,通常不予采收。

2.中部叶成熟特征

腰叶,处于通风透光良好的条件下生长成熟,叶片厚薄适中,成熟特征表现较为明显。中部叶,成熟叶龄为60~80 d。成熟时,叶面浅黄,茸毛部分脱落,主脉、侧脉变白发亮,叶尖、叶缘下垂。中部烟叶适熟采收,掌握成熟标准宜严。

3.上部叶成熟特征

上二棚叶和顶叶,处于光照充足、蒸腾作用激烈的条件下生长成熟,叶片厚、组织紧密、干物质多、成熟慢。上部叶成熟叶龄为70~90 d。成熟时,叶面淡黄,微起黄斑,充分成熟采收(顶部4~6片显示明显的成熟特征)。

不同部位叶片成熟特征如图2所示(请扫描图右二维码查看彩图)。

(三)利用叶绿素SPAD计判定烟叶的成熟度

选取不同成熟度烟叶,以主脉对称两侧的叶尖、叶中、叶基6个点为测定位置,以叶绿素仪测定的 SPAD 值的加权平均值为该片烟叶的 SPAD 值。

下部叶　　　　中部叶　　　　上部叶

图 2　不同部位叶片成熟特征

四、作业

(1)每位学生采收 20 片成熟的烟叶,并描述其外观特征。

(2)测量不同成熟度烟叶不同叶基、叶中、叶尖部叶绿素 SPAD 值,计入表 1 中,并计算不同成熟度烟叶所测定的 SPAD 值的加权平均值。

表 1　不同成熟度烟叶叶绿素 SPAD 值

成熟度	叶基	叶中	叶尖	平均值
欠熟				
适熟				
过熟				

第四部分 烟草生理生化指标测定

实验 17 种子活力测定

一、垂直板发芽法

(一) 实验目的

掌握用垂直板发芽法测定种子活力。

(二) 实验原理

种子在适宜的水分、养分、温度条件下经一段时间可以萌发。为了表示萌发速率与整齐度,反映种子活力程度,在最适宜条件和规定天数内,发芽的种子数与供试的种子数的百分比叫发芽率。规定在短时间内能正常萌发的种子数叫发芽率。

$$发芽指数 = \sum 第\ n\ 天正常发芽种子数/相应发芽天数$$

(三) 实验材料与用品

1.仪器与设备

种子,玻璃板,滤纸或湿沙,恒温箱,镊子。

2.试剂

1%次氯酸钠(NaClO)。

(四) 实验步骤与方法

选取饱满的种子100粒,3次重复,用1%次氯酸钠消毒30~60 s,将种子均匀铺撒在铺有滤纸的培养皿中,加入适量蒸馏水,放在恒温箱中培养。每天记录发芽数目。

(五) 结果计算

$$发芽势 = 第\ 7\ 天的种子发芽数/供试种子数 \times 100\%$$
$$发芽率 = 第\ 16\ 天的种子发芽数/供试种子数 \times 100\%$$
$$发芽指数\ GI = \sum (G_t/D_t)$$

式中:G_t 为在第 t 天的种子发芽数;D_t 为相对应的种子发芽天数。

二、种子活力指数

(一) 实验目的

掌握种子活力指数的测定方法。

(二) 实验原理

萌发种子幼根的生长势是反映活力的一个较好的生理指标,如将发芽指数与幼苗生长量联系起来(二者的乘积),以活力指数 VI 表示,可作为种子的活力指标。但对一些萌发迅速的种子,不必要计算活力指数,可用发芽率乘幼苗生长量的简化活力指数来表示。

对于具有明显主根的种子(烟草、花生、大豆等),幼苗的生长量可用胚根长或胚根重来表示。

(三)实验材料与用品

1.仪器与设备

种子,玻璃板,滤纸或湿沙,恒温箱,镊子,橡皮筋,尺子或天平。

2.试剂

1%次氯酸钠(NaClO)。

(四)实验步骤与方法

选取饱满的种子100粒,3次重复,用1%次氯酸钠消毒30~60 s,在水中吸胀2~4 h,采用玻璃板直立发芽法。玻璃板直立发芽法:用塑料板制成20 cm×12 cm×20 cm的箱体,玻璃板规格20 cm×15 cm,滤纸规格42 cm×15 cm,对折滤纸,平铺在玻璃板上,掀开上层滤纸,用蒸馏水浸湿下层滤纸,将种子排列在滤纸中部,然后将上层滤纸盖在种子上。将玻璃板垂直插入塑料箱体(发芽箱)中,在发芽箱中加入约2 cm蒸馏水,加盖,留气孔,放在所需温度下萌发。

(五)结果计算

$$发芽势 = 播种后第\,t_1\,天的种子发芽数/供试种子数 \times 100\%$$

$$发芽率 = 播种后第\,t_2\,天的种子发芽数/供试种子数 \times 100\%$$

发芽指数 $\qquad\qquad GI = \sum(G_t/D_t)$

活力指数 $\qquad\qquad VI = GI \times S$

式中:t 为发芽天数;G_t 为在第 t 天的种子发芽数;D_t 为相对应的种子发芽天数;S 为幼苗生长势(平均长度或鲜干重)。

三、TTC 定量法

(一)实验目的

掌握用 TTC 定量法测定种子活力。

(二)实验原理

有生命力的种胚在呼吸过程中产生氧化还原反应,而无生命的种胚则无此反应。当 TTC 渗透入种胚的活细胞内,作为氢受体被脱氢辅酶Ⅰ或Ⅱ上的氢还原时,便由无色的氯化三苯基四氮唑(TTC)变成红色的三苯基甲䐶(TPF)。染色后经丙酮提取,由分光光度计测出吸光度,由标准曲线查得 TTC 含量($\mu g/mL$),定量计算脱氢酶的活性,TTC 含量高,脱氢酶活性强,表示种子活力高。

(三)实验材料与用品

1.仪器与设备

(1)不同活力的种子样品。

(2)试管,烧杯,容量瓶,微量注射器,恒温水浴箱,分光光度计,研钵。

2.试剂

丙酮,0.1%TTC 溶液,连二亚硫酸钠(保险粉)。

(四)实验步骤与方法

1.标准曲线的配制

在容量瓶中配0.1%TTC母液(即1 000 μg/mL)。取5个5 mL容量瓶,每个瓶中加入极少量(粒数)的强还原剂连二亚硫酸钠($Na_2S_2O_4$),以便将TTC还原成红色的TPF,用微量注射器分别加入0.1%TTC溶液25 μL、50 μL、75 μL、100 μL、150 μL,并加入丙酮定容,摇匀,配制成每毫升含有5 μg、10 μg、15 μg、20 μg、30 μg的标准溶液。在490 nm波长的72-1型分光光度计下,分别测定其光密度,并绘出标准曲线图。

2.TTC含量测定

将待测种子浸泡至充分吸胀,除去种皮,剥出种胚(大粒种子)或整粒种子(中、小粒种子),每个样品取数量相同的颗粒(如种子大小均匀时,还可称鲜重),重复3次。将样品放入具塞试管中,加10 mL 0.1%TTC溶液,试管放置在38 ℃左右的恒温水浴箱中,加盖保持在黑暗条件下,时间长短随种类而异,一般1~3 h即可,而后倾出TTC溶液,以中止反应,用水冲洗样品2~3次,以粗滤纸吸去浮水,观察并记录样品染色部位、程度,并按圆形法记录。同时将样品倒入研钵,加少许分析纯石英砂及丙酮,充分研碎,把研磨液全部倒入容量瓶中,再用丙酮冲洗研钵2~3次,并倒入容量瓶,定容并摇匀。将部分提取液倾入10 mL离心管中,于3 000 r/min下离心5 min,吸出一定量的红色上清液,供比色用。若上清液混浊,可加入1%的NaCl溶液数滴(以溶液达到清亮为度)。在分光光度计490 nm波长测量光密度值。再从标准曲线中查出相应的还原态TTC量。

3.简化TTC定量法

为了简化测定手续,也可略去标准曲线的配制和换算TTC含量等步骤,按上述说明进行样品的浸泡、染色、提取和光密度测定,直接按光密度的高低,评定种子活力的高低。

(五)结果计算

$$TTC 还原量(μg/g)= V×C/W$$

式中:V为样品定容时体积,mL;C为标准曲线上查得TTC含量,μg/mL;W为样品重,g。

四、电导率测定法

(一)实验目的

掌握用电导率测定法测定种子活力。

(二)实验原理

随着衰老或损伤,种子细胞膜中的脂蛋白变性,分子排列改变,渗透性增加,则其内部的电解质(如糖分、氨基酸和有机酸等)外渗增多。如果把这种衰老种子浸在去离子水中,电解质外渗而扩散到水中变为混浊,则其中存在带电的离子,在电场的作用下,离子移动而传递电子,具有电导作用。因此,一般来说,种子愈衰老,水中的电解质愈多,电导率愈高,活力愈低,成反比关系,从而可用电导仪测定种子浸出液的电导率,间接地判断种子的活力水平,评价种子质量。

(三)实验材料与用品

1.仪器与设备

种子,烧杯,去离子水,电导仪。

2.试剂

去离子水。

(四)实验步骤与方法

1.取样称重

中小粒种子可数 50 粒或 100 粒,大粒种子可数 25 粒或 50 粒,重复 2~4 次,称重精确到 0.01 g。

2.种子浸泡

将每份种子倒入烧杯中,用定量加水器加入定量的去离子水(按种子大小而定,30~250 mL),加盖,以防水分蒸发和灰尘污染,并备两个同样的烧杯,装同量去离子水,以作对照,然后将全部处理放在 20 ℃下 18~24 h。

3.电导率测定

利用网兜,将浸渍种子滤出,然后把浸出液倒回原杯,用作测定。按电导仪的使用说明,将浸入式电极浸入浸出液里,测出电导值。

(五)结果计算

$$电解质渗出率(\%)=\frac{处理电导率值-初始电导率值}{对照电导率值-初始电导率值}\times100\%$$

每 2 h 测定一次电导率值,绘制电导率随时间变化曲线。

$$相对电导率(\%)=浸出液的电导率/绝对电导率\times100\%$$

活力评价:凡是电导率低的种子为活力强的,反之,则弱。如果经过电导率与田间成苗率相关关系的研究,就可确定每个品种种子质量分级的电导值,评定种子的种用价值,指导播种。

实验 18   组织中自由水和束缚水含量测定

一、实验原理

把已知重量的组织放入已知重量的高浓度的蔗糖溶液中,组织的自由水便会扩散到糖液中去,而束缚水与细胞组分紧密结合在一起,不会扩散到糖液中去。由于组织中的自由水扩散到糖液中去,这样降低了糖液的浓度。因糖液的重量及原来的浓度是已知的。根据糖液浓度降低的数值可计算出组织中自由水(扩散到糖液中去的水)的含量。

另外,再测定同样组织中的总含水量,并由总含水量减去其中自由水的含量,这就是组织中束缚水的含量。

二、实验材料与用品

(1)材料:鲜叶片。

(2)器材:分析天平,折光仪,注射器(10 mL),称量瓶,打孔器,烘箱,干燥器,60%蔗糖溶液,小橡皮塞(塞注射器小口用)。

三、实验步骤与方法

(一)测定叶片中总含水量

选取一定部位及一定叶龄的叶片,用打孔器钻小圆片(避开粗的叶脉)50片,立即装入称好重(W_0)的称量瓶内精确地称重W_1(g),置90 ℃烘箱至恒重(大约烘5 h),置干燥器中冷却后称重W_2(g)。按下列公式计算含水量(%):

$$总含水量(\%) = \frac{W_1 - W_2}{W_1 - W_0} \times 100\%$$

式中:W_0为称量瓶重;W_1为称量瓶+鲜叶重;W_2为称量瓶+干叶重。

(二)测定叶片中自由水含量

(1)注射器称重W_1。

(2)选取一定数量部位、长势、叶龄一致有代表性的叶片,用打孔器打取小圆片50片(注意避开粗大的叶脉),装到注射器中,盖紧并精确称重W_2。

(3)加入60%的蔗糖溶液5 mL左右,再分别准确称重W_3。

(4)反复抽气30 min。用测糖仪分别测定抽气后(C_2)及原糖液(C_1)的浓度。

四、结果计算

$$组织中自由水的含量(\%) = [(W_3 - W_2) \times (C_1 - C_2)/C_2]/(W_2 - W_1) \times 100\%$$
$$组织中束缚水含量(\%) = 总含量(\%) - 自由水含量(\%)$$

实验 19　组织水势测定

一、小液流法

(一)实验原理

水势表示水分的化学势,水分从水势高处流向低处。植物体细胞之间、组织之间以及植物体和环境之间的水分移动方向都由水势决定。

当植物细胞或组织分别放在一系列浓度递增的溶液中时,如果植物组织的水势小于溶液的渗透势,则组织吸水而使外界溶液浓度变大;反之,则组织水分外流而使外界溶液浓度变小。若植物组织的水势与溶液的渗透势相等,则二者水分保持动态平衡,所以外界溶液浓度不变,而外界溶液的渗透势即等于所测植物组织的水势。溶液浓度不同,比重不同,当两个不同浓度的溶液相遇时,稀溶液由于比重小而上浮,浓溶液则由于比重较大而下沉。取浸过植物组织的溶液一小滴(为了便于观察可先染色),放在原来浓度的溶液中,观察液滴升降情况即可判断浓度的变化,如小液滴不动,则表示溶液浸过植物组织后浓度未变,即外界溶液的渗透势等于组织的水势。

(二)实验材料与用品

1.材料

鲜叶片。

2.试剂

蔗糖(分析纯试剂),甲烯蓝(分析纯试剂)粉末少许。

3.器材

青霉素小瓶或小试管(12 mm×10 mm,均具塞)6支,大试管(15 mm×150 mm,均具塞)6支,10 mL移液管2支,1 mL移液管2支,毛细滴管6支,打孔器1个,温度计1支,解剖针1支,镊子1把。

(三)实验步骤与方法

(1)以1.00 mol/L蔗糖溶液为母液,依照公式 $C_1V_1=C_2V_2$ 配制一系列不同浓度的蔗糖溶液(0.05 mol/L、0.1 mol/L、0.2 mol/L、0.3 mol/L、0.4 mol/L、0.5 mol/L)于6支干净、干燥的大试管中,各管加塞,并编号。按编号顺序在试管架上排成一列,作为对照组。

(2)另取6支干净、干燥的青霉素小瓶,编定序号,按顺序放在试管架上,作为实验组。然后由对照组的各试管中分别取溶液1 mL移入相同编号的实验组试管中,加塞,备用。

(3)剪下具有代表性的新鲜叶片,立即用打孔器打圆片。注意实验材料的取样部位一定要一致,若为叶片组织,要避开大的叶脉部分。迅速将适量叶片圆片放在青霉素小瓶(或小试管)中。叶片圆片放入20小片左右。摇动小瓶,使叶片圆片浸到溶液中。注意这个过程操作要快,防止水分蒸发。放置20 min。在此期间摇动小瓶2~3次,使组织和溶液之间进行充分的水分交换。

(4)20 min后,分别在各小瓶中加入甲烯蓝粉末少许,摇匀,使溶液为蓝色。按浓度依次分别用毛细吸管吸取少量蓝色溶液,轻轻插入相应浓度的试管中,伸至溶液中部,小心缓慢地放出蓝色溶液一小滴,慢慢取出毛细管(注意避免搅混溶液)。观察并记录液滴的升降情况。

如果有色液滴向上移动,说明浸过叶片组织的蔗糖溶液浓度变小,叶片组织失水,表明叶片组织的水势高于该浓度溶液的渗透势;如果有色液滴向下移动,说明浸过叶片组织的蔗糖溶液浓度变大,叶片组织吸水,表明叶片组织的水势低于该浓度溶液的渗透势;如果液滴静止不动,则说明叶片组织的水势等于该浓度溶液的渗透势。在测定中,如果在前一浓度溶液中液滴下降,而在后一浓度溶液中液滴上升,则该组织的水势为前后二种浓度溶液渗透势的平均值。

(四)结果计算

记录液滴静止不动的试管中蔗糖溶液的浓度。

由所得到的等渗浓度和测定的室温,按下式计算烟草组织的水势:

$$\Psi_W = -iCRT$$

式中:Ψ_W 为烟草组织水势,MPa;i 为溶液的等渗系数(蔗糖溶液的 $i=1$);C 为等渗溶液的浓度,mol/L;T 为绝对温度:$T=(273+t\ ℃)K$,t 为实验时的室温;R 为气体常数,$R=0.008\ 314$,L·MPa/mol·K。

注意事项:

(1)配制糖液浓度要准确,并充分摇匀。

（2）取样时选材要一致。

（3）打孔时要避开大叶脉。

（4）加甲烯蓝要适量,过多会影响溶液浓度,过少则很难识别小液流移动方向。

二、压力势法

（一）实验原理

压力势法是目前应用比较广泛的植物水势测定方法。在蒸腾过程中,植物叶片不断向周围环境散失水分,而使叶片本身的水势 Ψ_W 降低,并由此造成土壤→植物→大气的水势下降梯度和植物体中根→茎→叶的水势下降梯度。通常导管中液流的渗透势很高,接近于零。由于叶子低下的水势所引起的拉力使液流处于张力状态,其水势主要取决于导管中水的压力势（负值）。植株上的叶片或小枝条从叶柄或茎基部切下后,导管液柱张力被解除,液流的弯月面从切口处缩进。若将这种叶片或带叶小枝条倒装在压力室中,使切口露出压力室盖数毫米,然后逐渐加压,使导管中液流弯月面恰好在叶柄或小枝末端的切口处显露,表明所施加的压力抵偿了导管中的原始负压,即

$$P+\Psi_{P（导管）}=0 \qquad P=-\Psi_{P（导管）}$$

式中:P 为外加压力,通常称为平衡压。

这一现象是由于叶细胞水势值在外加压力下,等于或者大于开放在大气中的导管液流的 Ψ_π 叶细胞内的水通过半透性膜流向导管,即

$$P+\Psi_{叶} \geqslant \Psi_{\pi（导管汁液）}$$

由于导管汁液的 $\Psi_\pi \approx 0$,所以

$$P=-\Psi_{叶}$$

压力势法设备简单,操作方便,测定迅速,精确度较高,便于野外应用。

（二）实验材料与用品

1.材料

烟草叶片。

2.器材

压力室,氮气瓶（压缩空气瓶也可）,枝剪,放大镜等。

（三）实验步骤

1.取样

选取供测定的样品,迅速摘下装入塑料薄膜袋中,放入暗箱以防止水分逸失,等待测定。

2.装样

选择好实验样品后,用锋利的刀片在样品基端切出斜面（斜面效果较好,面积较大,便于观察）,避免多次切割对样品产生破坏。切割迅速,切割后立即将样品装入压力室的样品室中,防止叶片失水,这是保证结果正确的关键点。使小枝或叶柄末端切断处从样品室口的中部密封垫圈（粗细不同的小枝用不同型号的垫圈）中间的小孔处伸露出几毫米。固定样品时要避免损伤。样品固定后,拧紧钢塞,之后方可进行加压（装样期间控制阀处于"OFF"位置）。

3.加压

开始加压,将控制阀打到"CHAMBER"位置。加压的速度会影响到测定结果的精确度,所以要通过速率阀调节,保持每秒压力增加不超过 0.5 bar(完全关闭速率阀将损坏阀门)。

4.水势的测定

当加压到液流恰好在叶片切面出现的一刹那,表明所施加的压力正好抵偿了完整导管中原始负压,立即将控制阀打到"OFF"位置。此时的读数即表示样品的水势。测完一样品的水势后,将控制阀打到"EXHAUST"位置放气,注意放气时速度不宜过快,待样品室的气体全部放出,读数表显示为 0 bar 时取出样品,即可进行下一样品的测定。

注意事项:

(1)注意安全,搬运钢瓶和使用时遵照应用钢瓶的一般准则。用作压力室的样品室以及其他各个部分所承受的压力,要做精确检定。

(2)压力室与氮气瓶之间以软管连接,软管末端接于压力室"Tank Hose"接口,检查确保是否连接正确,形成通路不漏气。

(3)检查压力室控制阀,使其处于"OFF"位置。

(4)确保软管末端压力阀关闭。每次实验前检查"安全阀"是否工作正常。

(5)缓慢打开氮气瓶的气压阀,向压力室充入适量的氮气,注意速度不宜过快,避免引起瞬间压力过大,对仪器产生不良影响。压力室的最大承受压力为 40 bar。

(6)实验过程中注意操作步骤的规范,避免产生实验误差或实验事故。

(7)实验终点的确定决定实验的准确性,在加压过程中注意观察植物是否有水分溢出,可选择光线较好的角度进行观察,或者用放大镜将其放大观察。

(8)当确定实验终点后,关闭控制阀,但是一般会出现压力稍微降低现象,这是由于加压速率过快引起的。所以,尽量在接近实验终点时将速率调低,便于准确确定实验终点。

实验 20 根系活力测定(TTC 法)

一、实验原理

根是植物的重要器官,它不断生长,具有吸收水分和矿质养分的功能,而且能进行合成代谢,如氨基酸、植物激素等的合成。所谓根系活力,是泛指根的吸收、合成代谢等的能力。根系活力与吸收作用的强弱有直接关系,与脱氢酶系活性的强弱成正比。TTC 法测定根系活力就是根据根系脱氢酶系氧化还原能力强弱而设计的。

氯化三苯基四氮唑(TTC)是标准氧化还原电位为 80 mV 的氧化还原物质,其氧化态无色,并溶于水,但被还原后即生成不溶于水的三苯基甲腙,呈红色,它在空气中不会自动氧化,相当稳定,所以可用 TTC 作为脱氢酶的氢受体。

植物根所引起的 TTC 还原,可因加入琥珀酸、延胡素酸、苹果酸得到加强;而被丙二酸、碘乙酸等所严重抑制。所以,TTC 还原量能表示脱氢酶活性,并作为根系活力的指标。

二、实验材料与用品

(一)材料

水培或砂培烟草幼苗的根,或仔细洗净泥土的烟草幼苗的根。

(二)试剂

(1)乙酸乙酯(分析纯)500 mL。

(2)连二亚硫酸钠($Na_2S_2O_4$)粉末少许。

(3)1%TTC 溶液。准确称取 TTC 1.000 g,溶于水中,定容至 100 mL;溶液 pH 应在 6.5~7.5,以 pH 试纸试之,如不易溶解,可先加少量酒精,使其溶解后再加水。

(4)0.4% TTC 溶液。准确称取 TTC 0.400 g,溶于水中,定容至 100 mL。

(5)1/15 mol/L 磷酸缓冲液(pH=7.0)。A 液:称取分析纯 $Na_2HPO_4 \cdot 2H_2O$ 11.876 g 溶于蒸馏水中成 1 000 mL,B 液:称取分析纯 KH_2PO_4 9.078 g,溶于蒸馏水中定容成 1 000 mL。用时取 A 液 60 mL、B 液 40 mL 混合即成。

(6)1 mol/L 硫酸:用量筒取出比重 1.84 的浓硫酸 55 mL,边搅拌边加入盛有 500 mL H_2O 的烧杯中,冷却后稀释至 1 000 mL。

(三)器材

721 型分光光度计,温箱,电子天平,研钵 1 套,镊子 1 把,漏斗 1 个,刻度吸管 2 mL 1 支、10 mL 2 支、0.5 mL 1 支,容量瓶 10 mL 1 个,刻度试管 20 mL 6 支,烧杯 500 mL 1 个,石英砂适量。

三、实验步骤与方法

(1)TTC 标准曲线的制作:吸取 0.25 mL 0.4% TTC 溶液放入 10 mL 刻度试管中,加入少许 $Na_2S_2O_4$ 粉末(应尽量多加一些,以使 TTC 充分还原),摇匀后立即产生红色的三苯基甲腙。用乙酸乙酯原液定容至刻度,摇匀。然后分别取此液 0.10 mL、0.25 mL、0.50 mL、0.75 mL、1.00 mL 置 10 mL 刻度试管中,分别加乙酸乙酯 4.90 mL、4.75 mL、4.50 mL、4.25 mL、4.00 mL,即得到含三苯基甲腙 0.01 mg、0.025 mg、0.05 mg、0.075 mg、0.10 mg 的标准比色系列,以乙酸乙酯做空白参比,在 485 nm 波长下测定光密度。以 TTC 还原量为横坐标,光密度为纵坐标,绘制标准曲线。

(2)剪取烟草根尖 1 cm 部分为实验材料,称取 0.1 g,放入刻度试管中,加入 0.4%TTC 溶液和磷酸缓冲液的等量混合液 10 mL,把根充分浸在溶液内,在 37 ℃下暗保温 40~60 min,植物根尖部分成为红色,然后加入 1 mol/L 硫酸 2 mL,以停止反应。空白实验为先加硫酸再加入根样品,其他操作相同。

(3)用镊子将根夹出,冲洗后擦干表面水分,加入少许乙酸乙酯和少量石英砂在研钵内研磨,以提取出红色的三苯基甲腙,把红色浸提液滤入试管,并用乙酸乙酯洗涤研钵中的残渣 2~3 次,至到残渣为白色。然后用乙酸乙酯将浸提液定容至 5 mL,混匀,取少量溶液在 485 nm 下比色,以空白实验(先加硫酸再加入根样品操作得到的溶液)做参比,读出光密度,查标准曲线,求出 TTC 还原量。

四、结果计算

$$TTC\ 还原强度 = \frac{TTC\ 还原量(mg)}{根重(g) \times 酶促反应时间(min)}$$

实验 21 超氧化物歧化酶（SOD）活力测定

一、实验原理

植物在逆境胁迫或衰老过程中,细胞内自由基代谢平衡被破坏而有利于自由基的产生。自由基是具有未配对价电子的原子或原子团。生物体内产生的自由基主要有超氧自由基(O_2^-·)、羟自由基(OH·)、过氧自由基(ROD)、烷氧自由基(RO)等。植物细胞膜有酶促和非酶促两类过氧化物防御系统,超氧化物歧化酶(SOD)、过氧化氢酶(CAT)、过氧化物酶(POD)和抗坏血酸过氧化物酶(ASA-POD)等是酶促防御系统的重要保护酶。抗坏血酸(维生素 C)、维生素 E 和还原型谷胱甘肽 (GSH)等是非酶促防御系统中的重要抗氧化剂。SOD、CAT 等活性氧清除剂的含量水平以及 O_2^-·、H_2O_2、OH· 和 $^1O_2$ 等活性氧的含量水平可作为植物衰老的生理生化指标。

超氧化物歧化酶(Superoxide Dismutase,SOD)是含金属辅基的酶。高等植物含有两种类型的 SOD:Mn-SOD 和 Cu.Zn-SOD,它们能通过歧化反应清除生物细胞中的超氧自由基(O_2^-·),生成 H_2O_2 和 O_2。H_2O_2 由过氧化氢酶(CAT)催化生成 H_2O 和 $^1O_2$,从而减少自由基对有机体的毒害。反应式如下:

$$O_2^- \cdot + O_2^- \cdot + 2H^+ \xrightarrow{SOD} H_2O_2 + O_2$$

$$H_2O_2 \xrightarrow{CAT} H_2O + 1/2\ O_2$$

由于超氧自由基(O_2^-·)为不稳定自由基,寿命极短,测定 SOD 活性一般是间接测定,并利用各种呈色反应来表征 SOD 的活力。核黄素在有氧条件下能产生超氧自由基负离子 O_2^-·,当加入 NBT 后,在光照条件下,与超氧自由基反应生成单甲膳(黄色),继而还原生成二甲膳 ,它是一种蓝色物质,在 560 nm 波长下有最大吸收峰。当加入 SOD 时,可以使超氧自由基与 H^+ 结合生成 H_2O_2 和 O_2,从而抑制了 NBT 光还原的进行,使蓝色二甲膳生成速度减慢。通过在反应液中加入不同量的 SOD 酶液,光照一定时间后测定 560 nm 波长下各反应液光密度值,抑制 NBT 光还原相对百分率与酶活性在一定范围内成正比,以酶液加入量为横坐标,以抑制 NBT 光还原相对百分率为纵坐标,在坐标纸上绘制出二者相关曲线,根据 SOD 抑制 NBT 光还原相对百分率计算酶活性。找出 SOD 抑制 NBT 光还原相对百分率为50%时的酶量作为一个酶活力单位(U)。

二、实验材料与用品

(一)材料
鲜叶片。

（二）试剂

（1）0.1 mol/L 磷酸钠（Na_2HPO_4-NaH_2PO_4）缓冲液（pH7.8），其配制方法如下：

A 液（0.1 mol/L Na_2HPO_4 溶液）：准确称取 $Na_2HPO_4 \cdot 12H_2O$（MW = 358.14）3.581 4 g 于 100 mL 小烧杯中，用少量蒸馏水溶解后，移入 100 mL 容量瓶中用蒸馏水定容至刻度，充分混匀，4 ℃冰箱中保存备用。

B 液（0.1 mol/L NaH_2PO_4 溶液）：准确称取 $Na_2HPO_4 \cdot 2H_2O$（MW = 156.01）0.780 g 于 50 mL 小烧杯中，用少量蒸馏水溶解后，移入 50 mL 容量瓶中用蒸馏水定容至刻度，充分混匀，4 ℃冰箱中保存备用。

取上述 A 液 183 mL 与 B 液 17 mL 充分混匀后即为 0.1 mol/L pH7.8 的磷酸钠缓冲液，4 ℃冰箱中保存备用。

（2）0.026 mol/L 蛋氨酸（Met）磷酸钠缓冲液：准确称取 L-蛋氨酸（$C_5H_{11}NO_2S$，MW = 149.21）0.387 9 g 于 100 mL 小烧杯中，用少量 0.1 mol/L pH7.8 的磷酸钠缓冲液溶解后，移入 100 mL 容量瓶中并用 0.1 mol/L 的磷酸钠缓冲液（pH7.8）定容至刻度，充分混匀（现用现配），4 ℃冰箱中避光保存，可用 1~2 d。

（3）7.5×10^{-4} mol/L NBT 溶液：准确称取 NBT（氮蓝四唑 $C_4OH_3OCl_2N_{10}O_6$，MW = 817.7）0.153 3 g 于 100 mL 小烧杯中，用少量蒸馏水溶解后，移入 250 mL 容量瓶中用蒸馏水定容至刻度，充分混匀（现配现用），4 ℃冰箱中保存，可用 2~3 d。

（4）1.0 μmol/L EDTA 的 2×10^{-5} mol/L 核黄素溶液，其配制方法如下：

A 液：准确称取 EDTA（MW = 292）0.002 92 g 于 50 mL 小烧杯中，用少量蒸馏水溶解。

B 液：准确称取核黄素（MW = 376.36）0.075 3 g 于 50 mL 小烧杯中，用少量蒸馏水溶解。

C 液：合并 A 液和 B 液，移入 100 mL 容量瓶中，用蒸馏水定容至刻度，此溶液为含 0.1 mmol/L EDTA 的 2 mmol/L 核黄素溶液，该溶液应避光保存，即用黑纸将装有该液的棕色瓶包好，置于 4 ℃冰箱中保存，可用 8~10 d。

当测定 SOD 酶活性时，将 C 液稀释 100 倍，即为含 1.0 μmol/L EDTA 的 2×10^{-5} mol/L 核黄素溶液。

（5）0.05 mol/L pH7.8 磷酸钠缓冲液：取 0.1 mol/L pH7.8 的磷酸钠缓冲液 50 mL，移入 100 mL 容量瓶中用蒸馏水定容至刻度，充分混匀，4 ℃冰箱中保存备用。

（6）石英砂。

（三）器材

分光光度计，分析天平，高速冷冻离心机，冰箱，4 500 lx 光照箱，带盖瓷盘，移液管架，研钵，5 mL 离心管，10~15 mL 微烧杯，0.5 mL、1 mL、2 mL、5 mL 移液管或加样器，50 μL、100 μL 微量进样器，50 mL、100 mL、500 mL、1 000 mL 烧杯，50 mL、100 mL 量筒，50 mL、100 mL、250 mL、1 000 mL 容量瓶，125 mL 细口瓶。

三、实验步骤与方法

(一)酶液的制备

按每克鲜叶加入 3 mL 0.05 mol/L 磷酸钠缓冲液(pH7.8),加入少量石英砂,于冰浴中的研钵内研磨成匀浆,定容至 5 mL 刻度离心管中,于 8 500 r/min 冷冻离心 30 min,上清液即为 SOD 酶粗提液。

(二)酶活力的测定

每个处理取 8 个洗净干燥好的微烧杯编号,按表 1 加入各试剂及酶液,反应系统总体积为 3 mL。其中 4~8 号杯中磷酸钠缓冲液量和酶液量可根据试验材料中酶液浓度及酶活力进行调整(如酶液浓度大、活性强时,酶用量适当减少)。

表 1   反应系统中各试剂及酶液的加入量

杯号	试剂				
	试剂(2) (mL)	试剂(3) (mL)	试剂(4) (mL)	试剂(5) (mL)	酶液 (mL)
1	1.50	0.30	0.30	0.90	0.00
2	1.50	0.30	0.30	0.90	0.00
3	1.50	0.30	0.30	0.90	0.00
4	1.50	0.30	0.30	0.85	0.05
5	1.50	0.30	0.30	0.80	0.10
6	1.50	0.30	0.30	0.75	0.15
7	1.50	0.30	0.30	0.70	0.20
8	1.50	0.30	0.30	0.65	0.25

各试剂全部加入后,充分混匀,取 1 号微烧杯置于暗处,作为空白对照,比色时调零用。其余 7 个微烧杯均放在温度为 25 ℃,光强为 4 500 lx 的光照箱内(安装有 3 根 20 W 的日光灯管)照光 15 min,然后立即遮光终止反应。在 560 nm 波长下以 1 号杯液调零,测定各杯液光密度并记录结果。以 2、3 号杯液光密度的平均值作为抑制 NBT 光还原率 100%,根据其他各杯液的光密度分别计算出不同酶液量的各反应系统中抑制 NBT 光还原的相对百分率。以酶液用量为横坐标,以抑制 NBT 光还原相对百分率为纵坐标,做出二者相关曲线。找出 50% 抑制率的酶液量(μL)作为一个酶活力单位(U)。

四、结果计算

(1)测 560 nm 波长下各杯液的光密度填于表 2 中。

以酶液加入量为横坐标,以抑制 NBT 光还原相对百分率为纵坐标,在坐标纸上绘制出二者相关曲线。找出 50% 抑制率的酶液量(μL)作为一个酶活力单位(U)。

表 2　测定结果

杯号	1	2	3	4	5	6	7	8	2、3 号平均值
酶液量（mL）									
光密度（OD_{560nm}）									
抑制率（%）									

（2）SOD 酶活力按下式计算：

$$A = \frac{V \times 1\,000 \times 60}{B \times W \times t}$$

式中：A 为酶活力，$U/g(FW) \cdot h$；V 为酶提取液总体积，mL；B 为一个酶活力单位的酶液量，μL；W 为样品鲜重，g；t 为反应时间，min；1 000 为换算系数，即 1 mL = 1 000 μL；60 为换算系数，即 1 h = 60 min。

（3）抑制率按下式计算：

$$抑制率 = (D_1 - D_2) / D_1 \times 100\%$$

式中：D_1 为 2、3 号杯液的光密度平均值；D_2 为加入不同酶液量的各杯液的光密度值。

注：有时因测定样品的数量多，每个样品均按此法测定酶活力工作量将会很大，也可每个样品只测定 1 个或 2 个酶液用量的光密度值，按下式计算酶活力：

$$A = (D_1 - D_2) \times V \times 1\,000 \times 60 / (D_1 \times B \times W \times t \times 50\%)$$

式中：D_1 为 2、3 号杯液的光密度平均值；D_2 为测定样品酶液的光密度；50% 为抑制率。

其他各因子代表的内容与上述 SOD 酶活力计算公式的各因子代表的内容相同。

注意事项：

（1）富含酚类物质的植物（如茶叶）在匀浆时产生大量的多酚类物质，会引起酶蛋白不可逆沉淀，使酶失去活性，因此在提取此类植物 SOD 酶时，必须添加多酚类物质的吸附剂，将多酚类物质除去，避免酶蛋白变性失活，一般在提取液中加 1%～4% 的聚乙烯吡咯烷酮（PVP）。

（2）测定时的温度和光化反应时间必须严格控制一致。为保证各微烧杯所受光强一致，所有微烧杯应排列在与日光灯管平行的直线上。

实验 22　过氧化物酶（POD）活性测定

一、实验原理

POD 催化过氧化氢氧化酚类的反应，产物为醌类化合物，此化合物进一步缩合或与其他分子缩合，产生颜色较深的化合物。本实验以邻甲氧基苯酚（愈创木酚）为过氧化物酶的底物,在此酶存在下,H_2O_2 可将邻甲氧基苯酚氧化成红棕色的 4-邻甲氧基苯酚,该物质可用分光光度计在 470 nm 处测定其吸光值,即可求出该酶的活性。

二、实验材料与用品

(一)材料

鲜叶片。

(二)试剂

(1)0.1 mol/L Tris-HCl 缓冲液(pH8.5):取 12.114 g 三羟甲基氨基甲烷(Tris),加水稀释,用 HCl 调 pH 至 8.5 后定容至 1 000 mL。

(2)0.2 mol/L 磷酸缓冲液(pH6.0),其配制方法如下:

储备液 A:0.2 mol/L NaH_2PO_4 溶液(27.8 g $NaH_2PO_4 \cdot H_2O$ 配成 1 000 mL)。

储备液 B:0.2 mol/L Na_2HPO_4 溶液(53.65 g $Na_2HPO_4 \cdot 7H_2O$ 或 71.7 g $Na_2HPO_4 \cdot 12H_2O$ 配成 1 000 mL)。

分别取储备液 A 87.7 mL 与储备液 B 12.3 mL 充分混匀并稀释至 200 mL。

(3)反应混合液:取 0.2 mol/L 磷酸缓冲液(pH6.0)50 mL、过氧化氢 0.028 mL、愈创木酚 0.019 mL 混合。

(三)器材

分光光度计,移液管,离心机,秒表,研钵,天平等。

三、实验步骤与方法

(1)酶液提取。取不同烟草叶片 1 g,剪碎置于研钵中,加 5 mL 0.1 mol/L Tris-HCl 缓冲液(pH8.5),研磨成匀浆,以 4 000 r/min 离心 5 min,倒出上清液,必要时残渣再用 5 mL 缓冲液提取一次,合并两次上清液,保存在冰箱(或冷处)备用。

(2)取光径 1 cm 比色杯 2 个,向其中之一加入上述酶液 1 mL(如酶活性过高可稀释之),再加入反应混合液 3 mL,立即开启秒表记录时间;向另一比色杯中加入 4 mL 0.2 mol/L 磷酸缓冲液(pH6.0),作为零对照,用分光光度计在 470 nm 波长下测定反应 5 min 时的光密度值。

四、结果计算

以每分钟光密度变化(以每分钟 $A_{470\,nm}$ 变化 0.01 为 1 个活力单位)表示酶活性大小,即

$$过氧化物酶活性[U/(g \cdot min)] = \Delta A_{470\,nm} \times V_T/(FW \times V_1 \times 0.01 \times t)$$

式中:$\Delta A_{470\,nm}$ 为反应时间内吸光度的变化;V_T 为粗酶提取液总体积,mL;V_1 为测定用粗酶液体积,mL;FW 为样品鲜重,g;0.01 为 $A_{470\,nm}$ 每下降 0.01 为 1 个活力单位,U;t 为反应时间,min。

注意事项:

(1)酶的提取、纯化需在低温下进行。

(2)H_2O_2 要在反应开始前加,不能直接加入。

(3)酶促反应较快,计时应准确、快速。

实验 23　过氧化氢酶(CAT)活性测定

一、高锰酸钾滴定法

(一)实验原理

过氧化氢酶能催化过氧化氢分解为水和氧分子,可根据 H_2O_2 的消耗量或 O_2 的生成量测定该酶活力大小。在反应系统中加入一定量的 H_2O_2 溶液,经酶促反应后,用标准高锰酸钾溶液(在酸性条件下)滴定多余的 H_2O_2,即可求出消耗的 H_2O_2 的量。

$$5H_2O_2+2KMnO_4+4H_2SO_4 \rightarrow 5O_2+2KHSO_4+8H_2O+2MnSO_4$$

(二)实验材料与用品

1.材料

鲜叶片。

2.试剂

(1)10% H_2SO_4。

(2)0.2 mol/L 磷酸缓冲液(pH7.8)。

(3)0.1 mol/L 高锰酸钾标准液:称取 $KMnO_4$ 3.160 5 g,用新煮沸冷却蒸馏水配制成 1 000 mL,用 0.1 mol/L 草酸溶液标定。

(4)0.1 mol/L H_2O_2:30% H_2O_2 大约等于 17.6 mol/L,取 30% H_2O_2 溶液 5.68 mL,稀释至 1 000 mL,用标准 0.1 mol $KMnO_4$ 溶液(在酸性条件下)进行标定。

(5)0.1 mol/L 草酸:称取分析纯 $H_2C_2O_4 \cdot 2H_2O$ 12.607 g,用蒸馏水溶解后,定容至 1 000 mL。

(6)0.2 mol/L pH7.8 磷酸缓冲液(内含 1% 聚乙烯吡咯烷酮)。

3.器材

紫外分光光度计,恒温水浴锅,离心机,研钵,10 mL 酸式滴定管,50 mL 三角瓶,25 mL 容量瓶,0.5 mL 刻度吸管,2 mL、10 mL 试管。

(三)实验步骤与方法

(1)称取烟草叶片 2.5 g,加入 pH7.8 的磷酸缓冲溶液少量,研磨成匀浆,转移至 25 mL 容量瓶中,用该缓冲液冲洗研钵,并将冲洗液转入容量瓶中,用同一缓冲液定容,4 000 r/min 离心 15 min,上清液即为过氧化氢酶的粗提液。

(2)取 4 个 50 mL 三角瓶(2 个测定,2 个对照),测定瓶中加入酶液 2.5 mL,对照瓶中加入煮沸酶液 2.5 mL,再加入 2.5 mL 0.1 mol/L H_2O_2,同时计时,于 30 ℃恒温水浴中保温 10 min 后,立即加入 2.5 mL 10% H_2SO_4。

(3)用 0.1 mol/L $KMnO_4$ 标准溶液滴定 H_2O_2,至出现粉红色(在 30 min 内不消失)为终点。

(四)结果计算

CAT 酶活性用每克鲜重样品 1 min 内分解 H_2O_2 的毫克数表示。

$$过氧化氢酶活性[mg/(g \cdot min)] = [(A-B) \times V_T \times 1.7]/(FW \times V_1 \times t)$$

式中:A 为对照 $KMnO_4$ 滴定毫升数,mL;B 为酶反应后 $KMnO_4$ 滴定毫升数,mL;V_T 为酶液总量,mL;1.7 为 1 mL 0.1 mol/L 的 $KMnO_4$ 相当于 1.7 mg H_2O_2;FW 为样品鲜重,g;V_1 为反应所用酶液量,mL;t 为反应时间,min。

注意事项:

高锰酸钾滴定法中,所用 $KMnO_4$ 溶液及 H_2O_2 溶液临用前要经过重新标定。

二、紫外吸收法

(一)实验原理

H_2O_2 在 240 nm 波长下有强吸收,过氧化氢酶能分解过氧化氢,使反应溶液吸光度($A_{240\,nm}$)随反应时间而降低。通过测量吸光度的变化速度即可测出过氧化氢酶的活性。

(二)实验材料与用品

1.材料

鲜叶片。

2.试剂

(1)10% H_2SO_4。

(2)0.2 mol/L 磷酸缓冲液(pH7.8)。

(3)0.1 mol/L H_2O_2:30% H_2O_2 大约等于 17.6 mol/L,取 30% H_2O_2 溶液 5.68 mL,稀释至 1 000 mL,用标准 0.1 mol $KMnO_4$ 溶液(在酸性条件下)进行标定。

(4)0.1 mol/L 草酸:称取分析纯 $H_2C_2O_4 \cdot 2H_2O$ 12.607 g,用蒸馏水溶解后,定容至 1 000 mL。

(5)0.2 mol/L pH7.8 磷酸缓冲液(内含1%聚乙烯吡咯烷酮)。

3.器材

紫外分光光度计,恒温水浴锅,离心机,研钵,10 mL 酸式滴定管,50 mL 三角瓶,25 mL 容量瓶,0.5 mL 刻度吸管,2 mL、10 mL 试管。

(三)实验步骤与方法

(1)酶液提取同高锰酸钾滴定法。

(2)取 10 mL 试管 3 支,其中 2 支为样品测定管,1 支为空白管(将酶液煮死),按表1顺序加入试剂。

25 ℃预热后,逐管加入 0.3 mL 0.1 mol/L 的 H_2O_2,每加完1管立即计时,并迅速倒入石英比色杯中,240 nm 下测定吸光度,每隔 1 min 读数 1 次,共测 4 min,待 3 支管全部测定完后,计算酶活性。

表1 紫外吸收待测样品测定液配制表

试剂(酶)	管号		
	S0	S1	S2
粗酶液(mL)	0.2	0.2	0.2
pH7.8 磷酸缓冲液(mL)	1.5	1.5	1.5
蒸馏水(mL)	1.0	1.0	1.0

(四)结果计算

以 1 min 内 $A_{240\,nm}$ 减少 0.1 的酶量为 1 个酶活单位(U)。

$$过氧化氢酶活性[U/(g \cdot min)] = (\Delta A_{240\,nm} \times V_T)/(0.1 \times V_1 \times t \times FW)$$

式中:$\Delta A_{240\,nm} = A_{S0} - (A_{S1} + A_{S2})/2$($A_{S0}$ 为加入煮死酶液的对照管吸光度 A_{S1}、A_{S2} 为样品管吸光度);V_T 为粗酶提取液总体积,mL;V_1 为测定用粗酶液体积,mL;FW 为样品鲜重,g;0.1 为 $A_{240\,nm}$ 每下降 0.1 为 1 个酶活单位,U;t 为加过氧化氢到最后一次读数时间,min。

注意事项:

紫外吸收法中,凡在 240 nm 下有强吸收的物质对本实验有干扰。

实验 24 丙二醛(MDA)含量测定

一、实验原理

植物组织中的丙二醛(MDA)在酸性条件下加热可与硫代巴比妥酸(TBA)产生显色反应,反应产物为粉红色的 3,5,5-三甲基噁唑 2,4-二酮,该物质在 532 nm 波长下有吸收峰。由于硫代巴比妥酸也可与其他物质反应,并在该波长处有吸收,为消除其影响,在丙二醛含量测定时,同时测定 600 nm 下的吸光度,利用 532 nm 与 600 nm 下吸光度的差值计算丙二醛的含量。

二、实验材料与用品

(一)材料
鲜叶片。

(二)试剂
(1)0.05 mol/L pH7.8 磷酸钠缓冲液。
(2)石英砂。
(3)5%三氯乙酸溶液:称取 5 g 三氯乙酸,先用少量蒸馏水溶解,然后定容到 100 mL。
(4)0.5%硫代巴比妥酸的 5%三氯乙酸溶液:称取 0.5 g 硫代巴比妥酸,用 5%三氯乙酸溶解,定容至 100 mL。

（三）器材

分光光度计，离心机，水浴锅，天平，研钵，剪刀，5 mL 刻度离心管，10 mL 刻度试管，镊子，5 mL、2 mL、1 mL 移液管，冰箱。

三、实验步骤与方法

（一）丙二醛的提取

取 0.5 g 样品，加入 2 mL 预冷的 0.05 mol/L pH7.8 的磷酸缓冲液，加入少量石英砂，在经过冰浴的研钵内研磨成匀浆，转移到 5 mL 刻度离心试管，将研钵用缓冲液洗净，清洗液移入离心管中，最后用缓冲液定容至 5 mL，4 500 r/min 离心 10 min，上清液即为丙二醛提取液。

（二）丙二醛含量测定

吸取 2 mL 的提取液于刻度试管中，加入 0.5% 硫代巴比妥酸的 5% 三氯乙酸溶液 2 mL，于沸水浴上加热 10 min，迅速冷却。于 4 500 r/min 离心 10 min。取上清液，于 532 nm、600 nm 波长下，以蒸馏水为空白调透光率 100%，测定吸光度。

（三）结果计算

$$丙二醛含量（nmol/g\ FW）=\left[\left(A_{532\,nm}-A_{600\,nm}\right)\times V_1\times V\right]/\left(1.55\times10^{-1}\times W\times V_2\right)$$

式中：A 为吸光度；V_1 为反应液总量（4 mL）；V 为提取液总量（5 mL）；V_2 为反应液中的提取液数量（2 mL）；W 为植物样品重量（0.5 g）；1.55×10^{-1} 为丙二醛的微摩尔吸光系数（在 1 L 溶液中含有 1 μmol 丙二醛时的吸光度）。

注意事项：

（1）0.1%～0.5% 的三氯乙酸对 MDA-TBA 反应较合适，若高于此浓度，其反应液的非专一性吸收偏高。

（2）MDA-TBA 显色反应的加热时间，最好控制沸水浴 10～15 min。时间太短或太长均会引起 532 nm 下的光吸收值下降。

（3）如用 MDA 作为植物衰老指标，首先应检验被测试材料提取液是否能与 TBA 反应形成 532 mm 处的吸收峰，否则只测定 532 nm、600 nm 两处 A 值，计算结果与实际情况不符，测得的高 A 值是一个假象。

（4）在有糖类物质干扰条件下（如深度衰老时），吸光度的增大不再是由于脂质过氧化产物 MDA 含量的升高，而是水溶性碳水化合物的增加，由此改变了提取液成分，不能再用 532 nm、600 nm 两处 A 值计算 MDA 含量，可测定 510 nm、532 nm、560 nm 处的 A 值，用 $A_{532\,nm}-(A_{510\,nm}-A_{560\,nm})/2$ 的值来代表丙二醛与 TB 反应液的吸光值。

实验 25　　多酚氧化酶（PPO）活性测定

一、实验原理

多酚氧化酶催化分子态氧将酚类化合物如邻苯二酚（儿茶酚）氧化为醌类物质，所生成的产物(邻醌)在525 nm波长处有最大吸收峰,其吸光值与产物生成量成正相关,所以可据此测定多酚氧化酶的活性。

二、实验材料与用品

(一)材料
鲜叶片。

(二)试剂
0.05 mmol/L磷酸缓冲液(pH5.5),0.1 mol/L邻苯二酚溶液,20%三氯乙酸。

(三)器材
分光光度计,离心机,研钵,容量瓶,试管等。

三、实验步骤与方法

(一)酶液提取
取5 g烟草叶片,切碎,放入研钵中,加适量磷酸缓冲液研磨成匀浆。将匀浆液全部转入离心管中,3 000 r/min离心10 min,上清液转入25 mL容量瓶。沉淀用5 mL磷酸缓冲液再提取2次,上清液并入容量瓶,定容至刻度,低温下保存备用。

(二)酶活测定
取4支试管(2支对照,2支测定)按表1加入试剂。37 ℃水浴中保温10 min,立即加入2 mL 20%的三氯乙酸,终止酶的反应。反应液于4 000 r/min离心10 min,收集上清液,并适当稀释,于525 nm波长下测定其吸光值。

表1　各试管中试剂加入量 （单位:mL)

溶剂	对照1	对照2	测定1	测定2
磷酸缓冲液	3.9	3.9	3.9	3.9
邻苯二酚溶液	1.0	1.0	1.0	1.0
酶液	—	—	0.1	0.1
煮沸酶液	0.1	0.1	—	—

四、结果计算

多酚氧化酶活性单位(U)定义为1 g鲜样1 min内吸光值变化0.01所需的酶量。

$$多酚氧化酶活性[U/(g \cdot min)] = \Delta A/(0.01 \times W \times t) \times D$$

式中:ΔA为反应时间内吸光值的变化;W为实验材料鲜重,g;t为反应时间,min;D为稀释倍数。

注意事项:
鲜叶片样本在处理前勿碰伤搓揉。

实验 26　游离脯氨酸(Pro)含量测定

一、实验原理

采用磺基水杨酸提取烟草体内的游离脯氨酸,不仅大大减少了其他氨基酸的干扰,快速简便,而且不受样品状态(干或鲜样)限制。在酸性条件下,脯氨酸与茚三酮反应生成稳定的红色缩合物,用甲苯萃取后,此缩合物在波长 520 nm 处有一最大吸收峰。脯氨酸浓度的高低在一定范围内与其吸光度成正比。

二、实验材料与用品

(一)材料
鲜叶片或萎蔫叶片。

(二)试剂
(1)3%磺基水杨酸溶液。

(2)甲苯。

(3)2.5%酸性茚三酮显色液。

(4)冰乙酸和 6 mol/L 磷酸以 3∶2 混合(作为溶剂进行配制,在 4 ℃下 2~3 d 有效)。

(5)脯氨酸标准溶液:准确称取 25 mg 脯氨酸,用蒸馏水溶解后定容至 250 mL,其浓度为 100 μg/mL。再取此液 10 mL,用蒸馏水稀释至 100 mL,即成 10 μg/mL 的脯氨酸标准液。

(三)器材
天平,分光光度计,水浴锅,漏斗,20 mL 大试管,20 mL 具塞刻度试管,5~10 mL 注射器或滴管。

三、实验步骤与方法

(一)标准曲线制作
(1)取 7 支具塞刻度试管按表 1 加入各试剂,混匀后加玻璃球塞,在沸水中加热 40 min。

(2)取出冷却后,向各管加入 5 mL 甲苯充分振荡,以萃取红色物质。静置待分层后吸取甲苯层,以 0 号管为对照在波长 520 nm 下比色。

(3)以吸光值为纵坐标,脯氨酸含量为横坐标,绘制标准曲线,求线性回归方程。

(二)样品游离脯氨酸含量测定
1.脯氨酸提取
取不同处理的剪碎混匀烟草叶片 0.2~0.5 g(干样根据水分含量酌减),分别置于大试管中,加入 5 mL 3%磺基水杨酸溶液,管口加盖玻璃球,于沸水浴中浸提 10 min。

表 1 各试管中试剂加入量

试剂	管号						
	0	1	2	3	4	5	6
标准脯氨酸量（mL）	0	0.2	0.4	0.8	1.2	1.6	2.0
H_2O（mL）	2	1.8	1.6	1.2	0.8	0.4	0
冰乙酸（mL）	2	2	2	2	2	2	2
酸性茚三酮显色液（mL）	3	3	3	3	3	3	3
脯氨酸含量（μg）	0	2	4	8	12	16	20

2. 测定

取出试管，待冷却至室温后，吸取上清液 2 mL，加 2 mL 冰乙酸和 3 mL 酸性茚三酮显色液，于沸水浴中加热 40 min，下一步操作按标准曲线制作方法进行甲苯萃取和比色。

四、结果计算

从标准曲线中查出测定液中脯氨酸浓度，按下式计算样品中脯氨酸含量的百分数：

$$脯氨酸含量[μg/g(干或鲜样)] = (C×V)/(W×A)$$

式中：C 为提取液中脯氨酸浓度，μg，由标准曲线求得；V 为提取液总体积，mL；A 为测定时所吸取的体积，mL；W 为样品重，g。

注意事项：

（1）叶片萎蔫时间一般 3~4 h，不能太久，否则脯氨酸积累多，样品测定需稀释。

（2）酸性茚三酮显色液与脯氨酸溶液现配现用效果好。

实验 27 硝酸还原酶（NR）活性测定

一、实验原理

硝酸还原酶（NR）是植物氮素同化的关键酶，它催化植物体内的硝酸盐还原为亚硝酸盐。其反应式为：$NO_3^- + NADH + H^+ \rightarrow NO_2^- + NAD^+ + H_2O$。硝酸还原酶活性高低以生成的亚硝态氮衡量，酶活性一般以单位时间每克鲜重植物材料还原生成的亚硝态氮含量表示，即以 NO_2^- μg/(g·h) 为单位。NO_2^- 含量的测定可用磺胺比色法，该方法能测定的 $NaNO_2$ 浓度为 0.5 μg/mL。

亚硝酸盐与对氨基苯磺酸（或对氨基苯磺酰胺）在酸性条件下定量生成红色偶氮化合物。生成的红色偶氮化合物在 540 nm 有最大吸收峰，可用分光光度计测定。

硝酸还原酶活性的测定可分为活体法和离体法。活体法步骤简单，硝酸还原酶不用从植物组织中提取出来，其作用产物 NO_2^- 可以从组织内渗透到外界溶液中，通过测定反应液中 NO_2^- 含量的增加，即能表明酶活性的大小。

硝酸还原酶是一种诱导酶,当向培养介质中加入硝酸盐时,植物体内很快就会出现硝酸还原酶。

二、实验材料与用品

(一)材料

鲜叶片。

(二)试剂

(1)0.2 mol/L 硝酸钾溶液:溶解 10.11 g 硝酸钾于 dH_2O 中,定容至 500 mL。

(2)0.1 mol/L 磷酸缓冲液,pH=7.5。

A 液:0.2 mol/L NaH_2PO_4,取 NaH_2PO_4 27.8 g,dH_2O 溶解,配制成 1 000 mL 溶液。

B 液:0.2 mol/L Na_2HPO_4,取 Na_2HPO_4 71.7 g,dH_2O 溶解,配制成 1 000 mL 溶液。

取 A 液 16 mL、B 液 84 mL,混合,用 dH_2O 稀释至 200 mL。

(3)磺胺试剂:1 g 磺胺(或对氨基苯磺酸)加 25 mL 浓盐酸,用 dH_2O 稀释至 100 mL。

(4)α-萘胺试剂:0.2 g α-萘胺溶于含 1 mL 浓盐酸的 dH_2O 中,定容至 100 mL。或将 α-萘胺溶于 25 mL 的冰醋酸中,用 dH_2O 稀释至 100 mL。

(5)亚硝酸钠标准液:称取 AR 级 $NaNO_2$ 0.100 0 g,用 dH_2O 溶解、定容至 100 mL,取 5 mL,再用 dH_2O 稀释至 1 000 mL,即为 NO_2^- 含量是 5 μg/mL 的标准液。

(三)器材

分光光度计,真空抽气装置,温箱,打孔器,电子天平,小三角瓶,试管,移液管 5 mL 的 2 支、2 mL 的 4 支。

三、实验步骤与方法

(一)酶液的提取

将新鲜的叶片用水洗净,吸水纸吸干表面水分,然后用打孔器打成直径为 1 cm 的圆片,称取等量叶圆片 2 份(每份 0.2~0.3 g),用 dH_2O 洗涤 2~3 次,吸干水分,分别置于含有下列溶液的 2 个 50 mL 三角瓶中:①0.1 mol/L 磷酸缓冲液(pH7.5)5 mL +dH_2O 5 mL;②0.1 mol/L 磷酸缓冲液(pH7.5)5 mL+0.2 mol/L KNO_3 5 mL。注意将溶液浸没圆片,然后将三角瓶置于真空干燥器中,接上真空泵抽气 7~10 min,放气后,圆片即沉于溶液中。将三角瓶置于 30 ℃温箱中,不见光,保温 30 min。

(二)NO_2^- 含量测定

保温 30 min 结束后,分别取出 1 mL 反应液于试管中,加入磺胺试剂或对氨基苯磺酸 2 mL,摇匀。再加入 α-萘胺试剂 2 mL,摇匀。注意各试剂的加入顺序。在 30 ℃温箱中保温 30 min,用分光光度计在 520 nm 波长比色,测定光密度。从标准曲线上查得 NO_2^- 含量,然后计算酶活性。单位为 NO_2^- μg/(g·h)。

(三)标准曲线的制作

取 7 支试管,编号,按表 1 顺序添加试剂,每加入一种试剂后注意摇匀。待试剂加完后,将各试管置 30 ℃温箱中保温 30 min,立即于 520 nm 波长下进行比色,读出光密度,以光密度为纵坐标、NO_2^- 浓度为横坐标绘制标准曲线。

表 1　制作标准曲线的试剂配比

试管号	NaNO₂ 标准液（mL）	dH₂O（mL）	磺胺试剂（mL）	α-萘胺（mL）	反应终了 NO₂⁻ 含量（μg/管）
1	0	1	2	2	0
2	0.1	0.9	2	2	0.5
3	0.2	0.8	2	2	1.0
4	0.4	0.6	2	2	2.0
5	0.6	0.4	2	2	3.0
6	0.8	0.2	2	2	4.0
7	1.0	0	2	2	5.0

四、结果计算

$$\text{硝酸还原酶活性} = \frac{\text{亚硝酸盐还原量（μg，从标准曲线中的吸光度值查出）}}{\text{圆片质量（g）} \times \text{酶促反应时间（h）}}$$

注意事项：

（1）注意取样前叶子要进行一段时间的光合作用，以积累碳水化合物，如果组织中的碳水化合物含量低，会使酶的活性降低。

（2）测定 NO₂⁻ 的磺胺比色法很灵敏，可以检出低于 1 μg/mL 的 NaNO₂ 含量，由于显色反应的速度与重氮化作用及偶联作用的速度有关，温度、酸浓度等都影响显色速度，同时也影响灵敏度，但如果标准曲线与样品的测定都在相同条件下进行，则显色速度相等，彼此可以比较。

（3）硝酸还原酶容易失活，离体法测定时，操作应迅速，并且在 4 ℃下进行。

（4）取样宜在晴天进行，最好提前一天施用一定量的硝态氮肥，取样部位应一致。

（5）硝酸盐还原过程应在黑暗中进行，以防亚硝酸盐还原为氨。

（6）从显色到比色时间要一致，显色时间过长或过短对颜色都有影响。

实验 28　淀粉酶活性测定

一、实验原理

植物中的淀粉酶能将储藏的淀粉水解为麦芽糖。淀粉酶几乎存在于所有植物中，有 α-淀粉酶及 β-淀粉酶，其活性因植物生长发育时期不同而有所变化，其中以禾谷类种子萌发时淀粉酶活性最强。

α-淀粉酶和 β-淀粉酶特性不同，如 β-淀粉酶不耐热，在高温下容易钝化，而 α-淀粉酶不耐酸，在 pH3.6 以下容易发生钝化。通常酶提取液中同时存在两种淀粉酶，测定时，可以根据它们的特性分别加以处理,钝化其中之一,即可以测出另一种酶的活性。将提取液加热到70 ℃维持15 min以钝化β-淀粉酶,便可测定α-淀粉酶的活性。或者将提取液用pH3.6的醋酸在0 ℃加以处理,钝化α-淀粉酶,以测出β-淀粉酶的活性。淀粉酶水解淀粉生成的麦芽糖,可用3,5-二硝基水杨酸试剂测定。由于麦芽糖能将后者还原成3-氨基-5-硝基水杨酸的显色基团,在一定范围内其颜色的深浅与糖的浓度成正比,故可以求出麦芽糖的含量。以麦芽糖的毫克数表示淀粉酶活性大小。

二、实验材料与用品

(一)材料
鲜叶片或萎蔫叶片。

(二)试剂
(1)1%淀粉溶液。

(2)0.4 mol/L NaOH、pH5.6的柠檬酸缓冲液。

A液:称取柠檬酸20.01 g,溶解后稀释至1 000 mL

B液:称取柠檬酸钠29.41 g,溶解后稀释至1 000 mL;

取A液13.70 mL与B液26.30 mL混匀即是。

(3)3,5-二硝基水杨酸:精确称取3,5-二硝基水杨酸1 g溶于20 mL 1 mol/L NaOH中,加入50 mL蒸馏水,再加入30 g酒石酸钾钠,待溶解后用蒸馏水稀释至100 mL,盖紧瓶盖,勿让CO_2进入。

(4)麦芽糖标准液:称取化学纯麦芽糖0.100 g溶于少量蒸馏水中,仔细移入100 mL容量瓶中,用蒸馏水稀释至刻度。

(三)器材
电子天平,研钵,100 mL容量瓶(1个),50 mL量筒(1个),刻度试管25 mL(9个),10 mL(1个),试管6支,移液管1 mL 2支,2 mL 2支,10 mL 2支,离心机,恒温水浴锅,7220型分光光度计。

三、实验步骤与方法

(一)酶液的提取
称取烟草叶片0.5 g,置于研钵中加石英砂研磨成匀浆,移入25 mL刻度试管中,用水稀释至刻度,混匀后在温室下放置,每隔数分钟振荡一次,放置20 min后离心,取上清液备用。

(二)α-淀粉酶活性的测定
(1)取3支试管,编号注明1支为对照管,2支为测试管。

(2)于每管中各加入酶提取液1 mL,在70 ℃恒温水浴中(水温的变化不应该超过±0.5 ℃),准确加热15 min,在此期间β-淀粉酶受热钝化,取出后迅速在自来水中冷却。

(3)在试管中各加入1 mL pH5.6的柠檬酸缓冲液。

(4)向对照管中加入4 mL 0.4 mol/L NaOH,摇动2~3 min,静止2 min,以钝化酶的活性,再加入1%淀粉2 mL。

(5)将测定管置40 ℃(±0.5 ℃)恒温水浴中保温15 min,再加入40 ℃下预热的1%淀粉溶液 2 mL,摇匀,立即放入 40 ℃ 水浴中准确保温 15 min 取出,迅速加入 4 mL 0.4 mol/L NaOH,以终止酶的活动,然后准备下一步糖的测定。

(三)α-淀粉酶和 β-淀粉酶总活性的测定

取上述酶提取液 1 mL,放入刻度试管中,用蒸馏水稀释至 10 mL(稀释程度视酶活性的大小而定)。混合均匀后,取 3 支试管,1 支为对照管,2 支为测定管,各加入稀释的酶液 1 mL、pH5.6 的柠檬酸缓冲液 1 mL。以上步骤重复 α-淀粉酶测定的第(4)及(5)的操作,同样准备糖的测定。

(四)麦芽糖的测定

1.标准曲线的制作

取 25 mL 刻度试管 5 个,编号,分别加入麦芽糖标准液(1 mg/mL)0.0 mL、0.5 mL、1.0 mL、1.5 mL、2.0 mL,然后于各管加入蒸馏水使溶液为 2 mL,再各加 3,5-二硝基水杨酸试剂 2 mL,置沸水中准确煮 5 min,取出冷却,用蒸馏水稀释至 25 mL,混匀。用 7220 型分光光度计在 520 nm 的波长下进行比色,记录光密度,以光密度为纵坐标、以麦芽糖含量为横坐标绘制标准曲线。

2.样品的测定

取以上各管中酶作用后的溶液及对照管中的溶液各 1 mL,分别加入 25 mL 刻度管中,再加入 1 mL 的水,3,5-二硝基水杨酸试剂 2 mL,混匀置沸水中准确煮 5 min,取出冷却,用蒸馏水稀释至 25 mL,混匀。用 7220 型分光光度计在 520 nm 的波长下进行比色,记录吸光度,从麦芽糖标准曲线中计算出麦芽糖含量,用以表示酶的活性。

四、结果计算

$$\alpha\text{-淀粉酶水解活性}[\text{麦芽糖(mg)}/\text{鲜重(g)}\cdot 5\text{ min}]=\frac{(A-A_1)\times\text{样品稀释总体积}}{\text{样品重(克)}\times C}$$

$$(\alpha+\beta)\text{淀粉酶总活性}[\text{麦芽糖(mg)}/\text{鲜重(g)}\cdot 5\text{ min}]=\frac{(B-B_1)\times\text{样品稀释总体积}}{\text{样品重(克)}\times C}$$

式中:A 为 α-淀粉酶水解淀粉生成的麦芽糖量,mg,标准曲线中查得;A_1 为 α-淀粉酶对照管中麦芽糖量,mg;B 为 α+β-淀粉酶共同水解淀粉生成的麦芽糖量,mg;B_1 为 α+β-淀粉酶的对照管中的麦芽糖量,mg;C 为比色时所用样品毫升数。

实验 29　叶绿素含量测定

一、方法一

(一)实验原理

叶绿素与其他显色物质一样,在溶液中如液层厚度不变,则其吸光度与它的浓度成一定的比例关系。已知叶绿素 a、b 在 652 nm 波长处有相同的比吸收系数(均为 34.5),因此在此波长下测定叶绿素溶液的吸光度,即可计算出叶绿素 a、b 的总量。

(二)实验材料与用品

1.材料

鲜叶片。

2.试剂

95%乙醇,石英砂,碳酸钙粉。

3.器材

电子分析天平,分光光度计,漏斗,25 mL 容量瓶,剪刀,滤纸,玻璃棒等。

(三)实验步骤与方法

1.叶绿素的提取

称取鲜叶片 0.20 g(可视叶片叶绿素含量增减用量),剪碎放入研钵中,加少量碳酸钙粉和石英砂及 3~5 mL 95%乙醇,研成匀浆,再加约 10 mL95%乙醇,稀释研磨后,用滤纸过滤入 25 mL 容量瓶中,然后用 95%乙醇滴洗研钵及滤纸至无绿色为止,最后定容至刻度,摇匀,即得叶绿素提取液。

2.测定

取光径为 1 cm 的比色杯,倒入叶绿素提取液,距离杯口 1 cm 处,以 95%乙醇为空白对照,在 652 nm 波长下读取吸光度(A)值。

(四)结果计算

将测得的吸光度 A_{652} 值代入式(1),即可求得提取液中叶绿素浓度。所得结果再代入式(2),即可得出样品中叶绿素含量(mg/g·FW)。

$$C(\text{mg/mL}) = A_{652}/34.5 \tag{1}$$

$$\text{叶绿素含量(mg/g·FW)} = C(\text{mg/mL}) \times \text{提取液总量(mL)/样品鲜重(g)} \tag{2}$$

式中:C 为叶绿素(a 和 b)的总浓度,mg/mL;A_{652} 为在 652 nm 波长下测得叶绿素提取液的吸光度;34.5 为叶绿素 a 和 b 混合溶液在 652 nm 波长的比吸收系数(比色杯光径为 1 cm,样品浓度为 1 g/L 时的吸光度)。

二、方法二

(一)实验原理

叶绿素 a、b 分别在 663 nm 和 645 nm 波长处有最大的吸收峰,同时在该波长处叶绿素 a、b 的比吸收系数 K 为已知,我们即可以根据 Lambert-Beer 定律,列出浓度 C 与吸光度 A 之间的关系式:

$$A_{663} = 82.04C_a + 9.27C_b \tag{1}$$

$$A_{645} = 16.75C_a + 45.6C_b \tag{2}$$

式中:A_{663}、A_{645} 为叶绿素溶液在波长 663 nm 和 645 nm 时测得的吸光度;C_a、C_b 为叶绿素 a、b 的浓度,mg/L;82.04、9.27 为叶绿素 a、b 在波长 663 nm 下的比吸收系数;16.75、45.6 为叶绿素 a、b 在波长 645 nm 下的比吸收系数。

解式(1)、式(2)联立方程,得:

$$C_a = 12.70A_{663} - 2.69A_{645} \tag{3}$$

$$C_b = 22.9A_{645} - 4.68A_{663} \tag{4}$$

$$C_T = C_a + C_b = 20.21A_{645} + 8.02A_{663} \tag{5}$$

式中:C_a、C_b 为叶绿素 a、b 的浓度;C_T 为总叶绿素浓度,mg/L。

利用式(3)、式(4)、式(5)可以分别计算出叶绿素 a、b 及总叶绿素浓度。

(二)实验材料与用品

1. 材料

鲜叶片。

2. 试剂

80%乙醇。

3. 器材

电子分析天平,分光光度计,恒温水浴锅,25 mL 刻度试管,剪刀,试管,试管架,玻璃棒等。

(三)实验步骤与方法

1. 叶绿素的提取

从植株上选取有代表性的叶片数张(除去粗大叶脉)剪碎后混匀,快速称取 0.2 g(可视样品叶绿素含量高低而增减用量),置于 25 mL 刻度试管中,加 80%乙醇 10 mL 左右,加塞放入 60~80 ℃水浴中保温提取叶绿素(或常温下放在暗处浸提 12~24 h),至叶片全部褪绿为止,冷却后,用 80%乙醇定容至刻度,此液即为叶绿素提取液。

2. 测定

取光径为 1 cm 的比色杯,加入叶绿素提取液,加至距比色杯口 1 cm 处,以 80%乙醇作为对照,分别于 663 nm 及 645 nm 波长下测定吸光度(A)值。

(四)结果计算

将测定得到的吸光度 A_{663}、A_{645} 值分别代入式(3)、式(4)、式(5)计算出 C_a、C_b 及 C_T(叶绿素 a、b 及总叶绿素浓度)。再按式(6)、式(7)、式(8)计算出叶绿素 a、b 及叶绿素总含量。

$$叶绿素 a 含量(mg/g \cdot FW) = \frac{C_a \times 提取液总量(mL)}{样品鲜重(g) \times 1\,000} \tag{6}$$

$$叶绿素 b 含量(mg/g \cdot FW) = \frac{C_b \times 提取液总量(mL)}{样品鲜重(g) \times 1\,000} \tag{7}$$

$$叶绿素总含量(mg/g \cdot FW) = \frac{C_T \times 提取液总量(mL)}{样品鲜重(g) \times 1\,000} \tag{8}$$

最后计算出叶绿素 a/叶绿素 b 的比值,并加以分析。

实验 30　可溶性蛋白质含量测定

一、实验原理

考马斯亮蓝 G-250(Coomassie brilliant blue, G-250)法是利用蛋白质染料结合的原理,定量地测定微量蛋白质浓度的快速、灵敏的方法。

考马斯亮蓝 G-250 存在着两种不同的颜色形式:红色和蓝色。它和蛋白质通过范德华力结合,在一定蛋白质浓度范围内,蛋白质和染料结合符合比尔定律。此染料与蛋白质结合后颜色由红色形式转变成蓝色形式,最大光吸收由 460 nm 变成 595 nm,通过测定 595 nm 处光吸收的增加量可知与其结合蛋白质的量。

蛋白质和染料结合是一个很快的过程,约 2 min 即可反应完全,呈现最大光吸收,并可稳定 1 h,然后,蛋白质-染料复合物发生聚合并沉淀出来。此法灵敏度高,易于操作,干扰物质少,是一种比较好的蛋白质定量方法。其缺点是在蛋白质含量很高时线性关系偏低,且不同来源蛋白质与色素结合状况有差异。

二、实验材料与用品

(一)实验材料
鲜样品。

(二)试剂
(1)标准蛋白质溶液(100 μg/mL 牛血清白蛋白):称取牛血清白蛋白 25 mg,加水溶解并定容至 100 mL,吸取上述溶液 40 mL,用蒸馏水稀释至 100 mL 即可。

(2)考马斯亮蓝试剂:称取 100 mg 考马斯亮蓝 G-250,溶于 50 mL 90%乙醇中,加入 100 mL 85%的磷酸,再用蒸馏水定容至 1 000 mL,储于棕色瓶中,常温下可保存 1 个月。

(三)仪器设备
分光光度计,离心机,研钵,烧杯,量瓶,移液管,试管等。

三、实验步骤与方法

(一)标准曲线的绘制
取 6 支试管,按表 1 加入试剂,摇匀,向各管中加入 5 mL 考马斯亮蓝试剂,摇匀,并放置 5 min 左右,以 0 号试管为空白对照,在 595 nm 下比色测定吸光度。以蛋白质含量为横坐标,以吸光度为纵坐标绘制标准曲线。

表 1　绘制标准曲线的各试剂加入量

试剂	管号					
	0	1	2	3	4	5
标准蛋白质(mL)	0	0.2	0.4	0.6	0.8	1.0
蒸馏水量(mL)	1.0	0.8	0.6	0.4	0.2	0
蛋白质含量(μg)	0	20	40	60	80	100

(二)样品测定
(1)样品提取:称取鲜样 0.25～0.5 g,用 5 mL 蒸馏水或缓冲液研磨成匀浆后,3 000 r/min离心 10 min,上清液备用。

(2)吸取样品提取液 1.0 mL(根据蛋白质含量适当稀释),放入试管中(每个样品重复 2 次),加入 5 mL 考马斯亮蓝 G-250 溶液,摇匀,放置 2 min 后在 595 nm 下比色,测定吸光度,并通过标准曲线查得蛋白质含量。

四、结果计算

$$样品中蛋白质含量(mg/g) = C \times V_T / V_S \times W_F \times 1\,000$$

式中:C 为查标准曲线值,μg;V_T 为提取液体积,mL;V_S 为测定时加样量,mL;W_F 为样品鲜重,g。

实验31 硝态氮含量测定(水杨酸法)

一、实验原理

传统的硝酸盐测定方法是采用适当的还原剂先将硝酸盐还原为亚硝酸盐,再用对氨基苯磺酸与 α-萘胺法测定亚硝酸盐含量。此法由于影响还原的条件不易掌握,难以得出稳定的结果,而水杨酸法则十分稳定可靠,是测定硝酸盐含量的理想选择。

在浓酸条件下,NO_3^- 与水杨酸反应,生成硝基水杨酸。其反应式如下:

$$水杨酸 + NO_3^- \xrightarrow{\ H_2SO_4\ } 硝基水杨酸 + OH^-$$

生成的硝基水杨酸在碱性条件下(pH>12)呈黄色,最大吸收峰的波长为 410 nm,在一定范围内,其颜色的深浅与含量成正比,可直接比色测定。

二、实验材料与用品

(一)材料

鲜叶片,进行黑暗和光照处理。

(二)试剂

(1)500 mg/L NO_3^{-1}-N 标准溶液:精确称取烘至恒重的 KNO_3 0.722 1 g 溶于蒸馏水中,定容至 200 mL。

(2)10 μg/mL NO_3^{-1}-N 标准母液:精确称取烘至恒重的 KNO_3 0.144 4 g,溶于蒸馏水中,定容至 200 mL(即为 100 μg/mL NO_3^{-1}-N 溶液),然后吸取该溶液 10 mL,加蒸馏水稀释至 100 mL,即为 10 μg/mL 的 NO_3^{-1}-N 标准液。

(3)5%水杨酸-硫酸溶液:称取 5 g 水杨酸溶于 100 mL 比重为 1.84 的浓硫酸中,搅拌溶解后,储于棕色瓶中,置冰箱保存 1 周有效。

(4)8%氢氧化钠溶液:80 g 氢氧化钠溶于 1 L 蒸馏水即可。

(三)器材

分光光度计,天平,20 mL 刻度试管,刻度吸管 0.1 mL、0.5 mL、5 mL、10 mL 各 1 支,50 mL 容量瓶,小漏斗(ϕ 5 cm)3 个,玻璃棒,吸耳球,电炉,铝锅,玻璃泡,ϕ 7 cm 定量滤纸若干。

三、实验步骤与方法

(一)NO_3^{-1}-N 标准曲线的制作

1.标准液配制与测液

取 6 支 10 mL 刻度试管,编号,按表 1 配制每管含量为 0~10 μg 的 NO_3^{-1}-N 标准液。

加入表中试剂后,摇匀。在室温下放置 20 min 后,每管再加入 8.6 mL 8%NaOH 溶液,摇匀,使显色液总体积为 10 mL,然后以 0 号管为空白对照,在 410 nm 波长处测定吸光度(A)值。

表1 各试剂加入量

试剂	管号					
	0	1	2	3	4	5
10 µg/mL NO_3^{-1}-N 标准母液(mL)	0	0.2	0.4	0.6	0.8	1.0
蒸馏水(mL)	1	0.8	0.6	0.4	0.2	0
5%水杨酸-硫酸溶液(mL)	0.4	0.4	0.4	0.4	0.4	0.4
每管 NO_3^{-1}-N 含量(µg)	0	2	4	6	8	10

2.标准曲线绘制

以 1~5 号管的 NO_3^{-1}-N 含量为横坐标、吸光度值为纵坐标,绘制标准曲线。

(二)样品中硝酸盐的测定

1.样品液的制备

取一定量的烟草叶片剪碎混匀,称取 2~3 g(3 份),分别放入 3 支 20 mL 刻度试管中,加入 10 mL 蒸馏水,用玻璃泡封口,置于沸水浴中提取 30 min。到时间后取出,用自来水冷却,将提取液过滤到 25 mL 容量瓶中,并用蒸馏水反复冲洗残渣,最后定容至刻度。

2.样品液的测定

取 3 支 10 mL 刻度试管,分别加入样品液 0.1 mL,蒸馏水 0.9 mL,5%水杨酸-硫酸溶液 0.4 mL,混匀后置室温下 20 min,再慢慢加入 8.6 mL 8%NaOH 溶液,摇匀,使显色总体积为 10 mL,待冷却至室温后,以标准曲线 0 号管做空白对照,在 410 nm 波长处测定吸光度(A)值。

四、结果计算

根据样品液所测得的吸光度(A)值,从标准曲线上查出 NO_3^{-1}-N 的含量,按下式计算样品中 NO_3^{-1}-N 含量。

$$样品中\ NO_3^{-1}\text{-}N\ 含量(\mu g/g \cdot FW) = \frac{X \times 样品提取液总量(mL)}{样品鲜重(g) \times 测定时样品液用量(mL)}$$

式中:X 为从标准曲线查得的 NO_3^{-1}-N 的含量,µg。

注意事项:

比色时一定要擦净比色皿,不能将水杨酸-硫酸溶液洒到分光光度计上,若洒入后一定要及时擦净。

实验 32　总氮、蛋白氮含量测定

一、实验原理

烟草组织中的有机氮化物包括蛋白氮和非蛋白氮,非蛋白氮主要是氨基酸和酰胺,也包括少量无机氮化物,是可溶于三氯乙酸溶液的小分子。可加入三氯乙酸,使其最终浓度为5%,将蛋白质沉淀出来,而非蛋白氮(主要是氨基酸、酰胺和少量无机氮化物)溶解在溶液中,这样一来就能分别测定总氮、蛋白氮或非蛋白氮;通常只测定总氮或蛋白氮。将烟草材料与浓硫酸共热,硫酸分解为二氧化硫、水和原子态氧,并将有机物氧化分解成 CO_2 和水;而其中的氮转变成氨,并进一步生成硫酸铵。为了加速有机物质的分解,在消化时通常加入多种催化剂,如硫酸铜、硫酸钾和硒粉等。消化完成后,加入过量 NaOH,将 NH_4^+ 转变成 NH_3,通过蒸馏把 NH_3 导入过量的硼酸溶液中,再用标准盐酸滴定,直到硼酸溶液恢复原来的氢离子浓度。滴定消耗的标准盐酸摩尔数即为 NH_3 的摩尔数,通过计算,可得出含氮量。

蛋白质是一类复杂的含氮化合物,每种蛋白质都有其恒定的含氮量(在14%~18%,平均约含氮16%),所以可用蛋白氮的量乘以6.25(100/16=6.25),算出蛋白质的含量。若以总氮含量乘以6.25,就是样品的粗蛋白含量。试样中若含有硝态氮,首先要使硝态氮还原为铵态氮,可加入水杨酸和硫代硫酸钠,使硝态氮与水杨酸在室温下作用生成硝基水杨酸,再用硫代硫酸钠粉使硝基水杨酸转化为铵盐。由于水杨酸与硫代硫酸钠会消耗一部分硫酸,所以消化时的硫酸用量要酌情增加。

二、实验材料与用品

(一)实验材料
干燥、过筛(60~80目)的烟草样品。

(二)试剂
(1)30% NaOH:称取 NaOH 粉末 30 g,溶于 60 mL 蒸馏水中,充分溶解后,定容至 100 mL。

(2)0.1 mol/L HCl:取比重为 1.19 的盐酸 8.4 mL,加蒸馏水稀释至 1 L,再以硼酸钠标定。精确称取四硼酸钠 0.50 g,溶于 50 mL 蒸馏水中,加混合指示剂 2~5 滴,用 0.1 mol/L 盐酸滴至浅红色,精确计算盐酸的浓度并稀释成 0.01 mol/L。先向 1 L 的容量瓶中加 500 mL 纯水,再加 0.821 mL 盐酸,定容至 1 L。

(3)2%硼酸溶液:称取 2 g 硼酸,在烧杯中加入 70 mL 水搅拌溶解,小心移至 100 mL 容量瓶中,用少量水冲洗烧杯两次,冲洗液合并至容量瓶,最后用水定容到容量瓶刻度。

(4)浓硫酸(AR 级)。

(5)混合催化剂。

(6)混合指示剂。

(7)标准$(NH_4)_2SO_4$ 溶液:取适量硫酸铵置于 110 ℃烘箱内 0.5 h,使其干燥,放置干燥器内冷却。然后准确称取 2.829 g（NH$_4$）$_2$SO$_4$，加蒸馏水溶解，定容至 1 000 mL。

（8）30% H$_2$O$_2$ 等。

（三）仪器设备

消化管，微量凯氏定氮蒸馏装置一套，三角烧瓶，微量滴定管，量筒，容量瓶，烧杯，移液管等。

三、实验步骤与方法

（一）样品提取分离

准确称取烘至恒重的样品 0.100 0~0.500 0 g(以样品含氮量而定，含氮 1~3 mg 比较适宜)，置 10 mL 离心管中，加入 5 mL 5%的三氯乙酸，90 ℃水浴中浸提 15 min，不时搅拌，取出后用少量蒸馏水冲洗玻璃棒，待溶液冷却后，4 000 r/m 离心 15 min，弃去上清液，用 5%三氯乙酸溶液沉淀 2~3 次，离心，弃去上清液，最后用蒸馏水将沉淀洗入铺有滤纸的漏斗上，去掉滤液后，将沉淀和滤纸在 50 ℃烘干，用于蛋白氮的测定。

（二）样品的消化

取 4 支消化管编号，1 号管直接放入称好的材料，用于测定总氮，2 号管放入上述烘干的滤纸和沉淀，用于蛋白氮的测定，3 号管放入同样滤纸，4 号管不加任何样品作为空白对照，注意将样品放入消化管底部。向各消化管加入 5 mL 浓硫酸和 0.3~0.5 g 混合催化剂，将样品浸泡数小时或放置过夜后，在管口盖一个小漏斗，放在远红外消煮炉上加热消化。开始时温度稍低一些，防止内容物上升至管口。泡沫多时，可从小漏斗加入 2~3 滴无水乙醇。管口出现白色雾状物时，泡沫已不再产生，此时可逐渐升温，使内容物达到微沸，直到消化液变为清澈透明。消化过程中，若在消化管上部发现有黑色颗粒，应小心地转动消化管，用消化液将它冲洗下来，以保证样品消化完全，消化过程需 2~3 h。

（三）定容

消化结束，待溶液冷却后，沿管壁仔细加入 10 mL 左右无氨蒸馏水冲洗管壁，将消化液转入 100 mL 容量瓶中，以无氨蒸馏水少量多次冲洗消化管，洗涤液移入容量瓶中，冷却后用无氨蒸馏水定容至刻度，混匀备用。

（四）蒸馏及滴定

1.仪器的洗涤

先经一般洗涤后，还要用水蒸气洗涤。可按下列方法进行蒸气洗涤：先在蒸气发生器中加入 2/3 体积的蒸馏水（事先加入几滴浓硫酸，使其酸化，加入甲基红指示剂，并加入少许沸石或毛细玻璃管以防止爆沸）。打开漏斗下的夹子，用电炉或酒精炉加热至沸腾，使水蒸气通入仪器的各个部分，以达到清洗的目的。在冷凝管下端放置一个三角瓶接收冷凝水，然后关紧漏斗下的夹子，继续用蒸气洗涤 5 min。冲洗完毕后，夹紧蒸气发生器与收集器之间的连接橡胶管，蒸馏瓶中的废液由于减压而倒吸入收集器，打开收集器下端的活塞排除废液。如此清洗 2~3 次，再在冷凝管下端换放一个盛有硼酸—指示剂混合液的三角瓶，使冷凝管下口完全浸没在液面以下 0.5 cm 处，整理 1~2 min，观察三角瓶内的溶液是否变色。如不变色，表示蒸馏装置内部已洗干净。移去三角瓶，再蒸馏 1~2 min，用蒸馏水冲洗冷凝管下口，关闭电炉，仪器即可供测定样品使用。

2.标准硫酸铵测定

为了熟悉蒸馏和滴定的操作技术,并检验实验的准确性,找出系统误差,常用已知浓度的标准硫酸铵测试 3 次。在三角瓶中加入 20 mL 硼酸—指示剂混合液,将此三角瓶承接在冷凝管下端,并使冷凝管的出口浸入溶液中。注意在加样前务必打开收集器活塞,以免三角瓶内液体倒吸。准确吸取 2 mL 硫酸铵标准液,加到漏斗中。

四、结果计算

样品中总氮量(%) = $0.010\ 0 \times (V_4 - V_1 - V_0) \times 100 \times 14 / (W \times 1\ 000 \times 5) \times 100 \times$ 氮的回收率

样品中蛋白氮含量(%) = $0.010\ 0 \times (V_3 - V_2 - V_0) \times 100 \times 14 / (W \times 5 \times 1\ 000) \times 100 \times$
$$\text{氮的回收率}$$

回收率(%) = $0.010\ 0 \times (V - V_0) \times 14 / (2.0 \times 0.6 \times 100) \times 100$

式中:V_0 为蒸馏样品时设置空白的滴定值,mL;V 为标准硫酸铵的滴定值,mL;V_1 为消化样品时设置空白的滴定值,mL;V_2 为滤纸的滴定值,mL;V_3 为蛋白氮的滴定值,mL;V_4 为总氮的滴定值,mL;W 为样品质量,g。

实验 33　游离氨基酸总量测定

一、实验原理

氨基酸与茚三酮共热时能定量地生成二酮茚胺。该产物显示蓝紫色,称为 Ruhemans 紫。其吸收峰在 570 nm,而且在一定范围内吸光度与氨基酸浓度成正比。氨基酸与茚三酮的反应分两步进行,第一步是氨基酸被氧化形成 CO_2、NH_3 和醛,茚三酮被还原成还原型茚三酮;第二步是还原型茚三酮与另一个茚三酮分子和一分子氨脱水缩合生成二酮茚−二酮茚胺(Ruhemans 紫)。反应式如下:

在一定范围内,反应体系颜色的深浅与游离氨基的含量成正比,因此可用分光光度法测定其含量。

二、实验材料与用品

(一)实验材料
鲜样品。

(二)试剂
(1)水合茚三酮试剂:称取 0.6 g 再结晶的茚三酮置烧杯中,加入 15 mL 正丙醇,搅拌使其溶解。再加入 30 mL 正丁醇及 60 mL 乙二醇,最后加入 9 mL pH5.4 的乙酸－乙酸钠缓冲液,混匀,储于棕色瓶,置 4 ℃下保存备用,10 d 内有效。

(2)乙酸-乙酸钠缓冲液(pH 5.4):称取乙酸钠 54.4 g 加入 100 mL 无氨蒸馏水,在电炉上加热至沸使体积蒸发至 60 mL 左右。冷却后转入 100 mL 容量瓶中加 30 mL 冰醋酸,再用无氨蒸馏水稀释至 100 mL。

(3)标准氨基酸:称取 80 ℃下烘干的亮氨酸 46.8 mg,溶于少量 10% 异丙醇中,用 10% 异丙醇定容至 100 mL。取该溶液 5 mL,用蒸馏水稀释至 50 mL,即为含氨基氮 5 μg/mL 的标准氨基酸溶液。

(4)0.1%抗坏血酸:称取 50 mg 抗坏血酸,溶于 50 mL 无氨蒸馏水中,随配随用。

(5)10%乙酸:量取 10 g 冰乙酸,溶于 90 g 蒸馏水中。

(三)仪器设备
分光光度计,分析天平,研钵,容量瓶,试管,移液管,水浴锅,三角瓶,漏斗。

三、实验步骤与方法

(一)样品制备
取新鲜烟草样品,洗净、擦干、剪碎、混匀后,迅速称取 0.5~1.0 g 样品放入研钵中,加入 5 mL 10%乙酸,研磨匀浆后,用蒸馏水稀释至 100 mL。混匀,并用干滤纸过滤到三角瓶中备用。

(二)制作标准曲线
取 6 支 20 mL 刻度试管,制作游离氨基酸标准曲线,各试剂量及操作程序按表 1 操作。

表 1　游离氨基酸标准曲线

试剂	管号					
	1	2	3	4	5	6
标准氨基酸(mL)	0	0.2	0.4	0.6	0.8	1.0
无氨蒸馏水(mL)	2.0	1.8	1.6	1.4	1.2	1.0
水合茚三酮(mL)	3.0	3.0	3.0	3.0	3.0	3.0
抗坏血酸(mL)	0.1	0.1	0.1	0.1	0.1	0.1
每管含氮量(μg)	0	1	2	3	4	5

加完试剂后混匀,盖上大小合适的塞子,置沸水中加热 15 min,取出后用冷水迅速冷却并不时摇动,使加热时形成的红色被空气逐渐氧化而褪去,当呈现蓝紫色时,用 60% 乙醇定容至 20 mL 。混匀后用 1 cm 光径比色皿在 570 nm 波长下测定吸光度,以吸光度为纵坐标,以含氮量为横坐标,绘制标准曲线。

（三）样品测定

吸取样品滤液 1.0 mL,放入 20 mL 干燥试管中,加无氨蒸馏水 1.0 mL,其他步骤与制作标准曲线相同。根据样品吸光度在标准曲线上查得含氮量。

四、结果计算

按下式计算样品中氨态氮的含量:

$$100 \text{ 克样品中氨态氮含量} = C \times V_T / (W \times V_S) \times 100$$

式中:C 为从标准曲线上查得的氨态氮含量,μg;V_T 为样品稀释总体积,mL;V_S 为测定时样品体积,mL;W 为样品鲜重,g。

注意事项:

（1）茚三酮重结晶的方法:合格的茚三酮应该是微黄色结晶,若保管不当,颜色加深或变成微红色,必须重结晶后方可使用。其方法如下:称取 5 g 茚三酮溶于 15 mL 热蒸馏水中,加入 0.25 g 活性炭,轻轻摇动,溶液太稠时,可适量加水,30 min 后用滤纸过滤,滤液置冰箱中过夜后即可见微黄色结晶析出,用干滤纸过滤,再用 1 mL 蒸馏水洗结晶一次,置于干燥器中干燥后储于棕色瓶中。

（2）茚三酮与氨基酸反应所生成的 Ruhemans 紫在 1 h 内保持稳定,稀释后尽快比色。

（3）空气中的氧是干扰显色反应的第一步。以抗坏血酸为还原剂,可提高反应的灵敏度,并使颜色稳定。但由于抗坏血酸也可与茚三酮反应,使溶液颜色过深,应严格掌握加入抗坏血酸的量。

（4）反应温度影响显色稳定性,超过 80 ℃时溶液易褪色,可在 80 ℃水浴中加热,适当延长反应时间,效果良好。

实验 34　可溶性糖含量测定

一、实验原理

糖类在浓硫酸作用下经脱水反应生成糖醛或羟甲基糖醛,生成的糖醛或羟甲基糖醛与蒽酮脱水缩合,形成糖醛的衍生物,呈蓝绿色。该物质在 625 nm 处有最大吸收,在 150 μg/mL 范围内,其颜色的深浅与可溶性糖含量呈正相关。该实验方法简便,但没有专一性,对于绝大部分的碳水化合物都能与蒽酮反应,产生颜色,所以用该方法测出的糖类含量是溶液中全部可溶性糖类含量。

二、实验材料与用品

(一)实验材料

新鲜的烟草样品。

(二)试剂

(1)蒽酮浓硫酸试剂:1.0 g蒽酮溶于100 mL浓硫酸中,储藏于棕色瓶中(当日配制)。

(2)200 μg/mL葡萄糖标准液:将分析纯葡萄糖在80 ℃下烘干至恒重,精确称取0.100 g葡萄糖,加蒸馏水溶解,转入500 mL容量瓶中,用蒸馏水定容至刻度。

(三)仪器设备

分光光度计,分析天平,研钵,恒温水浴锅,烧杯,刻度试管,大试管,活性炭,移液管,漏斗等。

三、实验步骤

(一)标准曲线的制作

取标准葡萄糖溶液将其稀释成一系列不同浓度的溶液,浓度分别为0 μg/mL、5 μg/mL、10 μg/mL、20 μg/mL、40 μg/mL、60 μg/mL、80 μg/mL(见表1),按上述方法分别测定其吸光度,然后绘制A625—糖浓度曲线。

表1 绘制标准曲线的各试剂加入量

试剂	管号					
	1	2	3	4	5	6
200 μg/mL葡萄糖标准液(mL)	0	0.05	0.1	0.2	0.3	0.4
80%酒精(mL)	1.0	0.95	0.9	0.8	0.7	0.6
蒽酮—浓硫酸试剂(mL)	5	5	5	5	5	5
葡萄糖浓度(μg/mL)	0	10	20	40	60	80

(二)可溶性糖的提取

称取0.5 g新鲜样品,在研钵中加4 mL 80%酒精,仔细研磨成匀浆,倒入离心管内,置于80 ℃水浴中不断搅拌30 min,5 000 r/min离心10 min,收集上清液于10 mL的刻度试管中,其残渣加2 mL 80%酒精,重复抽提1次,合并上清液。在上清液中加0.5 g活性炭,80 ℃水浴中脱色30 min,定容至10 mL,过滤后取滤液(稀释10倍或20倍后)测定。

(三)显色及比色

吸取上述糖提取液1 mL,放入一个干净的试管中,加蒽酮试剂5 mL混合,于沸水浴中煮沸10 min,取出冷却,然后于分光光度计上进行测定,波长为625 nm,测定吸光度。从标准曲线上查得滤液中的糖含量,然后计算样品中的含糖量。

四、结果计算

$$样品中可溶性糖含量(\%) = (C \times V) / (W \times 10^6) \times 100\%$$

式中:V 为样品稀释后的体积,mL;C 为提取液的含糖量,μg/mL;W 为样品鲜重,g。

注意事项:

(1)蒽酮试剂含有浓硫酸,使用时应该小心。

(2)离心时要平衡。

(3)在蒽酮反应前应稀释样品 10~20 倍。

实验 35 矿质元素含量测定(干法灰化法)

一、实验原理

新鲜烟草材料烘干后,水分以气态跑掉,剩下干物质。干物质经充分燃烧,有机物(C 变成 CO_2;O、H 变成 H_2O;N 变成 N_2、NH_3 和 NO_2;小部分 S 变成 SO_2)跑掉,剩下灰分(包括大部分 S、部分非金属和全部金属),通过测定灰分中的金属元素,就可以了解烟草对矿质元素的吸收和利用情况。

二、实验材料与用品

(一)实验材料

新鲜样品或干样。

(二)仪器设备

ICP-OES 质谱仪,马福炉,分析天平,坩埚,烧杯,容量瓶等。

(三)试剂

各元素测定所用的标准样品如表 1 所示。

表 1 各元素测定所用的标准样品

样品标签	元素种类									
	B	Cu	Fe	Mn	Na	P	Zn	Ca	K	Mg
空白液	0.00	0.00	0.00	0.00	0.00	0.00	0.00	0.00	0.00	0.00
标准液 1	0.08	0.08	0.40	2.00	8.00	8.00	0.08	8.00	8.00	4.00
标准液 2	0.40	0.40	2.00	10.0	40.0	40.0	0.40	40.0	40.0	20.0

三、实验步骤与方法

(1)称取烟草样品 0.4 g 至坩埚中,用 95% 乙醇 3~4 滴滴到样品中间,湿润样品。

(2)将装有样品的坩埚置于马福炉中,升温至 100 ℃,稳定 0.5 h。

（3）将马福炉升温至 250 ℃，稳定 1 h。

（4）将马福炉升温至 500 ℃，稳定 3 h。

（5）冷却后用 5% 硝酸溶解，用胶头滴管小心洗涤，过滤至 50 mL 容量瓶，用 5% 硝酸溶液定容至 50 mL，摇匀。然后移取部分溶液于塑料胶盒中，待进样分析元素 B、Fe、Cu、P、Mn、Na、Zn（若测 B 元素，则不能将此溶液久置于玻璃容器中）。

（6）移取（5）中的溶液 5 mL 置于 50 mL 容量瓶，用 5% 硝酸定容至 50 mL（用作大量元素 K、Ca、Mg 的测定）。

（7）用 ICP-OES 质谱仪测定 B、Cu、Fe、Mn、Na、P、Zn、K、Ca、Mg 含量，仪器设置如下：吹扫（等离子气 22.50 L/min，辅助气 2.25 L/min，需雾化气，功率 0.00 kW，泵速 0 r/min，时间 15 min）、延迟（等离子气 22.50 L/min，辅助气 2.25 L/min，不需雾化气，功率 0.00 kW，泵速 0 r/min，时间 10 min）、点火（等离子气 1.50 L/min，辅助气 1.50 L/min，不需雾化气，功率 2.00 kW，泵速 50 r/min，时间 5 min）和运行（等离子气 15.00 L/min，辅助气 1.50 L/min，需雾化气，功率 1.10 kW，泵速 7 r/min，时间 3 min）。

四、实验结果

矿质元素浓度=测定浓度×稀释倍数。

实验 36　光合速率与呼吸速率测定

一、实验原理

差分法，即利用 CO_2 对红外线的吸收特性，测量由于烟草叶片生命活动所造成的样品室和参比室之间 CO_2 的浓度差，用以衡量烟草光合作用的强弱。

二、实验材料与用品

（一）实验材料
大田烟株。

（二）仪器设备
LI-6400 便携式光合仪。

（三）参数与指标
通过红外仪测定大气中 CO_2 浓度、大气湿度（水汽浓度），探头测定大气温度、叶片温度、光合有效辐射等参数。经过计算可得出光合速率、蒸腾速率、气孔导度、细胞间隙 CO_2 浓度等。该仪器还可以通过测定各种响应曲线（如光—光合响应曲线、CO_2—光合响应曲线、温度—光合响应曲线和湿度—光合响应曲线等），计算出 RuBP 羧化酶活性、光补偿点、光饱和点、CO_2 补偿点、CO_2 饱和点、温度补偿点、RuB 最大再生速率以及光合作用气孔限制值等非常重要的生理参数。

三、实验步骤与方法

（一）开机

打开位于主机右侧的电源开关，仪器在启动后将显示"Is the IRGA connected？（Y/N）"，选择"Y"。

（二）叶室配制选择

选择 Factory default（常规）或 LED（6400-02B 红蓝光源），然后回车自动进入主菜单（非控制环境条件选择 Factory default，控制环境条件选择 LED 红蓝光源）。

（三）手动测量

按 F4"New Measurements"菜单进入测量菜单。

（1）设定文件。按 F1"Open Logfile"建立新文件。回车后输入自己设定的文件名。当显示屏出现提示"Enter Remark"时，输入需要的标记（英文，用于标记样地、植物种类、样品号等）。继续回车，文件设置结束。在夹入叶片之前如果 $\triangle CO_2$ 大于 0.5 或小于 -0.5，按 F5"Match"进行匹配。

（2）测量。选取需要测量的烟草叶片（3~5 次重复），测量时间选择在晴朗的上午 10:00~11:30 最好。

（3）向 Bypass 方向拧紧碱石灰管和干燥管上端的螺母。夹上叶片（尽量让叶片充满整个叶室空间，面积为 6 cm^2，小叶片需测量面积，并在测量菜单状态下按数字"3"后按 F1 修改叶面积值），关闭叶室，旋紧固定螺丝至适度位置。

（4）等待 C 行 PHOTO 读数稳定（小数点后最后一位数字的波动在 2 左右）后即可记录，按 F1"LOG"按钮或者按分析仪手柄上的黑色按钮 2 s 即可记录一组数据。

（5）更换叶片，进行下一组测量。重复步骤（2）~（4）。

（四）自动测量环境条件控制

LI-6400 可以控制的环境条件包括温度、CO_2 浓度、光强等。一般而言，需要控制环境条件的实验有两种情况：一种是环境变化剧烈，无法准确进行同等环境条件的测量；另一种是进行光曲线和 ACI 曲线（快速光响应）测量。

（1）环境控制：只需要在手动测量时，按数字来切换菜单。具体各菜单情况如仪器所示。

（2）温度控制：按数字 2，按 F4 控制温度（输入需要的温度回车即可，注意温度控制范围是环境温度的±6 ℃）。

（3）光强控制：本功能在连接 6400-02B 红蓝光源条件下使用。在测量菜单下按数字 2，按 F5 按钮选择"Quantum Flux"回车，输入需要的光强值即可。

（4）CO_2 控制：需要连接上 6400-01 CO_2 注入系统，并在主菜单下选择 F3"Calib"按钮进入校准菜单。将叶室关闭拧紧，把 CO_2 过滤管的螺丝拧到"SCRUB"状态。利用上下键选择"CO_2Mixer Calibrate"，回车，等待系统自动进行校准后，回到测量菜单，按数字 2，按 F3 设置 REF CO_2 浓度即可进行测量。

测定完成后，关闭气流、温度、光强控制，退到主菜单。

（五）自动测量—光曲线

（1）建立文件：夹上气孔开放后的叶片，建立新文件后（测量菜单下按数字1，按F1），匹配（测量菜单下按数字1，按F5）。

（2）设定条件：CO_2浓度、温度、RH-S。

（3）测量菜单下按数字5，按F1，选择LIGHT CURVE，回车，并输入光强梯度（例如2 000,1 500,1 200,1 000,800,600,400,200,100,50,20,0,单位：lx）。进一步输入最小等待时间（例如120 s）和最大等待时间（240 s）。输入匹配值（例如20 mg/L），回车，机器即进入自动测量，测量后关闭文件。退出（注意此测量要求CO_2浓度变化不大，否则应该控制其浓度）。

（六）自动测量—ACI曲线

设定光强为饱和光，其他同光曲线，不同点是选择"ACI CURVE"，设置浓度梯度（例如400,300,200,100,50,400,600,800,1 000,1 200,1 500,2 000,单位：lx）。

（七）数据输出

将计算机与仪器连接，调整仪器状态（主菜单下按F5"UTILITY"进入应用菜单，选择"FILE EXCHANGE"回车即可）。运行WINFX软件，选择CONNECT。然后将LI-6400内的"USER"文件夹下的数据文件拖到计算机中的某个文件夹下即可。用Excel软件打开，文件扩展名选择所有文件，选择分隔符为逗号，并打开文件，即可使用数据。

（八）关闭仪器

按"ESCAPE"按钮退回主菜单下，松开叶室（留一点缝隙），两个化学管螺母拧至松弛状态，关闭主机，取出电池。

实验37　烟田冠层结构分析

一、实验原理

利用"鱼眼"光学传感器（垂直视野范围148°，水平视野范围360°）测量树冠上、下5个不同天顶角度（7°，23°，38°，53°，68°）的投射光强，利用植被冠层的辐射转移模型计算叶面积指数、空隙比等冠层结构参数。一个正常的冠层数据应至少包括10个信号值，即冠层上方的5个信号值（A值）和冠层下方的5个信号值（B值），根据5个不同天顶角度对应的冠层上下信号值，计算出冠层的叶面积指数等指标。

二、实验材料与用品

（一）实验材料
大田烟株。

（二）仪器设备
LAI-2200冠层分析仪。

三、实验步骤与方法

（1）按开机键，等待屏幕进入实时显示界面。

（2）将"鱼眼"镜头上的全遮盖盖帽取下，通过按四个方向键，在实时显示界面检查X1、X2、X3、X4和X5五个天顶角检测器有无反应，确定有反应时，可以开始测定。

（3）设定时间，按菜单键进入主菜单，主机时间设定步骤 Menu→Console Setup→Set Time→OK，或用光学传感器设定时间，步骤 Menu→Wand Setup→Select Wand→Clock→OK。

（4）提示设置，为方便操作，在每个文件建立过程中，可以设定两个提示，如"测什么"和"在哪测"。具体操作 Menu→Log Setup→Prompts，Prompt1 = what；Prompt2 = where。

（5）记录设置（分两种情况：手动测序操作和控制顺序操作），手动顺序操作：Menu→Log Setup→Controlled Sequence→Use = No，在该设置下，按光学传感器上的切换键来切换A值和B值的测定；控制顺序操作：Menu→Log Setup→Controlled Sequence→Use = Yes，在该设置下，A值和B值自动切换。设定重复次数（1~41次）。设定操作顺序，数字2代表A，数字8代表B，若设定ABBBBB，则需要设定2888888，最后点击OK键，将设定应用于文件。

（6）开始测定，先选择合适的遮盖帽，再按 START/STOP 键建立一个文件夹，选择"New File"，命名（最多输入8个字符）。添加两个提示，如 Prompt1 = grass；Prompt2 = Beijing；再按 OK 键进入记录模式。

（7）记录数据，确保光学传感器探头放置水平，按主机上的 LOG 键或光学传感器上的 LOG 键，均可记录数据。记录时先查看记录模式上字母 X 后的值，若显示字母 A，则要在冠层上方测量；若显示字母 B，则要在冠层下方测量。

（8）保存数据及关闭文件夹，A值、B值均测量完成后，按 START/STOP 键保存数据并关闭文件夹。接下来就是重复测量了（注意：为使数据具有代表性，常取多个B值）。

（9）数据传输，应用软件 FV2200 来下载数据。LAI-2200 既可以通过 RS-232 数据线也可以通过 USB 转接口来传输数据。

四、实验数据

LAI-2200 所生成的文本文件格式包括4个主要部分：表头、统计值、光学传感器信息和观测值。

表头包括文件号（系统设定）、主机硬件版本、文件产生时间、用户备注，还包括计算结果：叶面积指数（LAI）、叶面积指数标准误（SEL）、表观聚类因子（ACF）、无截取散射（DIFN 探头可视天空的部分）、平均倾斜角度（MTA）、平均倾斜角度标准误（SEM）和用于计算的 A、B 观测值组数。

统计值包括含有5个数的8组数据，MASK 可以指示哪一个环的数据是用来计算 LAI 的（数字1代表计算时包括的环，数字0代表缺省的环）；ANGLES 为五个环每环的中心角度值；CNTCT#为平均接触频率；STDDEV 为接触频率标准误；DISTS 为路径长；GAPS 为空隙部分；ACFS 为每一环的表观聚类因子；AVGTRANS 为每个环上的冠层平均透射率。光学传感器信息包括记录时间、传感器的名字以及正确匹配后5环的值；如果有光量子传感器，则显示1通道或2通道的光量子传感器的名字和校准信息。

观测值包括"A""R"标记、测序号、记录时间和探头名称及5环的数值。

实验 38　组织中 DNA 的提取

一、实验原理

利用含高浓度 SDS 的抽提缓冲液在较高温度(55~65 ℃)条件下裂解植物细胞,使染色体离析,蛋白质变性,释放出核酸,然后用高盐浓度沉淀除去蛋白质和多糖,离心除去沉淀后,上清液中的 DNA 用氯仿抽提,反复抽提后用乙醇沉淀水相中的 DNA。

二、实验材料与用品

(一)实验材料
新鲜或速冻的烟草组织。

(二)仪器设备
低温离心机,恒温水浴锅,分析天平,研钵,移液器,离心管,分光光度计等。

(三)试剂
(1)1 M Tris-Cl 溶液:称取 121.14 g 的 Tris 粉末,加入 600 mL 左右的蒸馏水溶解,用浓盐酸调节 pH 值至 8.0,定容至 1 L。

(2)0.5 M EDTA 溶液:称取 186.1 g EDTA·$2H_2O$,加入 800 mL 蒸馏水充分搅拌,加入 NaOH 调节 pH 值至 8.0,使 EDTA 完全溶解后,再加入适量的蒸馏水定容至 1 L。

(3)2.5 M NaCl 溶液:称取 146.1 g 的 NaCl 粉末,加入 800 mL 蒸馏水充分搅拌,使 NaCl 完全溶解后,再加入适量的蒸馏水定容至 1 L。

(4)10% SDS 溶液:称取 10 g SDS 粉末,加 80 mL 蒸馏水充分搅拌,使 SDS 完全溶解后,再加入适量的蒸馏水定容至 100 mL。

(5)DNA 提取液配方:分别量取 20 mL pH8.0 的 Tris-Cl、20 mL pH8.0 的 EDTA、40 mL 2.5 M 的 NaCl 溶液、24.8 mL 10% SDS 和 95.2 mL ddH_2O 混合,称量 0.76 g 的 $NaHSO_3$ 溶于溶液中。

三、实验步骤与方法

(1)取 1~2 g 烟草组织,放入液氮预冷的研钵中,将其磨碎至粉末,将粉末转至 2 mL 离心管中。

(2)加入 700 μL 预热 65 ℃的 DNA 提取液。

(3)65 ℃水浴 15 min,不断轻轻摇动。

(4)冷却至室温,加 500 μL 氯仿摇匀,4 ℃、12 000 r/min 离心 10 min。

(5)取上清液 600 μL,加 500 μL 氯仿摇匀,4 ℃、12 000 r/min 离心 10 min。

(6)取上清液 400 μL,加 400 μL 无水乙醇,可见 DNA 出现。

(7)4 ℃、12 000 r/min,离心 10 min,弃上清液。

(8)加 1 mL 的 70%乙醇洗涤 DNA,4 ℃、12 000 r/min,离心 10 min。

(9)弃上清液,风干后,加 100 μL 无菌水,溶解 DNA。

四、结果计算

核酸及其衍生物的紫外吸收高峰在 260 nm,测定 260 nm 处的吸光值(A_{260})。1 μg/mL 的 DNA 溶液 A_{260} = 0.020,1 μg/mL 的 RNA 溶液或单链 DNA 的 A_{260} = 0.022~0.024。1 个 A_{260} 相当于 50 μg/mL 的 DNA、40 μg/mL 的 RNA。蛋白质的最大吸收在 280 nm,多糖的最大吸收在 230 nm。纯 DNA 的 A_{260}/A_{280} 在 1.8 左右,纯 RNA 的 A_{280}/A_{20} 在 2.0 左右。

实验 39　核酸的琼脂糖凝胶电泳

一、实验原理

在 pH 值为 8.0~8.3 时,核酸分子碱基几乎不解离,磷酸全部解离,核酸分子带负电,在电泳时向正极移动。采用适当浓度的凝胶介质作为电泳支持物,在分子筛的作用下,使分子大小和构象不同的核酸分子泳动率出现较大的差异,从而达到分离核酸片段检测其大小的目的。核酸分子中嵌入荧光染料(如 EB、Goldview)后,在紫外灯下可观察到核酸片段所在的位置。

二、实验材料与用品

(一)实验材料
核酸溶液。

(二)仪器设备
分析天平,恒压电源,凝胶成像仪,制胶板,梳子,电泳槽,移液器。

(三)试剂

(1)0.5 mol/L EDTA 溶液:称取 186.1 g EDTA·$2H_2O$,加入 800 mL 蒸馏水充分搅拌,加入 NaOH 调节 pH 值至 8.0,使 EDTA 完全溶解后,再加入适量的蒸馏水定容至 1 L。

(2)50×TAE 溶液:称取 242 g Tris 碱粉末,加入 600 mL 蒸馏水充分搅拌,使粉末完全溶解;再加入 57.1 mL 冰醋酸溶液,充分搅拌混匀;最后加入 0.5 M EDTA 溶液 100 mL,充分搅拌混匀,调节 pH 为 8.0,定容至 1 L。

(3)1×TAE 溶液:量取 20 mL 50×TAE 溶液,加入 880 mL 蒸馏水,充分混匀。

三、实验步骤与方法

(1)称取 1.0 g 琼脂糖,加入 100 mL 1×TAE 溶液,在微波炉中使琼脂糖颗粒完全溶解,冷却至 50 ℃左右,加入 8~10 μL GoldView 染料,充分混匀。

(2)将洗净的制胶板水平放置在工作台上,插上合适的梳子。

(3)将冷却好的琼脂糖溶液倒入制胶板中,凝胶凝固后,小心地拔去梳子,把凝胶板放入电泳槽中,加入适量的 1×TAE 溶液(浸没加样孔)。

(4)将核酸样品与溴酚蓝混合后,依次点入加样孔中。

(5)盖上电泳槽,打开电源,120~140 V,跑胶 12~15 min。

（6）用凝胶成像系统观察跑胶结果。

四、实验结果

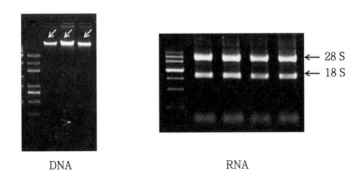

DNA   RNA

实验 40　组织中 RNA 的提取

一、实验原理

Trizol 是一种常用的总 RNA 抽提试剂,含有苯酚、异硫氰酸胍等物质,能迅速破碎细胞并抑制细胞释放出的核酸酶,可以直接从细胞或组织中提取总 RNA。

二、实验材料与用品

(一)实验材料
新鲜或速冻的烟草组织。
(二)试剂
（1）0.1% DEPC 水:取 1 mL DEPC 液体,加入 1 L 蒸馏水中,混匀后放置过夜,高压灭菌备用。
（2）75%酒精溶液:量取 75 mL 的无水酒精,加入 25 mL 的无 RNA 酶的蒸馏水,混匀。
(三)仪器设备
低温离心机,分析天平,研钵,移液器,离心管,烧杯,量筒等。

三、实验步骤与方法

（1）准备工作。
RNase 酶非常稳定,是导致 RNA 降解的主要物质,这种酶非常稳定,用常规的高温高压蒸气灭菌方法和蛋白酶抑制剂都不能使 RNase 酶灭活。它广泛存在于人的皮肤上,因此在操作 RNA 制备相关的分子生物学实验时,必须戴手套。一般情况下,用 70%酒精擦洗移液器和离心机,基本达到要求。取 RNase-Free 的物品时必须戴手套。实验使用的塑料物品浸泡在 0.1% DEPC 溶液中,在通风橱中室温处理过夜;将 DEPC 水小心倒入废液瓶中,用锡箔纸包住处理过的塑料物品,高温高压灭菌 30 min,用烘箱烘干备用;玻璃和金属物品,用 250 ℃高温烘箱烘烤 8 h 以上。

（2）液氮研磨。称取 50～100 mg 的样品,把样品直接放入液氮预冷的研钵中,加入少量液氮,迅速研磨,待液氮快挥发完时,再加少量液氮,再研磨,如此研磨几次,把样品研磨成粉末。

（3）把粉末快速转入 1.5 mL 离心管中,加 1 mL Trizol,涡旋离心管,剧烈振荡,静置 10 min 左右。

（4）离心,12 000 r/min,4 ℃,离心 10 min。

（5）取上清液 800 μL,加入 200 μL 氯仿,剧烈振荡,静置 5～10 min。

（6）离心,12 000 r/min,4 ℃,离心 10 min。

（7）取上清液无色相,加入等体积的异丙醇,沉淀 RNA,室温 15～30 min。

（8）离心,12 000 r/min,4 ℃,离心 10 min。

（9）弃上清液,用 75%酒精洗一次。

（10）离心,7 500 r/min,4 ℃,离心 5 min,移去酒精,干燥 RNA。

（11）加入 50 μL 左右的 DEPC 水,溶解 RNA,即为提取的 RNA。

四、结果计算

核酸及其衍生物的紫外吸收高峰在 260 nm,测定 260 nm 处的吸光值（A_{260}）。1 μg/mL 的 DNA 溶液 $A_{260}=0.020$,1 μg/mL 的 RNA 溶液或单链 DNA 的 $A_{260}=0.022～0.024$。1 个 A_{260} 相当于 50 μg/mL 的 DNA、40 μg/mL 的 RNA。蛋白质的最大吸收在 280 nm,多糖的最大吸收在 230 nm。纯 DNA 的 A_{260}/A_{280} 在 1.8 左右,纯 RNA 的 A_{260}/A_{280} 在 2.0 左右。

第五部分　调制后烟叶样品化学成分测定

实验41　水溶性总糖和还原糖含量测定

一、斐林试剂法

（一）实验目的

掌握斐林试剂法测定烟叶样品水溶性总糖和还原糖含量。

（二）实验原理

溶剂萃取出水溶性糖,经纯化后(水溶性总糖测定时应水解)与斐林溶液在一定条件下反应,产生氧化亚铜沉淀。用三价铁离子溶解氧化亚铜沉淀,产生出二价铁离子。用高锰酸钾标准滴定溶液滴定二价铁离子,求出氧化亚铜沉淀中铜的量,查汉蒙表得相应的葡萄糖量,计算得出样品的水溶性总糖含量。

（三）实验材料与用品

1.仪器设备

水浴锅,抽滤装置,移液管,容量瓶,三角瓶,烧杯,漏斗,圆底烧瓶,棕色滴定管,烧结玻璃坩埚(G4型),定性滤纸。

2.试剂

（1）草酸钾($K_2C_2O_4 \cdot H_2O$)。

（2）斐林溶液:①硫酸铜溶液:溶解硫酸铜($CuSO_4 \cdot 5H_2O$)34.639 g于水中,稀释至500 mL。②酒石酸钾钠溶液:溶解酒石酸钾钠($KNaC_4H_4O_6 \cdot 4H_2O$)173.09 g及氢氧化钠50 g于水中,稀释至500 mL。

（3）盐酸溶液,$c(HCl) = 3$ mol/L。

（4）乙酸铅溶液:中性乙酸铅[$Pb(CH_3COO)_2 \cdot 3H_2O$]溶于水制成饱和溶液。

（5）氢氧化钠溶液,10%(m/m)。

（6）硫酸铁溶液:溶解铁铵矾[$FeNH_4(SO_4) \cdot 12H_2O$]125 g或硫酸铁55 g于水中,稀释至1 000 mL。

（7）硫酸溶液,$c(H_2SO_4) = 2$ mol/L。

（8）乙醇溶液,80%(V/V):乙醇加水,用酒精计调整至乙醇浓度为80%(V/V)。借助pH试纸,用10%(m/m)氢氧化钠溶液中和乙醇溶液的游离酸至中性。

（9）草酸钾溶液,20%(m/m)。

（10）高锰酸钾标准滴定溶液:称取约3.3 g高锰酸钾,溶于105 mL水中,缓缓煮沸15 min,冷却后置于暗处保存2周。以烧结玻璃坩埚(G4型)过滤于干燥的棕色瓶中。(注:过滤高锰酸钾液所使用的烧结玻璃坩埚(G4型)预先应以同样的高锰酸钾溶液缓缓煮沸 5 min,收集瓶也要用此高锰酸钾溶液洗涤 2~3 次。)

标定:称取 0.2 g 于 105~110 ℃烘至恒重的基准草酸钠,称准至 0.000 1 g,溶于 100 mL 硫酸溶液(8 份硫酸+92 份水)中,用配制好的高锰酸钾溶液[$c(1/5\ KMnO_4) = 0.1\ mol/L$]滴定,近终点时加热至 65 ℃,继续滴定至溶液呈粉红色保持 30 s,同时做空白实验。

$$T = \frac{127.1 \times m}{134.0 \times (V_1 - V_2) \times 1\ 000}$$

式中:T 为高锰酸钾标准滴定溶液滴定度,mg Cu/mL;m 为草酸钠的质量,g;V_1 为滴定消耗高锰酸钾标准滴定溶液体积,mL;V_2 为空白实验消耗高锰酸钾标准滴定溶液体积,mL;127.1 为 2×铜的原子量;134.0 为草酸钠的分子量。以两次平行测定的平均值作为测定结果,精确至 0.01%。

(1)邻菲罗啉指示剂,溶解 0.742 5 g 邻菲罗啉于 25 mL 0.025 mol/L 硫酸亚铁溶液中。

(2)甲基红指示剂(0.1%)。

(四)实验步骤与方法

1.糖液的制备

称取样品适量(烤烟 2~3 g,晾晒烟 4~6 g)于三角瓶中,精确至 0.001 g,加入 100 mL 乙醇,浸泡过夜。次日,将上层清液过滤于圆底烧瓶中,再加 100 mL 乙醇于三角瓶中。在沸腾的水浴锅上回流抽提 30 min。将抽提液过滤于圆底烧瓶中,用乙醇充分洗涤三角瓶及残渣。合并抽提液与洗涤液,加入瓷环两个,在沸腾的水浴锅中回收乙醇,直至没有乙醇味。取下圆底烧瓶,加入 100 mL 80 ℃水,振荡溶解,必要时用玻璃棒搅碎不溶块,冷却至室温。将溶液转入容量瓶中,用水充分洗涤圆底烧瓶内壁,将洗涤液转入容量瓶中。沿容量瓶壁小心加入乙酸铅溶液 15 mL,用水定容至刻度,盖上瓶盖,充分振荡,静置 15 min。然后将溶液过滤于内有 2 g 草酸钾的三角瓶中,待滤液约 200 mL 时,充分摇动三角瓶使草酸钾溶解,静置,用一滴草酸钾溶液检查上层清液应无沉淀产生。将溶液过滤于三角瓶中,此即为制备好的糖液。(注:制备好的糖液应立即进行后续测定。)

2.斐林反应

(1)水溶性总糖的测定:用移液管移取 25 mL 制备好的糖液于烧杯中,加入盐酸溶液 3 mL,盖上表面皿,放在沸腾的水浴锅上水解,并准确控制水解时间 15 min,然后将溶液迅速冷却至室温。加甲基红指示剂两滴,用氢氧化钠溶液调节溶液至中性,氢氧化钠不可过量。即刻移取斐林溶液 a 和 b 各 25 mL 于烧杯内,加水 17.5 mL。盖上表面皿,将烧杯加热,使之在 4 min 内沸腾,并准确控制溶液保持沸腾 2 min,立即将氧化亚铜沉淀抽滤于烧结玻璃坩埚内,以 60~80 ℃水充分洗涤烧杯和烧结玻璃坩埚,将烧结玻璃坩埚放入原烧杯内。

(2)还原糖的测定:用移液管移取制备好的糖液和水各 25 mL 于烧杯中,然后移取斐林溶液 a 和 b 各 25 mL 于烧杯内。以下操作同上。

3.高锰酸钾滴定

向装有烧结玻璃坩埚的烧杯中加入硫酸铁溶液 50 mL,搅动溶液使氧化亚铜沉淀完全溶解。然后加入硫酸溶液 20 mL,立即用高锰酸钾标准滴定溶液滴定,近终点时加入邻菲罗啉指示剂一滴,滴定至溶液由棕黄色变为绿色即为终点。同时做空白实验,并加以校正。空白实验有效期为 2 个月。

(五)结果计算

1.铜量的计算

生成的铜量 m,由下式得出:

$$m = T \times (V_2 - V_1)$$

式中:m 为生成的铜量,mg;T 为高锰酸钾标准滴定溶液滴定度,mg Cu/mL;V_1 为空白实验消耗高锰酸钾标准滴定溶液体积,mL;V_2 为滴定消耗高锰酸钾标准滴定溶液体积,mL。

2.水溶性总糖(或还原糖)的含量

$$C = \frac{N \times 10}{m \times (1-W) \times 1\,000 \times 100}$$

式中:C 为水溶性总糖(或还原糖)的百分含量(%);N 为从附录 A 中查得 Zmg 铜相当于的葡萄糖量,mg;m 为样品质量,g;W 为样品的水百分含量(%)。

以两次平行测定的平均值作为测定结果,精确至 0.01%。

参考文献:

烟草及烟草制品水溶性糖的测定芒森沃克法标准:YC T 32—1996[S].

二、连续流动法

(一)实验目的

掌握斐林试剂法测定烟叶样品水溶性总糖和还原糖含量。

(二)实验原理

用 5%乙酸水溶液萃取烟草样品,萃取液中的糖(水溶性总糖测定时应水解)与对羟基苯甲酸酰肼反应,在 85 ℃ 的碱性介质中产生一黄色的偶氮化合物,其最大吸收波长为 410 nm,用比色计测定。

注:如用水萃取,某些样品中的蔗糖会水解。

(三)实验材料与用品

1.仪器与设备

连续流动分析仪,天平,振荡器。

2.试剂

(1)Brij35 溶液(聚乙氧基月桂醚):将 250 g Brij35 加入到 1 L 水中,加热搅拌直至溶解。

(2)0.5 mol/L 氢氧化钠溶液:将 20 g 片状氢氧化钠加入 800 mL 水中,搅拌,放置冷却。溶解后加入 0.5 mL Brij35,用水稀释至 1 L。

(3)0.008 mol/L 氯化钙溶液:将 1.75 g 氯化钙(CaCl$_2$·6H$_2$O)溶于水中,加入 0.5 mL Brij35 溶液,用水稀释至 1 L。(注:若溶液中有沉淀,应用定性滤纸过滤。)

(4)5%乙酸溶液:用冰乙酸制备 5%乙酸溶液(此溶液用于制备标准溶液、萃取溶液)。

铜	葡萄糖	铜	葡萄糖	铜	葡萄糖	铜	葡萄糖
10	4.6	49	23.6	88	43.0	127	62.8
11	5.1	50	24.1	89	43.5	128	63.3
12	5.6	51	24.6	90	44.0	129	63.8
13	6.0	52	25.1	91	44.5	130	64.3
14	6.5	53	25.6	92	45.0	131	64.9
15	7.0	54	26.1	93	45.5	132	65.4
16	7.5	55	26.5	94	46.0	133	65.9
17	8.0	56	27.0	95	46.5	134	66.4
18	8.5	57	27.5	96	47.0	135	66.9
19	8.9	58	28.0	97	47.5	136	67.4
20	9.4	59	28.5	98	48.0	137	68.0
21	9.9	60	29.0	99	48.5	138	68.5
22	10.4	61	29.5	100	49.0	139	69.0
23	10.9	62	30.0	101	49.5	140	69.5
24	11.4	63	30.5	102	50.0	141	70.0
25	11.9	64	31.0	103	50.6	142	70.5
26	12.3	65	31.5	104	51.1	143	71.1
27	12.8	66	32.0	105	51.6	144	71.6
28	13.3	67	32.5	106	52.1	145	72.1
29	13.8	68	33.0	107	52.6	146	72.6
30	14.3	69	33.5	108	53.1	147	73.1
31	14.8	70	34.0	109	53.6	148	73.7
32	15.3	71	34.5	110	54.1	149	74.2
33	15.7	72	35.0	111	54.6	150	74.7
34	16.2	73	35.5	112	55.1	151	75.2
35	16.7	74	36.0	113	55.6	152	75.7
36	17.2	75	36.5	114	56.1	153	76.3
37	17.7	76	37.0	115	56.7	154	76.8
38	18.2	77	37.5	116	57.2	155	77.3
39	18.7	78	38.0	117	57.7	156	77.8
40	19.2	79	38.5	118	58.2	157	78.3
41	19.7	80	39.0	119	58.7	158	78.9
42	20.1	81	39.5	120	59.2	159	79.4
43	20.6	82	40.0	121	59.7	160	79.9
44	21.1	83	40.5	122	60.2	161	80.4
45	21.6	84	41.0	123	60.7	162	81.0
46	22.1	85	41.5	124	61.3	163	81.5
47	22.6	86	42.0	125	61.8	164	82.0
48	23.1	87	42.5	126	62.3	165	82.5

铜	葡萄糖	铜	葡萄糖	铜	葡萄糖	铜	葡萄糖
166	83.1	209	105.9	252	129.3	295	153.4
167	83.6	210	106.5	253	129.9	296	153.9
168	84.1	211	107.0	254	130.4	297	154.5
169	84.6	212	107.5	255	131.0	298	155.1
170	85.2	213	108.1	256	131.6	299	155.6
171	85.7	214	108.6	257	132.1	300	156.2
172	86.2	215	109.2	258	132.7	301	156.8
173	86.7	216	109.7	259	133.2	302	157.3
174	87.3	217	110.2	260	133.8	303	157.9
175	87.8	218	110.8	261	134.3	304	158.5
176	88.3	219	111.3	262	134.9	305	159.0
177	88.9	220	111.9	263	135.4	306	159.6
178	89.4	221	112.4	264	136.0	307	160.2
179	89.9	222	112.9	265	136.5	308	160.7
180	90.4	223	113.5	266	137.1	309	161.3
181	91.0	224	114.0	267	137.7	310	161.9
182	91.5	225	114.6	268	138.2	311	162.5
183	92.0	226	115.1	269	138.8	312	163.0
184	92.6	227	115.7	270	139.3	313	163.6
185	93.1	228	116.2	271	139.9	314	164.2
186	93.6	229	116.7	272	140.4	315	164.7
187	94.2	230	117.3	273	141.0	316	165.3
188	94.7	231	117.8	274	141.6	317	165.9
189	95.2	232	118.4	275	142.1	318	166.5
190	95.7	233	118.9	276	142.7	319	167.0
191	96.3	234	119.5	277	143.2	320	167.6
192	96.8	235	120.0	278	143.8	321	168.2
193	97.3	236	120.6	279	144.4	322	168.8
194	97.9	237	121.1	280	144.9	323	169.3
195	98.4	238	121.7	281	145.5	324	169.9
196	98.9	239	122.2	282	146.0	325	170.5
197	99.5	240	122.7	283	146.6	326	171.1
198	100.0	241	123.3	284	147.2	327	171.6
199	100.5	242	123.8	285	147.8	328	172.2
200	101.1	243	124.4	286	148.3	329	172.8
201	101.6	244	124.9	287	148.8	330	173.4
202	102.2	245	125.5	288	149.4	331	173.9
203	102.7	246	126.0	289	150.0	332	174.5
204	103.2	247	126.6	290	150.5	333	175.1
205	103.8	248	127.1	291	151.1	334	175.7
206	104.3	249	127.7	292	151.7	335	176.3
207	104.8	250	128.2	293	152.2	336	176.8
208	105.4	251	128.8	294	152.8	337	177.4

铜	葡萄糖	铜	葡萄糖	铜	葡萄糖	铜	葡萄糖
338	178.0	363	182.6	388	207.5	413	222.6
339	178.6	364	193.2	389	208.1	414	223.3
340	179.2	365	193.8	390	208.7	415	223.9
341	179.7	366	194.4	391	209.3	416	224.5
342	180.3	367	195.0	392	209.9	417	225.1
343	180.9	368	195.6	393	210.5	418	225.7
344	181.5	369	196.2	394	211.1	419	226.3
345	182.1	370	196.8	395	211.7	420	227.0
346	182.7	371	197.4	396	212.3	421	227.6
347	183.2	372	198.0	397	212.9	422	228.2
348	183.8	373	198.5	398	213.5	423	228.8
349	184.4	374	199.1	399	214.1	424	229.5
350	185.0	375	199.7	400	214.7	425	230.1
351	185.6	376	200.3	401	215.3	426	230.7
352	186.2	377	200.9	402	215.9	427	231.4
353	186.8	378	201.5	403	216.6	428	232.0
354	187.3	379	202.1	404	217.1	429	232.7
355	187.9	380	202.7	405	217.8	430	233.3
356	188.5	381	203.3	406	218.4	431	234.0
357	189.1	382	203.9	407	219.0	432	234.7
358	189.7	383	204.5	408	219.6	433	235.3
359	190.3	384	205.1	409	220.2	434	236.1
360	190.9	385	205.7	410	220.8	435	236.9
361	191.5	386	206.3	411	221.4		
362	192.0	387	206.9	412	222.0		

（5）活化 5%乙酸溶液：取 1 L 5%乙酸溶液，加入 0.5 mL Brij35 溶液（用于冲洗系统）。

（6）0.5 mol/L 盐酸溶液：在通风橱中，将 42 mL 发烟盐酸（质量分数为 37%）缓慢加入 500 mL 水中，用水稀释至 1 L。

（7）1.0 mol/L 盐酸溶液：在通风橱中，将 84 mL 发烟盐酸（质量分数为 37%）缓慢加入 500 mL 水中，加入 0.5 mL Brij35 溶液，用水稀释至 1 L。

（8）1.0 mol/L 氢氧化钠溶液：用 500 mL 水溶解 40 g 片状氢氧化钠，用水稀释至 1 L。

（9）5%对羟基苯甲酸酰肼溶液（$HOC_6H_4CONHNH_2$）：将 250 mL 0.5 mol/L 酸溶液加入到 500 mL 容量瓶中，加入 25 g 对羟基苯甲酸酰肼，使其溶解。加入 10.5 g 柠檬酸 [$HOC(CH_2COOH)_2COOH \cdot H_2O$，溶解后用 0.5 mol/L 盐酸溶液稀释至刻度。于 5 ℃ 储存，使用时只取需要量。

注：对羟基苯甲酸酰肼（质量分数大于 97%），其纯度非常重要。如果有杂质，将会在管路中形成沉淀。可以用水重结晶进行纯化。如有下列情形则表明对羟基苯甲酸酰肼不纯：

白色的对羟基苯甲酸酰肼结晶中有黑色颗粒;5%对羟基苯甲酸酰肼溶液呈黄色;对羟基苯甲酸酰肼在 0.5 mol/L 氢氧化钠溶液中溶解困难;溶液中有悬浮颗粒;基线呈波浪形。

5%对羟基苯甲酸酰肼溶液也可用下述方法进行制备:向烧杯中加入 250 mL 0.5 mol/L 盐酸溶液,加热至 45 ℃,持续搅拌下加入对羟基苯甲酸酰肼和柠檬酸,冷却后转入容量瓶中,用盐酸溶液稀释至刻度。用这种方法制备的对羟基苯甲酸酰肼溶液可避免在管路中形成沉淀。

(10)D-葡萄糖。储备液:称取 10.0 g D-葡萄糖于烧杯中,精确至 0.000 1 g,用 5% 乙酸溶液溶解后转入 1 L 容量瓶中,用 5%乙酸溶液定容至刻度。储存于冰箱中。此溶液应每月制备一次。

(11)工作标准液:由储备液用 5%乙酸溶液制备至少 5 个工作标准液,其浓度范围应覆盖预计检测到的样品含量。工作标准液应储存于冰箱中,每两周配制一次。

(四)实验步骤与方法

(1)试样制备:剥开卷烟样品取出烟丝,粉碎并过 380 μm(40 目)筛,并测定样品含水率。

(2)称取 0.25 g(精确至 0.000 1 g)试料于 50 mL 磨口三角瓶中,加入 25 mL 5%乙酸溶液,盖上塞子,在振荡器上振荡萃取 30 min。

(3)用定性滤纸过滤,弃去前几毫升滤液,收集后续滤液做分析之用。

(4)上机运行工作标准液和样品液。如样品液浓度超出工作标准液的浓度范围,则应稀释。

(五)结果计算

以干基计的还原性糖的含量,以葡萄糖计,由公式得出:

$$总(还原)糖(\%) = \frac{cV}{m(1-W)} \times 100\%$$

式中:c 为样品液总(还原)糖的仪器观测值,mg/mL;V 为萃取液的体积,mL;m 为试料的质量,mg;W 为试样的水分含量(%)。

参考文献:
烟草及烟草制品水溶性糖的测定连续流动法:YC/T 159—2002[S].

实验 42　烟碱含量测定

一、水蒸气蒸馏-紫外分光光度法

(一)实验目的
掌握水蒸气蒸馏-紫外分光光度法测定烟叶样品烟碱含量。

(二)实验原理
首先将烟样在碱性溶液中进行水蒸气蒸馏,使全部植物碱(包括烟碱、去甲基烟碱、异烟碱)挥发逸出。然后根据烟碱对某波段的短波光(紫外光)有最大吸收能力,并且其吸光度与烟碱的含量成正比。因此,借助于紫外分光光度计即可测得待测液烟碱的浓度,进一步换算求得烟碱的百分含量。

(三)实验材料与用品

1.仪器与设备

水蒸气蒸馏装置一套,紫外分光光度计,250 mL 三角瓶,250 mL 和 100 mL 的容量瓶,10 mL 刻度吸管,25 mL 胖肚移液管,小漏斗,100 mL 烧杯及小滴管,四联电炉。

2.试剂

(1)1 mol/L H_2SO_4:吸取 54.3 mL H_2SO_4 倒入约 800 mL 水中,冷却后加水定容至 1 L。

(2)12%硅钨酸:称 12 g($SiO_2 \cdot 12WO_3 \cdot 26H_2O$)溶于 100 mL 水中。

(3)0.05 mol/L H_2SO_4:吸取 2.7 mL 浓 H_2SO_4 倒入约 800 mL 水中,冷却后加水至 1 L。

(四)实验步骤与方法

1.待测液的制备

(1)称取样品 0.500 0 g 置于 500 mL 开式瓶中,加 NaCl 25 g 和 NaOH 3 g。并用洗瓶加入蒸馏水 25 mL 左右,使样品全部冲在瓶底,然后将开氏瓶连接于蒸馏装置。与此同时,将盛有 10 mL 1 mol/L H_2SO_4 的 250 mL 三角瓶承接于冷凝管下,并使冷凝管末端浸入酸液中。

(2)打开螺丝夹(蒸汽发生器内的水要先加热至沸),通入蒸汽进行蒸馏。当蒸馏正常进行时,将开式瓶底部适当加热,使瓶内液体保持原有的体积。30~40 min 后,当三角瓶蒸馏出液体体积达 220~230 mL 时,用盛有 1 mol/L H_2SO_4 和 12%硅钨酸各一滴的小试管,接取几滴馏出液检查蒸馏是否完全(若无白色絮状沉淀则表示蒸馏完全),若无混浊清澈透明即可停止蒸馏,用蒸馏水冲洗承接末端,然后取下三角瓶和开式瓶。

(3)将三角瓶中馏出液,用小漏斗,定量移入 250 mL 容量瓶,用水稀释定容至刻度(V_1)摇匀。

2.测定

(1)用移液管吸取上述溶液(V_1)25 mL 于 100 mL 容量瓶中,并用 0.03 mol/L H_2SO_4 溶液稀释至刻度(V_2),摇匀。

(2)用移液管吸取 10 mL 2 mol/L H_2SO_4 于 250 mL 容量瓶中,用水稀释定容至刻度,作为空白,并按照测试样品溶液程序,进一步将空白稀释至 100 mL(V_3)。

(3)将 V_3 和 V_2 分别倒入比色皿在紫外分光光度计上,以 V_3 为参比测出 A_{236}、A_{259}、A_{282} 三个波段的吸光值。

(五)结果计算

$$烟碱 = \frac{1.059 \times F \times [A_{259} - 0.5 \times (A_{236} + A_{282})] \times V_1 \times 100}{m \times (1-w) \times 34.3 \times 1\,000}$$

式中:1.059 为换算为重量法测定值的校正系数;F 为稀释倍数;m 为样品质量,g;w 为含水量(%);V_1 为蒸馏液的总体积,mL;34.3 为烟碱的吸光系数(1 000 mL 中含有 1 g 纯烟碱溶液,其吸光值计为 34.3)。

(六)注意事项

(1)各操作过程,烟碱均不能有损失,如蒸馏装置各连接处不能漏气,对馏出液的转移,吸取定容都要准确无误,不能有损失。对蒸馏是否完全的检验不可过早,次数不可过多。

（2）A_{236} 和 A_{282} 是干扰物质所致，因此所用器皿要洗净。蒸馏装置用得过久，需全面用乙醇清洗，然后空蒸除去乙醇，并且每次用前要先空蒸 5 min，以减少干扰影响。

（3）所用比色皿是石英制比色皿，并且用久时会模糊不清，影响透光，也需用乙醇浸泡，然后用蒸馏水洗净。

（4）吸光值在 259 nm 处的测定范围应在 0.12~0.70，若超过 0.7，可加大稀释倍数或减少称样。

参考文献：
王瑞新. 烟草化学［M］. 北京：中国农业出版社，2003.

二、提取脱色法

（一）实验目的
掌握提取脱色法测定烟叶样品烟碱含量。

（二）实验原理
由于烟碱和无机酸结合较有机酸强。因此，用一定浓度的无机酸提取，完全可以把烟碱从烟叶中分离出来，同时用粉状物活性炭脱去提取液中杂色。然后，根据烟碱对紫外光有选择吸收，其吸光度与烟碱含量呈正相关，可由紫外分光光度计测得待测液的浓度，计算出烟碱的含量。

（三）实验材料与用品
1.仪器与设备
分析天平，紫外分光光度计，恒温水浴锅。

2.试剂
4%HCl 吸取 4 mL HCl 倒入 80 mL 水中，定容至 100 mL。

（四）实验步骤与方法
1.待测液的制备

称取粉碎均匀通过 60 目筛的烟样 30 mg，置于 150 mL 三角瓶中，加入 1/3 角勺粉状活性炭和 4% HCl 25 mL，不断振荡 10 min，然后过滤到 100 mL 容量瓶中，并少量多次用蒸馏水冲洗三角瓶，将洗液滤入容量瓶中，并定容至刻度，充分摇匀以备测定用。另把4% HCl 25 mL 加入 100 mL 容量瓶中，用蒸馏水定容后摇匀做空白。

2.测定

将上述待测液置紫外分光光度计上，以空白做参照，调吸光度为零，在 236 nm、259 nm、282 nm 波长处测定待测液的吸光度。

（五）结果计算

$$烟碱含量（\%）=\frac{1.059 \times F[A_{259}-0.5 \times (A_{236}+A_{282})] \times 100}{W \times 34.3 \times 1\,000} \times 100$$

式中：W 为干样重，g；1.059 为换算为重量法测定值的校正系数；34.3 为烟碱的吸光系数（1 000 mL 中含有 1 g 纯烟碱溶液，其吸光值为 34.3）。

注意事项：

（1）不要用颗粒状活性炭。

（2）测定以后所用器皿随时洗净，否则活性炭不易被洗净。

三、气相色谱法

（一）实验目的

掌握气相色谱法测定烟叶样品烟碱含量。

（二）实验原理

用有机溶剂萃取试样中的烟碱，使用配有火焰离子化检测器的气相色谱仪进行测定，采用内标法定量。

（三）实验材料与用品

1.仪器与设备

容量瓶（50 mL、100 mL、250 mL、1 000 mL）；三角瓶（100 mL、250 mL，具塞）；振荡器；气相色谱仪，配火焰离子化检测器。

2.试剂与材料

（1）载气：氮气或高纯度氢气；烟碱（纯度不低于99%）；烟碱水杨酸盐（纯度不低于99%）；氢氧化钠溶液（5 mol/L、8 mol/L）；甲基-叔丁基醚（MTBE）；喹啉；正己烷；正十七碳烷或喹哪啶。

（2）萃取溶液（甲基-叔丁基醚法）：称取约0.40 g喹啉至1 000 mL容量瓶中，用甲基-叔丁基醚稀释定容至刻度。

（3）萃取溶液（正己烷法）：称取约0.50 g正十七烷至1 000 mL容量瓶中，用甲正己烷稀释定容至刻度。

（4）烟碱储备溶液（甲基-叔丁基醚法）：准确称取约1.0 g烟碱，精确至0.000 1 g，置于100 mL容量瓶中，用甲基-叔丁基醚萃取溶液稀释定容至刻度。该溶液应在4~8 ℃条件下避光存放。

（5）烟碱储备溶液（正己烷法）：准确称取约0.450 g烟碱水杨酸盐或0.240 g烟碱，精确0.000 1 g，置于250 mL三角瓶中。加入50 mL水溶解后，再加入100 mL萃取溶液和25 mL 8 mol/L NaOH溶液，混合后置于振荡器上，振荡萃取（60±2）min，使两相体积混合均匀。静置后分离上层有机相，置于深色玻璃瓶中，在4~8 ℃条件下存放。

（6）烟碱工作标准溶液（甲基-叔丁基醚法）：分别准确移取不同体积的烟碱储备溶液至不同的50 mL容量瓶中，用萃取溶液稀释定容至刻度，得到不同浓度的烟碱工作标准溶液，其溶液浓度范围应覆盖预计试样中检测的烟碱浓度。

（7）烟碱工作标准溶液（正己烷法）：分别准确移取不同体积的烟碱储备溶液至不同的50 mL容量瓶中，用萃取溶液稀释定容至刻度，得到不同浓度的烟碱工作标准溶液，其溶液浓度范围应覆盖预计试样中检测的烟碱浓度。

（四）实验步骤与方法

1.萃取

1）甲基-叔丁基醚法

准确称取（1.000±0.020）g试样于三角瓶中，用10 mL移液管移取7 mL 5 mol/L氢氧化钠溶液于萃取瓶中,轻摇萃取瓶,湿润试样,静置 15 min。然后加入 50 mL 萃取溶液,加盖密封后置于振荡器上,振荡萃取 2 h,静置使试样和萃取剂分离(最多放置 24 h),取上清液进样。

2)正己烷法

准确称量 1~2 g 试样,精确至 0.001 g,置于 100 mL 三角瓶中,加入 20 mL 水,40 mL 萃取溶液和 10 mL 8 mol/L 氢氧化钠溶液,置于振荡器上,振荡萃取 60 min 静置后取上层有机相立即进行气相色谱分析,萃取瓶亦可放在超声波水浴超声,以利于两相分离。

2.测定

1)仪器准备

按操作说明设置并操作气相色谱仪,应确保溶剂峰、内标峰烟碱峰分离完全。以下气相色谱仪分析条件可供参考,采用其他条件应验证其适用性。

2)色谱条件(甲基-叔丁基醚法)

色谱柱:柱长 30 m,内径 0.32 mm 或 0.25 mm 的毛细管柱;固定相:5%苯基甲基聚硅氧烷。

载气:氮气;进样口温度:250 ℃,检测器温度:250 ℃;进样方式:分流进样,分流比:40∶1;进样体积:1.0 μL;柱流速:1.7 mL/min。采用程序升温方式,初始温度:110 ℃;初始时间:0 min;程序升温 1:以 10 ℃/min 速率由 110 ℃升至 185 ℃;程序升温 2:以 6 ℃/min 速率由 18 ℃升至 245 ℃,保持 10 min;总运行时间:27.5 min。

3)色谱条件(正己烷法)

色谱柱:柱长 15 m,内径 0.53 mm 的毛细管柱;固定相:50%苯基甲基聚硅氧烷。

载气:氮气或氢气;进样口温度:270 ℃;检测器温度:270 ℃;进样方式:分流进样;进样体积:1.0 μL;柱流速:7 mL/min。

采用等温方式,柱温:170 ℃;总运行时间:10 min。

4)标准曲线的制作

分别测定系列工作标准溶液,建立线性回归方程,相关系数 R^2 应不小于 0.99。

（五）结果计算

以干基计的试样中的烟碱含量以 X 计,结果以毫克每克(mg/g)表示,按下式计算:

$$X = \frac{m_1}{m_0 \times (1-\omega)}$$

式中:m_1 为萃取溶液中烟碱的质量,mg;m_0 为试样的质量,g;ω 为试样水分的质量分数(%)。

结果以两次平行测定结果的平均值表示,精确至 0.01 mg/g。

四、连续流动法

（一）实验目的

掌握连续流动法测定烟叶样品烟碱含量。

（二）实验原理

用水萃取烟草样品,萃取液中的总植物碱(以烟碱计)与对氨基苯磺酸和氯化氰反应,氯化氰由氰化钾和氯胺 T 在线反应产生。反应产物用比色计在 460 nm 测定。

注:研究表明,用水和5%乙酸溶液萃取可得到相同的结果。若总植物碱和水溶性糖同时分析,建议采用5%乙酸溶液作为萃取剂。

(三)实验材料与用品

1.仪器与设备

连续流动分析仪,天平(0.000 1),振荡器。

2.试剂

(1)Brij35 溶液(聚乙氧基月桂醚):将 250 g Brij35 加入 1 L 水中,加热搅拌直至溶解。

(2)缓冲溶液 A:称取 2.35 g 氯化钠(NaCl)、7.60 g 硼酸钠($Na_2B_4O_3 \cdot 10H_2O$),用水溶解,然后转入 1 L 容量瓶中,加入 1 mL Brij35,用蒸馏水稀释至 1 L。使用前用定性滤纸过滤。

(3)缓冲溶液 B:称取 26 g 磷酸氢二钠(Na_2HPO_4,10.4 g 柠檬酸[$COH(COOH)(CH_2COOH)_2 \cdot H_2O$]、7 g 对氨基苯磺酸($NH_2C_6H_4SO_3H$),用水溶解,然后转入 1 L 容量瓶中,加入 1 mL Brij35,用蒸馏水稀释至 1 L。使用前用定性滤纸过滤。

(4)氯胺 T 溶液(N-氯-4-甲基苯硫酰胺钠盐)[$CH_3C_6H_4SO_2N(Na)Cl \cdot 3H_2O$]:称取 8.65 g 氯胺 T,溶于水中,然后转入 500 mL 的容量瓶中,用水定容至刻度。使用前用定性滤纸。

(5)氰化物解毒液 A:称取 1 g 柠檬酸[$COH(COOH)(CH_2COOH)_2 \cdot H_2O$]、10 g 硫酸亚铁($FeSO_4 \cdot 7H_2O$),用水溶解,稀释至 1 L。

(6)氰化物解毒液 B:称取 10 g 碳酸钠(Na_2CO_3),用水溶解,稀释至 1 L。

(7)氰化钾溶液(氰化钾剧毒,操作应小心!):在通风橱中,称取 2 g 氰化钾于 1 L 烧杯中,加 500 mL 水,搅拌至溶解,储于棕色瓶中。

(8)标准溶液。

储备液:称取适量烟碱或烟碱盐于 250 mL 容量瓶中,精确至 0.000 1 g,用水溶解,定容至刻度。此溶液烟碱含量应在 1.6 mg/mL 左右。储存于冰箱中,此溶液应每月制备一次。

工作标准液:由储备液用水制备至少 5 个工作标准液,计算工作标准液的浓度时应考虑烟碱或烟碱盐的纯度,其浓度范围应覆盖预计检测到的样品含量。工作标准液应储存于冰箱中,每两周配制一次。

(四)实验步骤与方法

(1)称取 0.2 g 试料于 50 mL 磨口三角瓶中,精确至 0.000 1 g,加入 25 mL 水,盖上塞子,在振荡器上振荡萃取 30 min。

(2)用定性滤纸过滤,弃去前几毫升滤液,收集后续滤液做分析之用。

(3)上机运行工作标准液和样品液。如样品液浓度超出工作标准液的浓度范围,则应稀释。

(五)结果计算

以干基计的总植物碱的含量:

$$总植物碱(\%) = \frac{c \times V}{m \times (1-W)}$$

式中:c 为样品液总植物碱的仪器观测值,mg/mL;V 为萃取液的体积,mL;m 为试料的质量,mg;W 为试样的水分含量。

实验 43　总氮含量测定

一、蒸馏－酸碱滴定法

（一）实验目的

掌握蒸馏－酸碱滴定法测定烟叶样品总氮含量。

（二）实验原理

有机含氮物质中的氮,在浓硫酸及催化剂作用下,经过强热消化分解,氮被分解为氨,与溶液中过量的硫酸结合成硫酸铵,保留于溶液中。向消化液中加入强碱,释放出氨,将氨蒸馏于标准酸液中,用碱标准滴定溶液返滴定,求出试样的含氮量(该方法也适用于烟株生长过程中杀青样总氮含量的测定)。

（三）实验材料与用品

1. 仪器与设备

克氏烧瓶(500 mL),三角瓶(300 mL),量筒,单刻度移液管,碱式滴定管,蒸馏装置。

2. 试剂

(1)氧化汞(红色),硫酸钾,锌粒,硫酸(95% ~98%)。

(2)氢氧化钠－硫代硫酸钠溶液:把 500 g 氢氧化钠和 40 g 硫代硫酸钠($Na_2S_2O_3 \cdot 5H_2O$)溶于水,稀释至 1 L。

(3)硫酸标准滴定溶液,$c(0.5\ H_2SO_4) = 0.1$ mol/L。

(4)氢氧化钠标准滴定溶液,$c(NaOH) = 0.1$ mol/L。

(5)甲基红指示剂,0.1%。

（四）实验步骤与方法

称取约 1 g 样品置于克氏烧瓶内,精确至 0.001 g,加入氧化汞 0.7 g、硫酸钾 10 g 及硫酸 25 mL,混合均匀。将克氏烧瓶斜置于定氮架上,缓慢加热,待泡沫停止,溶液澄清后,再迅速煮沸 1 ~1.5 h。冷却,加入 250 mL 水,冷却至室温。加锌粒 2 ~3 粒,倾斜克氏烧瓶,沿瓶壁小心加入氢氧化钠－硫代硫酸钠溶液 100 mL,不要摇动,立即连接于蒸馏装置,用内有 25 mL 硫酸标准滴定溶液的三角瓶作接收器(内加 3 ~4 滴甲基红指示剂),冷凝管末端应浸入酸液中。小心摇动克氏烧瓶,使内容物充分混合,加热蒸馏直至馏出液达150 mL。取下三角瓶,同时用水冲洗冷凝管末端,用氢氧化钠标准滴定溶液返滴定过量的酸,溶液由红色变为无色即为终点。同时做空白实验,并加以校正。(注:蒸馏过程中三角瓶中液体应保持红色,否则,应减少称样量重新消化、蒸馏。)

（五）结果计算

总氮的质量百分含量 N 由下式得出:

$$N(\%) = \frac{\left[(V_1 - V_0) \times c_1 - V_2 \times c_2 \right] \times 14}{m(1 - W) \times 1\ 000} \times 100$$

式中:V_0 为空白滴定消耗硫酸标准溶液的体积,mL;V_1 为硫酸标准溶液的体积,mL;V_2 为滴定消耗的氢氧化钠标准溶液的体积,mL;c_1 为硫酸标准溶液浓度,mol/L;c_2 为氢氧化钠标准溶液浓度,mol/L;m 为烟草样品质量,g;W 为烟草样品的水分百分含量(%)。

以两次平行测定的平均值作为测定结果,精确至 0.01%。

二、连续流动法

(一)实验目的

掌握连续流动法测定烟叶样品总氮含量。

(二)实验原理

有机含氮物质在浓硫酸及催化剂的作用下,经过强热消化分解,其中的氮被转化为氨。在碱性条件下,氨被次氯酸钠氧化为氯化铵,进而与水杨酸钠反应产生靛蓝染料,在660 nm 比色测定。

(三)实验材料与用品

1. 仪器与设备

连续流动分析仪,天平。

2. 试剂

(1)Brij35 溶液(聚乙氧基月桂醚):将 250 g Brij35 加入 1 L 水中,加热搅拌直至溶解。

(2)次氯酸钠溶液:移取 6 mL 次氯酸钠(有效氯含量≥5%)于 100 mL 的容量瓶中,用水稀释至刻度,加 2 滴 Brij35。

(3)氯化钠 - 硫酸溶液:称取 10.0 g 氯化钠于烧杯中,用水溶解,加入 7.5 mL 浓硫酸,转入 1 000 mL 的容量瓶中,用水定容至刻度,加入 1 mL Brij35。

(4)水杨酸钠 - 亚硝基铁氰化钠溶液:称取 75.0 g 水杨酸钠($Na_2C_7H_5O_3$)、亚硝基铁氰化钠[$Na_2Fe(CN)_5NO \cdot 12H_2O$] 0.15 g 于烧杯中,用水溶解,转入 500 mL 容量瓶中,用水定容至刻度,加入 0.5 mL Brij35。

(5)缓冲溶液:称取酒石酸钾钠($NaKC_4H_4O_6 \cdot 4H_2O$)25.0 g、磷酸氢二钠($Na_2HPO_4 \cdot 12H_2O$) 17.9 g、氢氧化钠(NaOH) 27.0 g,用水溶解,转入 500 mL 容量瓶中,加入 0.5 mL Brij35。

(6)进样器清洗液:移取 40 mL 浓硫酸(H_2SO_4)于 1 000 mL 容量瓶中,缓慢加水,定容至刻度。

(7)氧化汞(HgO),红色。

(8)硫酸钾(K_2SO_4)。

(9)标准溶液。

储备液:称取 0.943 g 硫酸铵于烧杯中,精确至 0.000 1 g,用水溶解,转入 100 mL 容量瓶中,用水定容至刻度。此溶液氮含量为 2 mg/mL。

工作标准液:根据预计检测到的样品的总氮含量,制备至少 5 个工作标准液。制备方法是:分别移取不同量的储备液,按照与样品消化同样的量加入氧化汞、硫酸钾、硫酸,并与样品一同消化。

(四)实验步骤与方法

称取 0.1 g 试料于消化管中,精确至 0.000 1 g,加入氧化汞 0.1 g、硫酸钾 1.0 g、浓硫酸 5.0 mL。

将消化管置于消化器上消化。消化器工作参数为:150 ℃ 1 h,370 ℃ 1 h,消化后稍冷,加入少量水,冷却至室温,用水定容至刻度,摇匀。

上机运行工作标准液和样品液。如样品液浓度超出工作标准液的浓度范围,则应重新制作工作标准液。

(五)结果计算

总氮的质量百分含量的计算:

$$N(\%) = \frac{c}{m \times (1 - W)} \times 100$$

式中:c 为样品液总氮的仪器观测值,mg;m 为试料的质量,mg;W 为试样的水分含量。

实验 44　淀粉含量测定

一、3,5 - 二硝基水杨酸比色法

(一)实验目的

掌握 3,5 - 二硝基水杨酸比色法测定烟叶样品淀粉含量。

(二)实验原理

淀粉用盐酸水解转化成葡萄糖后,测定葡萄糖含量,根据葡萄糖含量换算成淀粉含量。

(三)实验材料与用品

1. 仪器与设备

分光光度计,电子分析天平,恒温水浴箱,25 mL 刻度试管,50 mL 容量瓶,100 mL 三角瓶,试管架,移液管,移液管架,洗耳球,玻璃棒等。

2. 试剂

(1)碘试剂(碘化钾 - 碘溶液):称取碘化钾 20 g 及碘 10 g 溶于 100 mL 蒸馏水中。使用前需稀释 10 倍。

(2)3,5 - 二硝基水杨酸试剂(以下称 DNS 试剂)。

A 液:称取 6.9 g 结晶的重蒸馏的酚于 15.2 mL 10% 氢氧化钠溶液中,并稀释至 69 mL,在此溶液中加入 6.9 g 亚硫酸氢钠。此液为 A 液。

B 液:称取 225 g 酒石酸钾钠,加入 300 mL 10% 氢氧化钠溶液中,再加入 880 mL 1% 3,5 - 二硝基水杨酸溶液,此液为 B 液。

将 A 液与 B 液相混合,即得黄色的 DNS 试剂,储于棕色试剂瓶中。在室温下放置 7 ~ 10 d 以后使用。

(3)1 mg/mL 葡萄糖标准母液:准确称取 0.1 g 分析纯无水葡萄糖溶于蒸馏水中,溶解后定容至 100 mL。

(4)85% 乙醇。

（四）实验步骤

1. 葡萄糖标准曲线制作

取 7 支 25 mL 刻度试管,编号,按表 1 配制每管含量为 0 ~ 1.2 mg 的葡萄糖标准液。

表 1　配制葡萄糖标准液的试剂用量

试剂	管号						
	0	1	2	3	4	5	6
1 mg/mL 葡萄糖标准母液(mL)	0	0.2	0.4	0.6	0.8	1.0	1.2
蒸馏水(mL)	2.0	1.8	1.6	1.4	1.2	1.0	0.8
DNS 试剂(mL)	1.5	1.5	1.5	1.5	1.5	1.5	1.5
每管葡萄糖含量(mg)	0	0.2	0.4	0.6	0.8	1.0	1.2

加入表中试剂后,摇匀,放入沸水浴中加热 5 min,立即取出用自来水冷却,然后向每管加入 21.5 mL 蒸馏水,使总体积为 25 mL,摇匀后,以 0 号管为空白对照,在 520 nm 波长处测定吸光度(A)值。

标准曲线绘制:以 1 ~ 6 管葡萄糖含量为横坐标、吸光度值为纵坐标,绘制标准曲线。

2. 淀粉的水解

称取烟叶样品 10 g,磨碎(或捣碎),加入 85% 乙醇 50 mL,混匀,在 50 ℃ 恒温水浴中保温 30 min(其间摇动数次),将上清液过滤到 100 mL 容量瓶中,滤渣再用 20 mL 85% 乙醇二次提取,取全部淀粉残渣,放入 100 mL 三角瓶中,加入 6 mol/L 盐酸 10 mL,混匀,在沸水浴中加热 10 ~ 30 min(用碘试剂检查淀粉水解程度,直至不显蓝色),再加蒸馏水 20 mL,摇匀并过滤于 100 mL 容量瓶中,过滤后残渣再用蒸馏水冲洗 3 次,一并过滤入容量瓶,定容至 100 mL。准确取出 10 mL 过滤液置入 250 mL 容量瓶中,加酚酞 2 滴,用 10% NaOH 中和至微红色,用蒸馏水定容至 250 mL,待测。

3. 测定

取 4 支 25 mL 刻度试管,编号,其中 3 支(3 个重复)分别加入待测液 2 mL,1 支空白管加 2 mL 蒸馏水代替样品液,然后各管再加入 DNS 试剂 1.5 mL,摇匀,混合液在沸水浴中加热 5 min,然后用自来水冷却,各加入 21.5 mL 蒸馏水使总体积为 25 mL,摇匀,在 520 nm 波长下测定吸光度(A)值。

（五）结果计算

根据待测液的吸光度,从上述标准曲线中查出其相应的还原糖含量,然后按下式计算出样品中还原糖(葡萄糖)含量和淀粉含量的百分率:

$$还原糖/葡萄糖(\%) = \frac{X \times V_1}{V_2} \times m$$

式中:V_1 为淀粉水解液总量,mL;V_2 为测定时水解液用量,mL;m 为样品质量,mg;粗淀粉含量(%) = 葡萄糖含量 × 0.9,其中,系数 0.9 为由葡萄糖换算为淀粉的系数。

参考文献：

周祖富，黎兆安．植物生理学实验指导[M]．广州：华南理工大学出版社，2015．

二、连续流动法

（一）实验目的

掌握连续流动法测定烟叶样品淀粉含量。

（二）实验原理

用 80% 乙醇 – 饱和氯化钠溶液超声 30 min，去除烟草样品中的干扰物质，弃去萃取溶液，再用 40% 高氯酸超声提取 10 min，淀粉在酸性条件下与碘发生显色反应，在 570 nm 比色测定。

（三）实验材料与用品

1. 仪器与设备

超声发生器（700 W），G3 烧结玻璃砂芯漏斗（50 mL），分析天平，烧杯，容量瓶（50 mL、100 mL、500 mL），定量加液器或移液管，连续流动分析仪。

2. 试剂

（1）直链淀粉，支链淀粉，标准品纯度 99.8%；氯化钠；无水乙醇；氢氧化钠。

（2）高氯酸溶液（质量比 40%）：移取 300 mL 高氯酸溶液，溶解于 224 mL 水中；高氯酸溶液（质量比 15%）：移取 52 mL 高氯酸溶液，溶解于 198 mL 水中。

（3）碘化钾 – 碘溶液：称取 5.0 g 碘化钾和 0.5 g（精确至 0.001 g）碘于 400 mL 烧杯中，用玻璃棒研磨粉碎混匀后加入少量水溶解，待完全溶解后，转入 250 mL 棕色容量瓶中，用水定容至刻度，该溶液常温下避光保存，有效期为 1 个月。

（4）98% 乙醇 – 饱和氯化钠溶液：称取 64 g 氯化钠，溶于 200 mL 水中，加入 800 mL 无水乙醇，溶解静置，待溶液澄清后过滤。

（5）淀粉标准储备液：分别称取 0.15 g 直链淀粉和 0.6 g 支链淀粉于不同烧杯中，精确至 0.000 1 g。直链淀粉中加入 1.0 g 氢氧化钠后加水煮沸溶解，支链淀粉直接加水溶解，冷却后分别转入 500 mL 容量瓶中，用水定容至刻度。该溶液储存于 0 ~ 4 ℃ 的条件下，有效期为 1 个月。

（6）淀粉混合标准储备液：分别移取上述直链淀粉储备液和支链淀粉储备液各 30 mL 于 100 mL 容量瓶中，用水定容至刻度，摇匀，得到混合标准储备液。

（7）淀粉系列标准工作液：分别移取不同体积的上述混合标准储备液于 50 mL 容量瓶中，并分别加入 2.5 mL 高氯酸萃取液，用水定容至刻度。制备至少 5 个标准工作液（其浓度范围应覆盖预计检测到的样品含量），该系列标准工作液应即配即用。

（四）实验步骤与方法

1. 样品处理

准确称取 0.25 g 试样于 50 mL G3 烧结玻璃砂芯漏斗中，量取 25 mL 80% 乙醇 – 饱和氯化钠溶液加入漏斗中，将漏斗放入盛有适量水的 400 mL 烧杯中，室温下超声（功率 350 W）萃取 30 min，取出漏斗，打开旋塞弃去萃取溶液，用 2 mL 80% 乙醇 – 饱和氯化钠溶液洗涤漏斗内样品残渣，再用双链球加压弃去洗涤液，关闭旋塞。将漏斗放回至 400

mL 烧杯中,向漏斗内样品残渣中加入 15 mL 40% 高氯酸溶液,室温下超声(功率 350 W)提取 10 min,再加入 15 mL 水于漏斗中,混合均匀后,打开旋塞,将淀粉提取液放入 50 mL 三角瓶中,准确移取 5 mL 提取液于 50 mL 容量瓶中,用水定容至刻度,摇匀备用。(注:经过样品处理的 G3 烧结玻璃砂芯漏斗,用水清除漏斗中的烟末残杂,再加入 0.5 mL 重铬酸钾洗液,浸泡过夜,然后放掉并回收重铬酸钾洗液,再用水冲洗干净即可。)

2. 仪器分析

上机运行系列标准工作液和样品溶液,如样品浓度超出工作标准溶液的浓度范围,应稀释后重新测定。

(五)结果计算

淀粉含量计算:

$$a = \frac{C \times V \times 6}{m \times (1 - \omega) \times 1\,000} \times 100\%$$

式中:a 表示以干基试样计的淀粉含量(%);C 为样品溶液中淀粉的仪器观测值,mg/mL;V 为样品溶液的定容体积,mL;m 为样品质量,mg;ω 为样品的水百分含量(%)。

实验 45　总蛋白质含量测定

一、连续流动法

(一)实验目的

掌握连续流动法测定烟叶样品总蛋白质含量。

(二)实验原理

用乙酸溶液沉淀样品中的蛋白质氮,样品经消化后,在碱性条件下(pH 为 12.8 ～ 13.1),与试剂溶液反应生成靛蓝色化合物,在 660 nm 对该靛蓝色化合物进行比色。

(三)实验材料与用品

1. 仪器与设备

连续流动分析仪,电子天平(感量:0.000 1 g),无氮定性滤纸(中速)。

2. 试剂

(1)乙酸溶液,0.5%(体积分数);浓硫酸;氧化汞(HgO,红色);硫酸钾。

(2)Brij35 溶液(聚乙氧基月桂醚):将 250 g Brij35 加入 1 L 水中,加热搅拌至溶解。

(3)次氯酸钠溶液:移取 6 mL 次氯酸钠(有效氯含量不应低于 5%)与 100 mL 的容量瓶中,用水定容至刻度,加入 2 滴 Brij35 溶液。

(4)氯化钠 - 硫酸溶液:称取 10.0 g 氯化钠于烧杯中,用水溶解,加入 7.5 mL 浓硫酸,转移至 1 L 容量瓶中,用水定容至刻度,加入 1 mL Brij35 溶液。

(5)水杨酸钠 - 亚硝基铁氰化钠溶液:称取 75.0 g 水杨酸钠($Na_2C_7H_5O_3$)、0.15 g 亚硝基铁氰化钠[$Na_2Fe(CN)_5NO \cdot H_2O$]于烧杯中,用水溶解,转移至 500 mL 容量瓶中,用水定容至刻度,加入 0.5 mL Brij35 溶液。

(6)进样器清洗液:移取 40 mL 浓硫酸于 1 L 容量瓶中,缓慢加水定容至刻度。

（四）实验步骤与方法

准确称取 2.0 g 烟末样品,加入 100 mL 0.5% 醋酸,加热保持微沸 15 min,迅速用无氮定性滤纸过滤,并用 0.5% 醋酸冲洗残渣 3~5 次(至滤液无色)。冲洗液与滤液合并,冷却至室温,倒入 200 mL 容量瓶中,用 5% 醋酸溶液定容,就可以得到可溶性非蛋白质含氮化合物提取液。准确转移 10 mL 非蛋白质含氮化合物提取液,置于 75 mL 消化管中,依次加入 0.1 g 氧化汞、1.0 g 硫酸钾、5 mL 浓硫酸。将消化管于消化器上消化,消化器工作参数:100 ℃ 1 h,370 ℃ 1 h。消化后稍冷,加入少量水,冷却至室温,用蒸馏水定容,摇匀,得非蛋白质含氮化合物消化液。准确称取 0.353 6 g 硫酸铵,用蒸馏水溶解定容至250 mL,摇匀,制得标准储备液。准确移取 1.0 mL、2.0 mL、4.0 mL、8.0 mL、10.0 mL 标准储备液,分别置于 75 mL 消化管中,在与非蛋白质含氮化合物提取液相同条件下进行消化、定容,得到一系列不同浓度的标准消化液。取非蛋白质含氮化合物消化液和标准液各2 mL,使用流动分析仪进程检测,运行参数为:检测波长 660 nm,进样时间 80 s,冲洗时间80 s,在线渗析处理,出峰时间 12 min。

（五）结果计算

蛋白质含量的计算:

$$W(\%) = 6.25 \times [c/m \times (1 - w_1)] \times 100\% \qquad (6\text{-}1)$$

式中:W 为干基计的蛋白质含量(%);c 为样品重总氮质量,mg;m 为样品质量,mg;w_1 为样品水分质量分数(%);6.25 为蛋白质与总氮之间的转换系数。

参考文献:

[1] 烟草及烟草制品蛋白质的测定——连续流动法:YCT 249—2008[S].

[2] 孔浩辉,郭文,张心颖,等. 连续流动法测定烟草中的蛋白质含量[J]. 烟草科技, 2009, 47(11):38-41.

二、凯氏定氮法

（一）实验目的

掌握凯氏定氮法测定烟叶样品总蛋白质含量。

（二）实验原理

用乙酸沉淀烟草样品中的蛋白质氮,然后在浓硫酸及催化剂作用下转化为硫酸铵,强碱蒸馏出氨,用标准酸液接收。返滴定。

（三）实验材料与用品

1. 仪器与设备

分析天平,精确至 0.000 2 g;抽滤装置,直径 120 mm 布氏漏斗,真空抽滤装置;蒸馏装置,500 mL 克氏烧瓶,连接头,4~5 球冷凝管和 300 mL 锥形瓶;克氏烧瓶,500 mL;移液管,25 mL;滴定管;量筒;定量滤纸(无氮)。

2. 试剂

(1)浓硫酸(1.84 g/mL);锌粒;红色氧化汞;硫酸钾;乙酸(质量分数为 0.5%)。

(2)氢氧化钠 - 硫代硫酸钠溶液:将 500 g 氢氧化钠和 40 g 硫代硫酸钠($Na_2S_2O_3$·

5H$_2$O)溶于水,稀释至 1 L。

(3)硫酸铵溶液,0.1 mol/L。

(4)硫酸标准滴定溶液,$c(0.5 H_2SO_4) = 0.1$ mol/L。

(5)氢氧化钠标准滴定溶液,$c(NaOH) = 0.1$ mol/L。

(6)甲基红指示剂,0.1%。

(四)实验步骤

1. 萃取

称取约 1.5 g(精确至 0.000 2 g)样品置于 300 mL 锥形瓶内,加入 75 mL 乙酸溶液,加热保持沸腾 15 min。迅速用定量滤纸在真空抽滤装置内进行抽滤,并用乙酸溶液冲洗锥形瓶和沉淀物至滤液无色,然后转移滤纸和沉淀于克氏烧瓶中。

2. 消化

向克氏烧瓶中加入 0.7 g 红色氧化汞、10 g 硫酸钾及 25 mL 浓硫酸,混合均匀。

将克氏烧瓶移入通风橱内,斜置于定氮架上,瓶颈与水平面成 45°～60°夹角。缓慢加热,待泡沫停止,溶液澄清后,再继续煮沸 1 h,冷却,用 50～70 mL 水冲洗瓶颈。

3. 蒸馏

向克氏瓶中加入约 200 mL 水,加锌粒 3 颗,沿瓶壁小心加入氢氧化钠 - 硫代硫酸钠溶液 90 mL。

立即连接于蒸馏装置上,用内有 25 mL 硫酸标准滴定溶液和 3～4 滴指示剂的锥形瓶作接收器。冷凝管末端应浸入酸液中。蒸馏直到馏出液体积达 150 mL。(注:氢氧化钠 - 硫代硫酸钠溶液应小心加入,以避免温度迅速升高而失去氨。蒸馏过程中三角瓶中液体应保持红色,否则,应减少称样量重新消化蒸馏。)

蒸馏结束,移开锥形瓶,以免倒吸,用水冲洗冷凝管末端。

4. 滴定

用氢氧化钠标准滴定溶液滴定馏出液至指示剂颜色由红色变为无色即为终点。

同时应进行空白试剂测试:用等量的蔗糖替代样品测试,重复消化、蒸馏和滴定。该滴定的终点应是有效的零点,并对滴定进行校正。如果误差较小,对样品测试值加以修正;如果误差较大,应查找哪一种试剂引入了氮或者设备的某个位置消耗了氢氧化钠,纠正错误并重复测试。

(五)结果计算

样品中蛋白质含量 P 用干燥样品的百分比表述,由下式得出:

$$P = 6.25 \times \frac{[(V_1 - V_0) \times c_1 - V_2 \times c_2] \times 14}{m \times (1 - W) \times 1\ 000} \times 100\%$$

式中:6.25 为蛋白质中氮的转换系数;V_0 为空白滴定消耗硫酸标准溶液的体积,mL;V_1 为硫酸标准溶液的体积,mL;V_2 为滴定消耗的氢氧化钠标准溶液的体积,mL;c_1 为硫酸标准溶液浓度,mol/L;c_2 为氢氧化钠标准溶液浓度,mol/L;m 为烟草样品质量,g;W 为烟草样品的水分百分含量(%)。

实验46　钾含量测定

一、实验目的

掌握烟叶样品钾含量的测定方法。

二、实验原理

试样用5%的乙酸溶液提取或经干灰化法后用盐酸处理,将滤液稀释至适宜的浓度范围,用火焰光度计测定钾的吸收值。

三、实验材料与用品

(一)仪器与设备

火焰光度计;马弗炉;调温电炉或电热板;分析天平,感量0.1 mg;容量瓶,250 mL、100 mL;移液管,5 mL、10 mL、15 mL、20 mL;瓷坩埚或镍坩埚;振荡器。

(二)试剂

(1)盐酸溶液($c(HCl)$ =6 mol/L),移取盐酸500 mL同500 mL水混合。

(2)钾标准储备溶液($\rho(K)$ =1 000 mg/L),钾工作标准溶液($\rho(K)$ =100 mg/L)。

(3)冰乙酸。

(4)乙酸溶液($w(C_2H_4O_2)$ =5%),50 mL冰乙酸同950 mL水混合。

四、实验步骤与方法

(一)提取待测液

1. 乙酸提取法

称取0.25 g试样,精确至0.000 1 g,于150 mL三角瓶中,加入乙酸溶液50 mL,在振荡器上振荡30 min,过滤。同时做空白实验。

2. 干灰化法

准确称取(0.500 0±0.000 5)g试样于坩埚中,盖子半开,在电热板上炭化至无烟,然后置于已预热至500 ℃的马弗炉中灰化4 h至无炭粒。如果灰化不完全,可取出冷却后加数滴浓硝酸湿润,于低温下干燥后重新灰化。

冷却后取出已灰化好的样品,用少量水湿润灰分,分次滴加少量盐酸溶液,慎防灰分飞溅损失,待作用缓和后,再多加盐酸充分溶解残渣,共加入盐酸溶液约10 mL。

将坩埚移到电炉上(加石棉网)加热至沸,趁热用热水转移到250 mL的容量瓶中,定容,摇匀,此为烟叶钾的待测液,同时做空白试验。

(二)系列标准溶液的配制

根据仪器对钾的线性检测范围,将钾工作标准溶液用去离子水稀释成不少于5种浓度的系列标准溶液。

(三)测定

1. 工作曲线的绘制

在调整好的仪器上,分别测定系列标准溶液,以仪器显示吸收值为纵坐标、钾标准系列溶液的浓度为横坐标绘制浓度—吸收值曲线。

2. 样品测定

吸取一定量的样品制备液,稀释至工作曲线的浓度范围内,在火焰光度计上按照仪器说明书进行测定,分别记录样品测定液的仪器显示读数(A)和空白测定液仪器显示读数(A_0)。

五、结果计算

在浓度—吸收值曲线上查得吸收值为 $A - A_0$ 的钾的浓度 ρ。试样中钾(以 K_2O 计)的质量分数按下式进行计算:

$$\omega = \frac{\rho V_1 V_3 \times 1.204\,6 \times 10^{-4}}{m V_2 (1 - \omega_{H_2O})}$$

式中:ω 为试样中钾(以 K_2O 计)的质量分数(%);ρ 为浓度—吸收值曲线上试样仪器显示读数(A)减去空白仪器显示读数(A_0 所对应的浓度,mg/L);V_1 为初始定容体积,mL;V_3 为测试液定容体积,mL;1.204 6 为由钾换算成氧化钾的系数;m 为试样质量,g;V_2 为分取体积,mL;ω_{H_2O} 为试样的水分质量分数。

实验 47　氯含量测定(连续流动法)

一、实验目的

掌握连续流动法测定烟叶样品氯含量。

二、实验原理

用水萃取样品中的氯,氯与硫氰酸汞反应,释放出硫氰酸根,进而与三价铁反应形成络合物,反应产物在 460 nm 处进行比色测定。反应方程式如下:

$$2Cl^- + Hg(SCN)_2 \longrightarrow HgCl_2 + 2SCN^-$$

$$nSCN^- + Fe^{3+} \leftrightarrow Fe(SCN)_n^{3-n}$$

注:用5%乙酸水溶液作为萃取液亦可得到相同的结果。

三、实验材料与用品

(一)仪器与设备

具塞三角瓶,50 mL;定量加液器或移液管;快速定性滤纸;分析天平,感量 0.1 mg;振荡器;连续流动分析仪。

(二)试剂

(1)硫氰酸汞,纯度 > 99.0%;硝酸铁,9 水合硝酸铁[Fe(NO₃)₃·9H₂O],纯度 > 99.0%;浓硝酸,浓度为 65% ~ 68%(质量分数);氯化钠标准物质[GBW(E)060024c]。

(2)Brij35 溶液(聚乙氧基月桂醚):称取 250 g Brij35 于 3 000 mL 烧杯中,精确至 1 g,用量筒量取 1 000 mL 水,加入到烧杯中,混合均匀。

(3)硫氰酸汞溶液:称取 2.1 g 硫氰酸汞于烧杯中,精确至 0.1 g,加入甲醇溶解,转移 500 mL 容量瓶中,用甲醇定容至刻度。该溶液在常温下避光保存,有效期为 90 d。

(4)硝酸铁溶液:称取 101.0 g 硝酸铁于烧杯中,精确至 0.1 g,用量筒量取 200 mL 水,加入烧杯中溶解。后用量筒量取 15.8 mL 浓硝酸,加入溶液中,混合均匀,将混合溶液转移至 500 mL 容量瓶中,用水定容至刻度。该溶液在常温下保存,有效期为 90 d。

(5)显色剂:用量筒分别量取硫氰酸汞溶液和硝酸铁溶液各 60 mL 于同一 250 mL 容量瓶中,用水定容至刻度,加入 0.5 mL Brij35 溶液。显色剂应在常温下避光保存,有效期为 2 d。

(6)硝酸溶液(0.22 mol/L):用量筒量取 16 mL 浓硝酸,用水稀释后,转入 1 000 mL 容量瓶中,用水定容至刻度。

(7)氯标准溶液。

标准储备液(1 000 mg/L,以 Cl 计):称取 1.648 g 干燥后的氯化钠标准物质于烧杯中,精确至 0.1 mg,用水溶解,转移至 1 000 mL 容量瓶中,用水定容至刻度。

标准工作溶液:由标准储备液制备至少 5 个工作标准液,其浓度范围应覆盖预计检测到的样品含量。

四、实验步骤烟叶方法

(一)样品处理

称取 0.25 g 试样于 50 mL 具塞三角瓶中,精确至 0.1 mg,加入 25 mL 水,盖上塞子,在振荡器上振荡(转速 > 150 r/min)萃取 30 min。用快速定性滤纸过滤萃取液,弃去前 2 ~ 3 mL 滤液,收集后续滤液用于分析。

(二)仪器分析

上机运行标准工作溶液和滤液。如样品浓度超出工作标准溶液的浓度范围,则应稀释后再测定。

五、结果计算

氯含量由下式计算

$$a = \frac{c \times V}{m \times (1 - w)} \times 100\%$$

式中:a 为以干基试样计的氯的含量(%);c 为萃取液氯的仪器观测值,mg/mL;V 为萃取液的体积,mL;m 为试样的质量,mg;w 为试样水分的质量分数(%)。

实验 48　烟叶硝酸盐含量测定

一、实验目的

掌握烟叶样品硝酸盐含量的测定方法。

二、实验原理

用水萃取试样液中的硝酸盐,在碱性条件下与硫酸肼 – 硫酸铜溶液反应生成亚硝酸盐,亚硝酸盐与对氨基苯磺酰胺反应生成重氮化合物,在酸性条件下,重氮化合物与 N – (1 – 萘基) – 乙二胺二盐酸发生偶合反应生成一种紫红色配合物,其最大吸收波长 520 nm,用比色计测定。

三、实验材料与用品

(一)仪器与设备

连续流动分析仪,分析天平(精确至 0.1 mg),快速定性滤纸,振荡器。

(二)试剂

(1)Brij35 溶液:将约 250 g Brij35(聚乙氧基月桂醚)加入 1 000 mL 水中,加热搅拌直至溶解。

(2)活化水:每 1 000 mL 水中加入 1 mL Brij35 溶液,搅拌均匀。

(3)氢氧化钠溶液:称取约 8.0 g 氢氧化钠,溶于 800 mL 水中,加入 1 mL Brij35 溶液后稀释至 1 000 mL。

(4)硫酸铜溶液:称取约 1.20 g 硫酸铜($CuSO_4 \cdot 5H_2O$),溶于 100 mL 水中。

(5)硫酸肼 – 硫酸铜溶液:应选择最适宜的硫酸肼浓度,具体参见附录 A。根据选择的硫酸肼浓度,称取相应量的硫酸肼($N_2H_6SO_4$),溶于 800 mL 水中,加入 1.5 mL 硫酸铜溶液,稀释至 1 000 mL,储存于棕色瓶中。此溶液应每月配制一次。

(6)对氨基苯磺酰胺溶液:移取 25 mL 浓磷酸,加入至 175 mL 水中,然后加入约 2.5 g 对氨基苯磺酰胺($C_6H_8N_2O_2S$)和 0.125 g N – (1 – 萘基) – 乙二胺二盐酸($C_{12}H_{14}N_2 \cdot 2HCl$),搅拌溶解,用水定容至 250 mL,过滤后转移至棕色瓶中。配好的溶液应呈无色,若为粉红色,说明有亚硝酸根干扰,应重新配制。该溶液应即配即用。

(7)标准储备溶液(2 mg/mL):准确称取 3.3 g 硝酸钾,精确至 0.000 1 g,用水溶解后转移至 1 000 mL 容量瓶中,用水定容至刻度,混匀后存放于冰箱中。此溶液应每月配制一次。

(8)工作标准溶液:由标准储备液用水或 5% 醋酸溶液制备至少 5 个工作标准溶液,其浓度范围应覆盖预计检测到的试样中硝酸盐的含量。工作标准溶液应储存于 0 ~ 4 ℃ 条件下,每两周配制一次。工作标准溶液配置所使用溶液应与样品萃取液保持一致。

四、实验步骤与方法

(一)萃取

称取试样约0.25 g,精确至0.000 1 g,至50 mL具塞三角瓶中,加入25 mL水,具塞后置于振荡器上,振荡萃取30 min。用快速定性滤纸过滤萃取液,弃去前几毫升滤液,收集后续滤液用于分析。

(二)标准曲线的制作

上机运行系列工作标准溶液,根据实验结果绘制标准曲线。标准曲线应为线性,相关系数应不小于0.999。

(三)测定

测定试样萃取液,若萃取液浓度超出工作标准溶液的浓度范围,则应稀释后重新测定。

五、结果计算

以干基计的硝酸盐含量由下式得出

$$c = \frac{X \times V}{(m_1 - m_2) \times (1 - w) \times 1\ 000} \times 100\%$$

式中:c为以干基计的硝酸盐含量(%);X为样品溶液硝酸盐的仪器观测值,mg/mL;V为萃取液体积,mL;w为试样的水分的质量分数(%);m_1为称量瓶质量 + 样品质量,g;m_2为称量瓶质量,g。

注意事项:
(1)若萃取液中含有亚硝酸盐,将同时被检测。
(2)亦可使用5%醋酸作为萃取液。

参考文献:
烟草及烟草制品硝酸盐的测定连续流动法:YC/T 296—2009[S].

附录A 硫酸肼溶液最佳浓度的选择

硫酸肼溶液最佳浓度的选择应在安装调试仪器后,以及在购买新的硫酸肼试剂时进行。可采用本附录中的方法A或方法B。

方法A

A1. 亚硝酸盐标准溶液

储备液:取0.900 g亚硝酸钠(NaNO_2),溶于800 mL水中,用水定容至1 000 mL,该储备液中亚硝酸根离子的浓度为0.6 mg/mL。

移取25 mL储备液,用水定容至100 mL。该工作溶液中亚硝酸根离子的浓度为150

μg/mL。

A2. 硫酸肼溶液最佳浓度的选择

（1）移取 0.75 mL 硫酸铜溶液，用水定容至 1 000 mL。

（2）称取 0.5 g 硫酸肼，溶于 50 mL 水中，定容至 100 mL。

（3）移取 1.0 mL,2.0 mL,3.0 mL,…,10.0 mL 硫酸肼溶液分别用水定容至 25 mL。这些溶液浓度为:每 1 000 mL 含有 0.2 g,0.4 g,0.6 g,…,2.0 g 硫酸肼。

（4）将硫酸肼 – 硫酸铜试剂管路连接到样品针上,水的管路放入硫酸铜溶液储液瓶。样品的管路放入亚硝酸钠标准工作溶液储液瓶。

（5）打开比例泵,用正常方式加试剂。

（6）把硫酸肼溶液倒入样品中,按浓度由小到大的顺序放在进样器上。

（7）当反应颜色到达流动池时,调节记录仪响应至满刻度的 90% ,开始进样。

（8）当所有硫酸肼溶液进样完毕后,记下由于亚硝酸根离子被还原为氮,而使溶液颜色变浅的硫酸肼溶液的浓度(c_1)。

（9）配制浓度为 150 μg/mL 的硝酸盐溶液,代替亚硝酸盐工作溶液。基线回零后,将硫酸肼溶液重新进样,记录下硝酸盐响应值最大时硫酸肼溶液浓度(c_2)。

（10）硫酸肼溶液最佳浓度 $c,c_2 < c < c_1$,保证硝酸根离子完全还原为亚硝酸根离子,而亚硝酸根离子不被还原为氮。

方法 B

（1）配制相同浓度的亚硝酸盐溶液和硝酸盐溶液。

（2）同时运行亚硝酸盐溶液和硝酸盐溶液,如果后者的响应值比前者低很多,增加硫酸肼溶液的浓度重新进样,直到二者响应值相等。

实验 49　烟叶物理特性测定

一、叶面厚度

（一）仪器与设备

薄片厚度计(型号:BHZ – 1;测量范围:0 ~ 3 mm;准确度级:1。生产商:四川长江造纸仪器有限责任公司)。

（二）方法

把样品叶片放入厚度计探头下,一片叶测 3 次,分别为叶尖、叶中、叶基。每个样品做 10 次重复,然后取平均值。

二、拉力

（一）仪器与设备

烟草薄片抗张实验机(型号:ZKW – 3,测量范围:0 ~ 30 N,准确度级:1。生产商:四川长江造纸仪器有限责任公司),干燥皿,小方筐若干,裁刀一把,剪刀一把,直尺一个。

（二）方法

（1）把叶片去掉主脉，然后裁取 15 cm 长、1.5 cm 宽的长条，每片烟叶最好裁一片。每个样品最少裁 10 条以上。

（2）把裁好的烟叶放入干燥皿中平衡水分（环境湿度为 70%）一周。

（3）取出长条在烟草薄片抗张实验机上做拉力，做 10 次重复。

（4）10 个数值中，去掉一个最大值、一个最小值，剩余 8 个做平均值。

三、平衡含水率

（一）仪器与设备

剪刀一把，烘箱，小方筐若干，干燥皿，小圆铝盒，天平。

（二）方法

（1）把样品用剪刀剪碎，放入小方筐后放入干燥皿中平衡水分（环境湿度为 70%）一周。

（2）把平衡水分后的碎烟叶装入小铁盒内，每个样品装两盒。

（3）把装样品的铁盒称重 m_1。

（4）把称重后的铁盒放入烘箱中 12 h，烘箱温度为 100 ℃。

（5）烘干后的烟样取出称重 m_2。

（6）每个样品的吸湿性是两个数值的平均数。

试样的水分质量百分含量，按下式进行计算：

$$W = \frac{m_1 - m_2}{m_1 - m_0} \times 100\%$$

式中：W 为试样的水分质量百分含量（%）；m_0 为称量皿质量，g；m_1 为烘干前称量皿与试料的总质量，g；m_2 为烘干后称量皿与试料的总质量，g。

四、叶质重

（一）仪器与设备

小圆铁盒若干，打孔器一个（孔的直径：1.5 cm）。

（二）方法

（1）每个样品取 10 片有代表性的样叶，每片样叶打孔 5 个，尽量避免打住主、支脉且从叶前端打到后端。

（2）称空盒重，把 50 个小圆片放入铁盒中。

（3）放入 100 ℃ 的烘箱中 12 h。

（4）取出称重。

五、含梗率

（一）仪器与设备

叶中含梗测定仪，多层振动筛分器。

（二）实验方法

（1）称样,把去梗烟叶样品均匀地铺满喂料带,保证烟梗出料门和风分箱的各个门都关闭。

（2）打开电源,然后按下列顺序打开仪器:①风机;②14/18 烟梗切向分离器;③14/24 叶片切向分离器;④打叶机;⑤振动输送机;⑥拨叶辊。

（3）将自动定时器准确设置为 4 min(样品喂入打叶机用 160 s,打叶机清理烟梗用 80 s)。等压力表读数稳定且检查它的读数是否与设置步骤相同。

按喂料输送机启动钮开始测试,秒表自动启动。在样品全部喂入打叶机后,将残留的叶片从喂料带扫入打叶机。测试 4 min 后,烟梗出料口自动打开,烟梗从出料口中落下,收集在烟梗料箱中。待烟梗完全落在烟梗料箱,出料时间不少于 20 s。少量留在风分箱中的细梗可忽略。

（4）把收集在叶片料箱中的轻小叶片放回喂料带,均匀铺满其上,过第二遍。关闭烟梗出料门,从步骤(2)开始重复测试步骤。收集第二次分离出的梗,加入第一次分离出的梗中。称量烟梗,精确至 ±1 g。关掉电源。

（5）当频繁检测样品时,为了质量控制等目的,在检测空当仍运转机器会更方便。在这种情况下,只有振动输送机和喂料带需要在测试空当开或关。喂料带停止输送,秒表自动回零,出料门重新活动。出料门应该在每次测试前关闭。

（6）用多层振动筛分器进行梗含量分类。

对所有产自叶中含梗测定仪的梗产品进行称量,以"总含梗量"计,将其放在顶部网筛内(通常 50 ~ 150 g)。用从动锤开动振动筛分器,同时开动限时钟或电子定时器,让筛分器准确运行 5 min,移开每层筛盘,记录每层筛盘中的烟梗的质量。

（三）结果计算

1. 含梗率的计算

总含梗率 $w(\%)$ 按下式计算:

$$w = \frac{m \times 100}{m_1}$$

式中:m 为每层烟梗的质量,g;m_1 为所取样品的质量,g。

2. 烟梗分类计算

如下计算按实验方法(6)中分类的烟梗的百分数:

（1）大于 2.38 mm 的烟梗;

大于 2.38 mm 的烟梗 = 2.38 mm 板筛上梗质量 $\times \dfrac{100}{M}$

（2）小于 2.38 mm 烟梗,无烟末:

小于 2.38 mm 烟梗 = (2.80 mm 网筛上梗质量 + 1.70 mm 网筛上梗质量) $\times \dfrac{100}{M}$

（3）烟末:

烟末 = 盘中烟末质量 $\times \dfrac{100}{M}$

六、填充值

(一)仪器与设备
填充值仪(烟草院自产),天平。

(二)方法
(1)把切丝后的烟样放入恒温(25 ℃)、恒湿(70%)室中平衡48 h。
(2)称10 g烟丝放入填充值仪圆筒里。
(3)做3次重复,取平均值。

注意事项:
烟叶的填充性按切成烟丝的填充性测定。

参考文献:
打叶烟叶叶中含梗率的测定:YC/T 136—1998[S].

实验50 烟叶中性香味物质含量测定

一、实验目的

掌握烟叶中性香味物质含量的测定方法。
参考文献:
打叶烟叶叶中含梗率的测定:YC/T 136—1998[S].

二、实验原理

采用同时蒸馏萃取方法提取烟叶挥发油,利用气相色谱的分离能力,让挥发油中的混合物各组分分离,并利用质谱检测器鉴定分离出来的组分及其含量。

三、实验材料与用品

(一)仪器与设备
同时蒸馏萃取装置,HP5890 – 5972气质联用仪。
(二)试剂
二氯甲烷,柠檬酸,无水硫酸钠(均为分析纯)。

四、实验步骤与方法

中性香味物质提取及定性定量分析采用HP5890 – 5972气质联用仪。
烤后烟叶粉末样品→水蒸气蒸馏→二氯甲烷萃取(10 g烟叶 + 1 g柠檬酸 + 350 mL蒸馏水 + 0.5 mL内标于500 mL圆底烧瓶中,再加60 mL二氯甲烷于另一250 mL圆底烧瓶中,60 ℃水浴加热250 mL圆底烧瓶,同时用蒸馏萃取仪蒸馏萃取)→无水硫酸钠干燥有机相→60 ℃水浴浓缩至 1 mL 左右即得烟叶的精油。经前处理制备得到的分析样品,由 GC/MS 鉴定结果和 NIST 库检索定性。GC/MS 分析条件如下:色谱柱:HP - 5(60 m × 0.25 mm i. d. ×0.25 μm d. f.);载气及流速:He 0.8 mL/min;进样口温度:250 ℃;传输线温度:280 ℃;离子源温度:177 ℃;升温程序:50 ℃,2 min 后,以每分钟上升 2 ℃的速度升至 120 ℃,5 min 后再以每分钟上升 2 ℃的速度升至 240 ℃,保持 30 min;分流比:1:15,进样量:2 μL;电离能:70 eV;质量数范围:50 ~ 500 amu;MS 谱库 NIST02;采用内标法定量。

参考文献:

赵铭钦,李晓强,韩静,等. 不同基因型烤烟中性致香物质含量的研究[J]. 中国烟草学报,2008,14(3):46-50.

实验 51　烟叶挥发性有机酸含量测定
(气相色谱 - 质谱联用法)

一、实验目的

掌握用气相色谱 - 质谱联用法测定烟叶挥发性有机酸含量。

二、实验原理

用丙酮萃取试样中的挥发性有机酸,气相色谱 - 质谱联用选择离子监测法测定,内标法定量。

三、实验材料与用品

(一)仪器与设备
分析天平(感量0.1 mg),气相色谱 - 质谱联用仪,振荡器,有机相滤膜(0.45 μm)。

(二)试剂
(1)丙酮,甲酸,乙酸,丙酸,异丁酸,丁酸,异戊酸,戊酸,3 - 甲基戊酸,4 - 甲基戊酸,己酸,庚酸,辛酸,壬酸,癸酸,苯丙酸乙酯(以上试剂纯度应不低于98%)。

(2)内标萃取储备液:称取约 0.18 g 丙酸苯乙酯于 100 mL 容量瓶中,精确至 0.000 1 g,用丙酮定容至刻度。该储备液在 -20 ℃冰箱内存放。有效期为 3 个月。

(3)内标萃取溶液:移取 5.0 mL 内标萃取储备液于 500 mL 容量瓶中,用丙酮定容至刻度。该内标萃取溶液应即配即用。

(4)混酸一级储备液:准确称取丙酸(1.6 g)、异丁酸(1.0 g)、丁酸(0.2 g)、异戊酸(2.5 g)、戊酸(0.6 g)、3 - 甲基戊酸(0.2 g)、4 - 甲基戊酸(0.2 g)、己酸(0.5 g)、庚酸(0.2 g)、辛酸(0.4 g)、壬酸(0.5 g)、癸酸(0.5 g),置于 100 mL 容量瓶中,精确至 0.000 1 g,用内标萃取溶液定容至刻度。该储备液在 -20 ℃冰箱内存放,有效期为 3 个月。

(5)混酸二级储备液:准确移取 1.0 mL 混酸储备液于 50 mL 容量瓶中,用内标萃取溶液定容至刻度。该储备液在 -20 ℃冰箱内存放,有效期为 3 个月。

（6）有机酸储备液：分别准确称取甲酸和乙酸各 0.07 g，精确至 0.000 1 g，移取混酸二级储备液 1.0 mL。置于 50 mL 容量瓶中。用内标萃取溶液定容至刻度。该储备液在 -20 ℃ 冰箱内存放，有效期为 3 个月。

（7）系列有机酸标准溶液：分别准确移取 0.5 mL、1.0 mL、2.0 mL、5.0 mL、10.0 mL 有机酸储备液至 25 mL 容量瓶中，用内标萃取溶液定容至刻度。该系列溶液应在使用前配制，此 5 个标准溶液以及有机酸储备液为系列有机酸标准溶液。

四、实验步骤与方法

（1）称取 5.0 g 试剂于 50 mL 具塞锥形瓶内，精确至 0.000 1 g，准确加入 15.0 mL 内标萃取溶液，置于振荡器上，120 r/min 条件下振荡萃取 60 min。静置后取上清液过 0.45 μm 有机相滤膜，处理好的样品萃取液应在 1 d 内进行分析。若待测试样溶液的浓度超出标准工作曲线的浓度范围，则使用内标萃取溶液对样品适当处理后重新测定。

（2）标准曲线的制作。采用气相色谱－质谱联用仪测定系列有机酸标准溶液，得到 14 种有机酸和内标的积分峰面积，分别用 14 种有机酸的积分面积与内标峰面积的比值作为纵坐标、各有机酸的浓度与内标浓度比值作为横坐标，分别建立 14 种有机酸的校正曲线。对校正数据进行线性回归，R^2 应不小于 0.99。测定样品时，根据样品中有机酸与内标峰面积的比值计算样品萃取液中 14 种有机酸的浓度（μg/mL）。

五、结果计算

以干基计的试样中有机酸含量 x 按照下式计算得出：

$$x = \frac{c \times V \times k}{m \times (1 - w)}$$

式中：x 为试样中的有机酸含量，μg/g；c 为内标萃取溶液中有机酸的浓度，μg/mL；V 为内标萃取溶液的体积，mL；m 为试样质量，g；w 为试样的水分质量分数（%）。

结果以两次平行测定结果的平均值表示，精确到 0.01 μg/g，平行测定的相对平均偏差应小于 10%。

实验 52　烟叶氨基酸含量测定（氨基酸分析仪法）

烟叶中游离氨基酸是指烟叶的盐酸浸出物中，以游离状态存在、未结合在蛋白质分子中的氨基酸。

一、实验目的

掌握烟叶氨基酸含量的测定方法。

二、实验原理

氨基酸为两性电解质，在酸性环境下形成阳离子。烟叶中的游离氨基酸经酸溶液萃取后，经氨基酸分析仪的磺酸型锂离子交换柱分离，然后与茚三酮混合，通过加热反应，伯胺与之生成蓝紫色化合物,仲胺与之生成黄色化合物。两种衍生物使用波长分别为 570 nm 和 440 nm 的双通道紫外检测器同时进行定性定量分析测定。

三、实验材料与用品

(一)仪器与设备

样品磨,60 目筛网;分析天平,感量 0.000 1 g;移液器,移液范围为 50 ~ 200 μL 和 200 ~ 1 000 μL;超声波振荡器,功率≥60 W;氨基酸分析仪(锂离子系统),同时具有自动进样、梯度洗脱,以及双通道紫外检测的功能;高速离心机;水相滤膜,0.45 m。

(二)试剂

(1)0.005 mol/L 盐酸溶液:准确移取 420 μL 浓盐酸(质量分数为 36% ~ 38%)于 1 000 mL 容量瓶中,用水定容至刻度。此溶液作为萃取溶液。

(2)pH 2.20 样品稀释液:准确称取四水柠檬酸三锂 11.3 g、柠檬酸 6.0 g,溶于 500 mL 水中,后加入 20 mL 25%(质量分数)硫二甘醇溶液和 15 mL 32%(质量分数)盐酸溶液。转移至 1 000 mL 容量瓶中,用水进行定容。

(3)锂离子缓冲溶液。

缓冲液 A(pH 2.95):准确称取四水柠檬酸三锂 11.3 g、柠檬酸 6.0 g,溶于 500 mL 水中,后加入 50 mL 甲醇溶液和 9 mL 32%(质量分数)盐酸溶液,转移至 1 000 mL 容量瓶中,用水进行定容。

缓冲液 B(pH 4.20):准确称取四水柠檬酸三锂 18.8 g、氯化锂 4.2 g,溶于 500 mL 水中,后加入 6 mL 32%(质量分数)盐酸溶液,转移至 1 000 mL 容量瓶中,用水进行定容。

缓冲液 C(pH 3.50):准确称取四水柠檬酸三锂 18.8 g、氯化锂 50.9 g,溶于 500 mL 水中,后加入 10 mL 32%(质量分数)盐酸溶液,转移至 1 000 mL 容量瓶中,用水进行定容。

(4)钾钠缓冲液(pH 5.51)。准确称取三水乙酸钠 272.0 g、醋酸钾 196.0 g,溶于 200 mL 乙酸(99% ~ 100%(质量分数))中,转移至 1 000 mL 容量瓶中,用水进行定容。

(5)茚三酮溶液。准确称取茚三酮 20.0 g,苯酚 2.0 g,溶于 600 mL 甲醇中,转移至 1 000 mL 容量瓶中,用钾钠缓冲液定容至刻度。此溶液应现配现用。

(6)还原剂。每 1 000 mL 茚三酮溶液中加入 0.2 g 抗坏血酸。

(7)混合氨基酸标准储备液。

锂离子缓冲溶液的配制方法为推荐性的,操作者可根据所使用仪器的情况自行调整。

茚三酮溶液的配制方法为推荐性的,操作者可根据使用仪器的情况自行调整。

本标准中所规定的 21 种氨基酸的浓度均为 1.0 μmol/mL。

(8)混合氨基酸标准工作溶液。分别移取一定量的混合氨基酸标准储备液,用样品稀释液配制成各氨基酸浓度均为 5 nmol/mL、20 nmol/mL、50 nmol/mL、100 nmol/mL、200 nmol/mL 的系列混合氨基酸标准工作溶液。该标准工作溶液在 4 ℃冰箱内可保存 3 个月。

四、实验步骤与方法

(1)称取约 1 g(过 60 目筛)试样于 100 mL 磨口三角瓶中,精确至 0.000 1 g。准确加入盐酸溶液 50 mL,塞上塞子,室温下超声萃取 30 min。经离心后,取上清液,使用水相滤膜过滤。

（2）用氨基酸分析仪测定系列混合氨基酸标准工作溶液,得到 21 种氨基酸的积分峰面积,用峰面积为纵坐标、氨基酸浓度(μg/mL)为横坐标分别建立 21 种氨基酸的标准工作曲线,相关系数应不小于 0.999 5。测定烟叶萃取样品,根据样品中氨基酸的峰面积计算 21 种氨基酸的浓度。

五、结果计算

烟叶中 21 种游离氨基酸的含量按下式计算:

$$x = \frac{c \times V \times k}{m \times (1 - w)}$$

式中:x 为样品中氨基酸的含量,μg/mg;c 为样品溶液中氨基酸仪的测定浓度,μg/mL;V 为萃取溶液的体积,mL;m 为样品的质量,mg;k 为稀释倍数;w 为试样的水分含量(%)。

以两次测定的算术平均值作为测定结果,结果精确至 0.001 μg/mg。

注意事项:

系列混合氨基酸标准工作液的浓度范围为推荐性的,操作者可根据操作习惯和所用仪器的灵敏度特点自行调整,要求至少制备 5 个工作标准溶液,且样品的浓度应在仪器的线性工作范围之内。

参考文献:

烟叶游离氨基酸的测定 氨基酸分析仪法:YC/T 282—2009[S].

第六部分　土壤养分分析

实验 53　土壤含水率测定

一、实验目的

进行土壤水分含量的测定有两个目的:一是了解田间土壤的实际含水状况,以便及时进行灌溉、保墒或排水,以保证作物的正常生长;或联系作物长相、长势及耕作栽培措施,总结丰产的水肥条件;或联系苗情症状,为诊断提供依据。二是风干土样水分的测定,作为各项分析结果计算的基础。

风干土中水分含量受大气中相对湿度的影响。它不是土壤的一种固定成分,在计算土壤各种成分时不包括水分。因此,一般不用风干土作为计算的基础,而用烘干土作为计算的基础。分析时一般都用风干土,计算时就必须根据水分含量换算成烘干土。测定时把土样放在 105~110 ℃的烘箱中烘至恒重,则失去的质量为水分质量,即可计算土壤水分百分数。在此温度下土壤吸着水被蒸发,而结构水不致破坏,土壤有机质也不致分解。

二、实验原理

土壤样品在(105±2)℃烘至恒重时的失重,即为土壤样品所含水分的质量。

三、实验材料与用品

(一)仪器与设备

土钻;土壤筛,孔径 1 mm;铝盒,小型的直径约 40 mm、高约 20 mm,大型的直径 55 mm、高约 28 mm;分析天平,感量为 0.001 g 和 0.01 g;小型电热恒温烘箱;干燥器:内盛变色硅胶或无水氯化钙。

(二)试样的选取和制备

1. 风干土样

选取有代表性的风干土壤样品,压碎,通过 1 mm 筛,混合均匀后备用。

2. 新鲜土样

在田间用土钻取有代表性的新鲜土样,刮去土钻中的上部浮土,将土钻中部所需深度处的土壤约 20 g,捏碎后迅速装入已知准确质量的大型铝盒内,盖紧,装入木箱或其他容器,带回室内,将铝盒外表擦拭干净,立即称重,尽早测定水分。

四、实验步骤

(一)风干土样水分的测定

取小型铝盒在 105 ℃恒温箱中烘烤约 2 h,移入干燥器内冷却至室温称重,准确至 0.001 g。用角勺将风干土样拌匀,舀取约 5 g,均匀地平铺在铝盒中,盖好,称重,准确至 0.001 g。将铝盒盖揭开,放在盒底下,置于已预热至(105 ± 2)℃的烘箱中烘烤 6 h。取出,盖好,移入干燥器内冷却至室温(约需 20 min),立即称重。风干土样水分的测定应做两份平行测定。

(二)新鲜土样水分的测定

将盛有新鲜土样的大型铝盒在分析天平上称重,准确至 0.01 g。揭开盒盖,放在盒底下,置于已预热至(105 ± 2)℃的烘箱中烘烤 12 h。取出,盖好,在干燥器中冷却至室温(约需 30 min),立即称重。鲜土样水分的测定应做 3 份平行测定。

注:烘烤规定时间后 1 次称重,即达"恒重"。

五、结果计算

$$水分(分析基,\%) = [(m_1 - m_2) \times 100]/(m_1 - m_0)$$
$$水分(干基,\%) = [(m_1 - m_2) \times 100]/(m_2 - m_0)$$

式中:m_0 为烘干空铝盒质量,g;m_1 为烘干前铝盒及土样质量,g;m_2 为烘干后铝盒及土样质量,g。

参考文献:

[1] 南京农学院. 田间试验和统计方法[M]. 北京:农业出版社,1979:44-45.

[2] 刘光崧,等. 土壤理化分析与剖面描述[M]. 北京:中国标准出版社,1996:1-4, 121-122.

[3] 鲍士旦. 土壤农化分析[M]. 3 版. 北京:中国农业出版社,2000:22-24.

实验 54　土壤容重测定

一、实验目的

掌握测定烟田土壤容重的方法。

二、实验原理

利用一定容积的环刀切割自然状态的土样,使土样充满其中,称量后计算单位体积的烘干土样质量,即为容重。

三、实验材料与用品

环刀(容积 100 cm³),钢制环刀托(刀托上有两个小排气孔),削土刀(刀口要平直),

小铁铲,木锤,天平(感量 0.1 g),电热恒温干燥箱、干燥器。

四、实验步骤与方法

采样前,事先在各环刀的内壁均匀地涂上一层薄薄的凡士林,逐个称取环刀质量(m_1),精确至 0.1 g。选择好土壤剖面后,按土壤剖面层次,自上至下用环刀在每层的中部采样。先用铁铲刨平采样层的土面,将环刀托套在环刀无刃的一端,环刀刃朝下,用力均衡地压环刀托把,将环刀垂直压入土中。如土壤较硬,环刀不易插入土中,可用土锤轻轻敲打环刀托把,待整个环刀全部压入土中,且土面即将触及环刀托的顶部(可由环刀托盖上之小孔窥见)时,停止下压。用铁铲把环刀周围土壤挖去,在环刀下方切断,并使其下方留有一些多余的土壤。取出环刀,将其翻转过来,刃口朝上,用削土刀迅速刮去黏附在环刀外壁上的土壤,然后从边缘向中部用削土刀削平土面,使之与刃口齐平。盖上环刀顶盖,再次翻转环刀,使已盖上顶盖的刃口一端朝下,取下环刀托。同样削平无刃口端的土面并盖好底盖。在环刀采样底相近位置另取土样 20 g 左右,装入有盖铝盒,测定含水量(W)。将装有土样的环刀迅速装入木箱带回室内,在天平上称取环刀及湿土质量(m_2)。

五、结果计算

$$容重(g/cm^3) = \frac{(m_2 - m_1) \times 1\,000}{V \times (1\,000 + W)}$$

式中:m_1 为环刀质量,g;m_2 为环刀及湿土质量,g;V 为环刀容积,cm^3;W 为土壤质量含水量(%)。

测定结果以算术平均值表示,保留两位小数。

注意事项:

容重测定也可将装满土样的环刀直接于(105 ± 2)℃恒温干燥箱中烘至恒重,在百分之一精度天平上称量测定。

$$容量(g/cm^3) = \frac{烘干土样质量(g)}{环刀容积(cm^3)}$$

实验 55　土壤 pH 测定

pH 是土壤重要的基本性质,也是影响肥力的因素之一。它直接影响土壤养分的存在状态、转化和有效性。pH 值对土壤中氮素的硝化作用和有机质的矿化等都有很大的影响,因此对植物的生长发育有直接影响。在盐碱土中测定 pH 值,可以大致了解是否含有碱金属的碳酸盐和发生碱化,作为改良和利用土壤的参考依据,同时在一系列的理化分析中,土壤 pH 与很多项目的分析方法和分析结果有密切的联系,也是审查其他项目结果的一个依据。

一、实验目的

掌握测定烟田土壤 pH 的方法。

二、实验原理

当把 pH 玻璃电极和甘汞电极插入土壤悬浊液时,构成一电池反应,两者之间产生一个电位差,由于参比电极的电位是固定的,因而该电位差的大小取决于试液中的氢离子活度,其负对数即为 pH,在 pH 计上直接读出。

三、实验材料与用品

(一)仪器设备

酸度计,pH 玻璃电极——饱和甘汞电极或 pH 复合电极,搅拌器。

(二)试剂

(1)pH 4.01(25 ℃)标准缓冲溶液:称取经 110～120 ℃烘干 2～3 h 的邻苯二甲酸氢钾 10.21 g 溶于水,移入 1 L 容量瓶中,用水定容,储于塑料瓶。

(2)pH 6.87(25 ℃)标准缓冲溶液:称取经 110～130 ℃烘干 2～3 h 的磷酸氢二钠 3.53 g 和磷酸二氢钾 3.39 g 溶于水,移入 1 L 容量瓶中,用水定容,储于塑料瓶。

(3)pH 9.18(25 ℃)标准缓冲溶液:称取经平衡处理的硼砂($Na_2B_4O_7 \cdot 10H_2O$)3.80 g 溶于无 CO_2 的水,移入 1 L 容量瓶中,用水定容,储于塑料瓶。

(4)硼砂的平衡处理:将硼砂放在盛有蔗糖和食盐饱和水溶液的干燥器内平衡两昼夜。

四、实验步骤与方法

(一)仪器校准

将仪器温度补偿器调节到试液、标准缓冲溶液同一温度值。将电极插入 pH 4.01 的标准缓冲溶液中,调节仪器,使标准溶液的 pH 值与仪器标示值一致。移出电极,用水冲洗,以滤纸吸干,插入 pH 6.87 标准缓冲溶液中,检查仪器读数,两标准溶液之间允许绝对差值 0.1pH 单位。反复几次,直至仪器稳定。如超过规定允许差,则要检查仪器电极或标准液是否有问题。当仪器校准无误后,方可用于样品测定。

(二)土壤水浸 pH 的测定

(1)称取通过 2 mm 孔径筛的风干试样 10 g(精确至 0.01 g)于 50 mL 高型烧杯中,加去除 CO_2 的水 25 mL(土液比为 1:2.5),用搅拌器搅拌 1 min,使土粒充分分散,放置 30 min 后进行测定。

(2)将电极插入试样悬液中(注意玻璃电极球泡下部位于土液界面处,甘汞电极插入上部清液),轻轻转动烧杯以除去电极的水膜,促使快速平衡,静置片刻,按下读数开关,待读数稳定时记下 pH 值。放开读数开关,取出电极,以水洗净,用滤纸条吸干水分后即可进行第二个样品的测定。每测 5～6 个样品后需用标准溶液检查定位。

五、结果结算

用酸度计测定 pH 时,可直接读取 pH,不需计算。

注意事项:

(1)长时间存放不用的玻璃电极需要在水中浸泡 24 h,使之活化后才能使用。暂时不用的可浸泡在水中,长期不用时,要干燥保存。玻璃电极表面受到污染时,需进行处理。甘汞电极腔内要充满饱和氯化钾溶液,在室温下应该有少许氯化钾结晶存在,但氯化钾结晶不宜过多,以防堵塞电极与被测溶液的通路。玻璃电极的内电极与球泡之间、甘汞电极内电极和多孔陶瓷末端不得有气泡。

(2)电极在悬液中所处的位置对测定结果有影响,要求将甘汞电极插入上部清液中,尽量避免与泥浆接触。

(3)pH 读数时摇动烧杯会使读数偏低,要在摇动后稍加静止再读数。

(4)操作过程中避免酸碱蒸汽侵入。

(5)标准溶液在室温下一般可保存 1~2 个月,在 4 ℃冰箱中可延长保存期限。用过的标准溶液不要倒回原液中混存,发现浑浊、沉淀,就不能够再使用。

(6)在连续测量 pH >7.5 以上的样品后,建议将玻璃电极在 0.1 mol/L 盐酸溶液中浸泡一下,防止电极由碱引起的响应迟钝。

实验 56　土壤有机质测定(重铬酸钾容量法)

土壤有机质是土壤中各种营养特别是氮、磷的重要来源。它还含有刺激植物生长的胡敏酸等物质。由于它具有胶体特征,能吸附较多的阳离子,因而使土壤具有保肥力和缓冲性。它还能使土壤疏松和形成结构,从而可改善土壤的物理性状。它也是土壤微生物必不可少的碳源和能源。因此,除低洼地土壤外,一般来说,土壤有机质含量的多少是土壤肥力高低的一个重要指标。

一、实验目的

掌握重铬酸钾容量法测定烟田的有机质含量。

二、实验原理

在加热条件下,用过量的重铬酸钾——硫酸溶液氧化土壤有机碳,多余的重铬酸钾用硫酸亚铁标准溶液滴定,由消耗的重铬酸钾量按氧化校正系数计算出有机碳量,再乘以校正系数 1.724,即为土壤有机质含量。

三、实验材料与用品

(一)仪器设备

电炉(1 000 W);硬质试管(ϕ25 mm ×200 mm);油浴锅,用紫铜皮做成或用高度为

15～20 cm 的铝锅代替,内装甘油(工业用)或固体石蜡(工业用);铁丝笼,大小和形状与油浴锅配套,内有若干小格,每格内可插入一支试管;自动调零滴定管;温度计(300 ℃)。

(二)试剂

(1)0.008 mol/L(1/6 $K_2Cr_2O_7$)标准溶液:称取经 130 ℃烘干的重铬酸钾($K_2Cr_2O_7$,分析纯)39.224 5 g 溶于 400 mL 水中,加热溶解,冷却后定容于 1 L 容量瓶中。

(2)H_2SO_4:浓硫酸(H_2SO_4,分析纯)。

(3)0.2 mol/L $FeSO_4$ 溶液:称取硫酸亚铁($FeSO_4 \cdot 7H_2O$,分析纯)56.0 g 溶于水中,加浓硫酸 5 mL,稀释至 1 L。

(4)邻菲罗啉($C_{12}HgN_2 \cdot H_2O$)指示剂:称取邻菲罗啉 1.485 g 与 $FeSO_4 \cdot 7H_2O$ 0.695 g,溶于 100 mL 水中。此指标剂易变质,应密闭保存于棕色瓶中。

(5)Ag_2SO_4:硫酸银(Ag_2SO_4,分析纯),研成粉末。

(6)SiO_2:二氧化硅(SiO_2,分析纯),粉末状。

四、实验步骤与方法

(1)准确称取通过 0.25 mm 孔径筛风干试样 0.05～0.50 g(精确到 0.000 1 g,称样量根据有机质含量范围而定),放入硬质试管中,然后准确加入 0.800 0 mol/L(1/6$K_2Cr_2O_7$)标准溶液 5 mL(如果土壤中含有氯化物,需先加入 Ag_2SO_4 0.1 g),再加入浓 H_2SO_4 5 mL,充分摇匀,管口盖上弯颈小漏斗,以冷凝蒸出的水汽。

(2)将试管逐个插入铁丝笼中,再将铁丝笼沉入已在电炉上加热至 185～190 ℃的油浴锅内,使管中的液面低于油面,要求放入后油浴温度下降至 170～180 ℃,等试管中的溶液沸腾发生气泡时开始计时,此刻必须控制电炉温度,不使溶液剧烈沸腾,其间可轻轻提起铁丝笼在油浴锅中晃动几次,以使液温均匀,并维持在 170～180 ℃,5 min 后将铁丝笼从油浴锅内提出,冷却片刻,擦去试管外的油液。

(3)把试管内的消煮液及土壤残渣无损地转入 250 mL 三角瓶中,用水冲洗试管及小漏斗,洗液并入三角瓶中,使三角瓶内溶液的总体积控制在 50～60 mL。

(4)加 3 滴邻菲罗啉指示剂,用硫酸亚铁标准溶液滴定剩余的 $K_2Cr_2O_7$,溶液的变色过程中由橙黄→蓝绿→砖红色即为终点。记取 $FeSO_4$ 滴定毫升数(V)。

如果滴定所用硫酸亚铁溶液的毫升数不到下述空白实验所耗硫酸亚铁溶液毫升数的1/3,则应减少土壤称样量重测。

每一批(上述每铁丝笼或铝块中)样品测定的同时,进行 2～3 个空白实验,即取 0.500 g 粉状二氧化硅代替土样,其他手续与试样测定相同。记取 $FeSO_4$ 滴定毫升数(V_0),取其平均值。

五、结果计算

$$土壤有机质(g/kg) = \frac{\dfrac{c \times 5}{V_0} \times (V_0 - V) \times 10^{-3} \times 3.0 \times 1.10 \times 1.724}{m \times k} \times 1\ 000$$

式中:c 为硫酸亚铁标准溶液的浓度,mol/L;5 为重铬酸钾标准溶液加入的体积,mL;V_0 为空白实验所消耗硫酸亚铁标准溶液体积,mL;V 为试样测定所消耗硫酸亚铁标准溶液体积,mL;3.0 为 1/4 碳原子的摩尔质量,g/mol;1.724 为由有机碳换算成有机质的系数;1.10 为氧化校正系数;m 为烘干试样的质量,g;k 为将风干土样换算成烘干土的系数。

平行测定结果用算术平均值表示,保留 3 位有效数字。

注意事项:

(1)氧化时,若加 0.1 g 硫酸银粉末,氧化校正系数取 1.08。

(2)测定土壤有机质必须采用风干样品。因为水稻土及一些长期渍水的土壤,由于较多的还原性物质存在,可消耗重铬酸钾,使结果偏高。

(3)本方法不宜用于测定含氯化物较高的土壤。

(4)加热时,产生的二氧化碳气泡不是真正沸腾,只有在真正沸腾时才能开始计算时间。

实验 57　土壤全氮含量测定

土壤含氮量的多少及其存在状态,常与作物的产量在某一条件下有一定的正相关,从目前我国土壤肥力状况看,80% 左右的土壤都缺乏氮素。因此,了解土壤全氮量,可作为施肥的参考,以便指导施肥,达到增产效果。

一、实验目的

掌握测定烟田土壤全氮含量的方法。

二、实验原理

用高锰酸钾将样品中的亚硝态氮氧化为硝态氮后,再用还原铁粉使全部硝态氮还原,在加速剂的作用下,用浓硫酸消煮,经过高温分解反应,将各种含氮化合物转化为铵态氮,碱化后蒸馏出来的氨用硼酸溶液吸收,用硫酸(或盐酸)标准溶液滴定,求出土壤全氮含量。自动定氮仪将蒸馏、滴定、结果显示或计算等功能合为一体自动完成。

三、实验材料与用品

(一)仪器设备

自动定氮仪,消煮炉(温度大于 400 ℃),天平(感量 0.000 1 g),与自动定氮仪配套的玻璃弯颈小漏斗,与自动定氮仪配套的消煮管。

(二)试剂

(1)硫酸($\rho = 1.84$ g/mL),化学纯。

(2)氢氧化钠溶液($c = 10$ mol/L):称取工业用固体 NaOH 420 g,于硬质玻璃烧杯中,加蒸馏水 400 mL 溶解,不断搅拌,以防止烧杯底角固结,冷却后倒入塑料试剂瓶,加塞,防止吸收空气中的 CO_2,放置几天待 Na_2CO_3 沉降后,将清液虹吸入盛有约 160 mL 无 CO_2 的水中,并以去 CO_2 的蒸馏水定容 1 L 加盖橡皮塞。

(3)甲基红 – 溴甲酚绿混合指示剂:将 0.5 g 溴甲酚绿和 0.1 g 甲基红置于玛瑙研钵

中,加少量乙醇(体积分数为95%)研磨至指示剂全部溶解后,用乙醇(体积分数为95%)定容至100 mL。

(4)硼酸吸收溶液20 g/L:20 g硼酸溶于约950 mL的水中,每升硼酸溶液中加入甲基红–溴甲酚绿混合指示剂5 mL,并用0.1 mol/L氢氧化钠溶液调节至红紫色(pH约4.5),定容至1 L。此液放置时间不宜过长,如使用过程中pH有变化,需随时用稀酸或稀碱调节。

(5)加速剂:K_2SO_4:$CuSO_4$:Se = 100:10:1,即100 g硫酸钾、10 g五水合硫酸铜、1 g硒粉置于研钵中研细,充分混合均匀。

(6)0.02 mol/L(1/2 H_2SO_4)标准溶液:量取H_2SO_4(化学纯、无氮、$\rho = 1.84$ g/mL)2.83 mL,加水稀释至5 000 mL,然后用标准碱或硼砂标定之。

(7)0.01 mol/L(1/2 H_2SO_4)标准液:将0.02 mol/L(1/2 H_2SO_4)标准溶液用水准确稀释1倍。

(8)高锰酸钾溶液:25 g高锰酸钾溶于500 mL去离子水,储于棕色瓶中。

(9)1:1硫酸(化学纯,无氮,$\rho = 1.84$ g/mL):硫酸与等体积水混合。

(10)还原铁粉(磨细通过孔径0.15 mm筛)。

(11)辛醇。

四、实验步骤与方法

(一)消煮

1. 不包括硝态氮和亚硝态氮的消煮

称取通过0.25 mm筛孔风干土壤样品1 g左右(精确到0.000 1 g,含氮约1 mg),将试样送入干燥的消煮管底部(勿将样品黏附在瓶壁上),滴入少量去离子水(0.5~1 mL)湿润试样后,加入2 g加速剂和5 mL硫酸,轻轻摇匀,在管口加回流装置或放置一弯颈玻璃小漏斗,置于消煮炉中低温加热,待管内反应缓和时(10~15 min),再将炉温升至360~380 ℃(炉温以将温度计放置于消煮炉内实际测量的温度为准),并以H_2SO_4蒸汽在瓶颈上部1/3处冷凝回流为宜。待消煮液和土粒全部变为灰白稍带绿色后,再继续消煮1 h。消煮完毕,冷却,待蒸馏。

2. 包括硝态氮和亚硝态氮的消煮

称取通过0.25 mm筛孔风干土壤样品1 g左右(精确到0.000 1 g),将试样送入干燥的消煮管底部(勿将样品黏附在瓶壁上),加1 mL高锰酸钾,摇动消煮管,缓缓加入2 mL硫酸溶液,不断转动消煮管,然后放置5 min,再加入1滴辛醇。通过长颈漏斗将0.5 g(误差小于0.01 g)还原铁粉送入消煮管底部,在管口加回流装置或放置一弯颈玻璃小漏斗,转动消煮管,使铁粉与酸接触,待剧烈反应停止时(5 min),将消煮管置于消煮炉上缓缓加热45 min(瓶内土液应保持微沸以不引起大量水分丢失为宜)。停止加热,待消煮管冷却后,通过长颈漏斗加入2 g加速剂和5 mL硫酸,摇匀。按步骤1,消煮至土液全部变为黄绿色,再继续消煮1 h。消煮完毕,冷却,待蒸馏。

(二)氮的蒸馏和滴定

参照仪器使用说明书,使用硫酸或盐酸标准滴定溶液,设定加入水10~30 mL、氢氧化钠溶液 25 mL 和硼酸吸收溶液的 20~30 mL,将消煮管置于自动定氮仪上进行蒸馏、滴定。

同时进行空白溶液,其他步骤同试样溶液的测定。

五、结果计算

土壤样品中全氮(N)含量,以质量分数 ω 计,数值以百分数(%)表示,按下式计算:

$$\omega = \frac{(V - V_0) \times C_H \times 0.014}{m(1 - f)} \times 100$$

式中:C_H 为酸标准滴定溶液浓度,mol/L;V 为滴定试样溶液所消耗的酸标准滴定液体积,mL;V_0 为滴定空白试样溶液所消耗的酸标准滴定液体积,mL;0.014 为 N 的摩尔质量,kg/mol;m 为风干试样质量,g;f 为土样水分含量(%)。

实验 58 　土壤全磷含量测定

土壤全磷(P)量是指土壤中各种形态磷素的总和。土壤中磷可以分为有机磷和无机磷两大类。矿质土壤以无机磷为主,有机磷占全磷的 20%~50%。土壤有机磷是一个很复杂的问题,许多组成和结构还不清楚,大部分有机磷以高分子形态存在,有效性不高,这一直是土壤学中一个重要的研究课题。

一、实验目的

掌握测定烟田土壤全磷含量的方法。

二、实验原理

土壤样品与氢氧化钠熔融,使土壤中含磷矿物及有机磷化合物全部转化为可溶性的正磷酸盐,用水和稀硫酸溶解熔块,在规定条件下样品溶液与钼锑抗显色剂反应,生成磷钼蓝,用分光光度法定量测定。

三、实验材料与用品

(一)仪器设备

土壤样品粉碎机;土壤筛,孔径 1 mm 和 0.149 mm;分析天平,感量为 0.000 1 g;镍(或银)坩埚;容量≥30 mL;高温电炉,温度可调(0~1 000 ℃);分光光度计,要求包括 700 nm 波长;容量瓶,50 mL、100 mL、1 000 mL;移液管,5 mL、10 mL、15 mL、20 mL;漏斗,直径 7 cm;烧杯,150 mL、1 000 mL;玛瑙研钵。

(二)试剂

(1)氢氧化钠。

(2)无水乙醇。

(3)100 g/L 碳酸钠溶液:10 g 无水碳酸钠(GB 639)溶于水后,稀释至 100 mL,摇匀。

(4)50 mL/L 硫酸溶液:吸取 5 mL 浓硫酸(GB 625,95.0%~98.0%,比重 1.84)缓缓

加入 90 mL 水中,冷却后加水至 100 mL。

（5）3 mol/L 硫酸溶液:量取 168 mL 浓硫酸缓缓加入盛有 800 mL 左右水的大烧杯中,不断搅拌,冷却后,再加水至 1 000 mL。

（6）二硝基酚指示剂:称取 0.2 g 2,6 - 二硝基酚溶于 100 mL 水中。

（7）5 g/L 酒石酸锑钾溶液:称取化学纯酒石酸锑钾 0.5 g 溶于 100 mL 水中。

（8）硫酸钼锑储备液:量取 126 mL 浓硫酸,缓缓加入 400 mL 水中,不断搅拌,冷却。另称取经磨细的钼酸铵(GB 657)10 g 溶于温度约 60 ℃ 300 mL 水中,冷却。然后将硫酸溶液缓缓倒入钼酸铵溶液中,再加入 5 g/L 酒石酸锑钾溶液 100 mL,冷却后,加水释至 1 000 mL,摇匀,储于棕色试剂瓶中,此储备液含钼酸铵 10 g/L 硫酸 2.25 mol/L。

（9）钼锑抗显色剂:称取 1.5 g 抗坏血酸(左旋,旋光度 +21°~22°)溶于 100 mL 钼锑储存液中。此溶液有效期不长,用时现配。

（10）磷标准储备液:准确称取经 105 ℃下烘干 2 h 的磷酸二氢钾(GB 1274,优级纯) 0.439 0 g,用水溶解后,加入 5 mL 浓硫酸,然后加水定容至 1 000 mL,该溶液含磷 100 mg/L,放入冰箱可供长期使用。

（11）5 mg/L 磷标准溶液:吸取 5 mL 磷储备液,放入 100 mL 容量瓶中,加水定容。溶液用时现配。

（12）无磷定性滤纸。

四、实验步骤

（一）熔样

准确称取风干样品 0.25 g(0.149 mm),精确到 0.000 1 g,小心放入镍(或银)坩埚底部,切勿粘在壁上。加入无水乙醇 3~4 滴,润湿样品,在样品上平铺 2 g 氢氧化钠。将坩埚(处理大批样品时,暂放入大干燥器中以防吸潮)放入高温电炉,升温。当温度升至 400 ℃左右时,切断电源暂停 15 min,然后继续升温至 720 ℃,并保持 15 min,取出冷却,加入约 80 ℃的水 10 mL,待熔块溶解后,将溶液无损失地转入 100 mL 容量瓶内,同时用 3 mol/L 硫酸溶液 10 mL 和水多次洗坩埚,洗涤液也一并移入该容量瓶冷却,定容,用无磷定性滤纸过滤或离心澄清,同时做空白实验。

（二）绘制校准曲线

分别吸取 5 mg/L 磷标准溶液 0 mL、2 mL、4 mL、6 mL、8 mL、10 mL 于 50 mL 容量瓶中,同时加入与显色测定所用的样品溶液等体积的空白溶液及二硝基酚指示剂 2~3 滴,并用 10% 碳酸钠溶液或 5% 硫酸溶液调节溶液至刚呈微黄色,准确加入钼锑抗显色剂 5 mL,摇匀,加水定容,即得含磷量分别为 0.0 mg/L、0.2 mg/L、0.4 mg/L、0.8 mg/L、1.0 mg/L 的标准溶液系列,摇匀,于 15 ℃以上温度放置 30 min 后,在波长 700 nm 处,测定其吸光度,以吸光度为纵坐标、磷浓度(mg/L)为横坐标,绘制校准曲线。

（三）样品溶液中磷的定量

1. 显色

吸取待测样品溶液 2~10 mL(含磷 0.04~1.0 μg)于 50 mL 容量瓶中,用水稀释至总体积约 3/5 处,加入二硝基酚指示剂 2 ~ 3 滴,并用 100 g/L 碳酸钠溶液或 50 mL/L 硫酸溶液调节溶液至刚呈微黄色,准确加入 5 mL 钼锑显色剂,摇匀,加水定容,在室温 15 ℃以上条件下,放置 30 min。

2. 比色

显色的样品溶液在分光光度计上,用 700 nm,1 cm 光径比色皿,以空白实验为参比液调节仪器零点,进行比色测定,读取吸光度,从校准曲线上查得相应的含磷量。

五、结果计算

土壤全磷量的百分数(按烘干土计算),由下式给出:

$$土壤全 P 含量(g/kg) = \rho \times \frac{V_1}{m} \times \frac{V_2}{V_3} \times 10^{-3} \times \frac{100}{100 - H}$$

式中:ρ 为从校准曲线上查得待测样品溶液中磷的含量,g/kg;m 为称样质量,g;V_1 为样品熔后的定容体积,mL;V_2 为显色时溶液定容的体积,mL;V_3 为从熔样定容后分取的体积,mL;10^{-3} 为将 mg/L 浓度单位换算成 kg 质量的换算因素;$100/(100 - H)$ 为将风干土变换为烘干土的转换因数;H 为风干土中水分含量百分数。

实验 59　土壤全钾含量测定(氢氧化钠熔融法)

钾是作物生长发育过程中所必需的营养元素之一。土壤中的钾素主要呈无机形态存在,根据钾的存在形态和作物吸收能力,可把土壤中的钾素分为四部分:土壤矿物态钾,此为难溶性钾;非交换态钾,为缓效性钾;交换性钾;水溶性钾。后两种为速效性钾,可以被当季作物吸收利用,是反映钾肥肥效高低的标志之一。因此,了解钾素在土壤中的含量,对指导合理施用钾肥具有重要的意义。土壤全钾的分析在肥力上意义并不大,但是土壤黏粒部分钾的分析,可以帮助鉴定土壤黏土矿物的类型。

一、实验目的

掌握用氢氧化钠熔融法测定土壤全钾的含量。

二、实验原理

土壤中的有机物和各种矿物在高温(720 ℃)及氢氧化钠熔剂的作用下被氧化和分解。用盐酸溶液溶解融块。使钾转化为钾离子,经适当稀释后用火焰光度法或原子吸收分光光度法测定溶液中的钾离子浓度,再换算为土壤全钾含量。

三、实验材料与用品

(一)仪器设备

分析天平;银坩埚或镍坩埚,容积不少于 30 mL;高温炉,室温至 900 ℃温度可调;火焰光度计或原子吸收分光光度计;电热板;容量瓶;刻度吸管;玛瑙研钵。

（二）试剂

（1）氢氧化钠（优级纯）。

（2）无水乙醇（分析纯）。

（3）盐酸溶液：盐酸（HCl，$\rho \approx 1.19$ g/mL，分析纯）与水等体积混合。

（4）100 μg/mL K 标准溶液：准确称取 KCl（分析纯，110 ℃烘 2 h）0.190 7 g 溶解于水中，在容量瓶中定容至 1 L，储于塑料瓶中。

吸取 100 μg/mL K 标准溶液 2 mL、5 mL、10 mL、20 mL、40 mL、60 mL，分别放入 100 mL 容量瓶中，加入与待测液中等量试剂成分，使标准溶液中离子成分与待测液相近（在配制标准系列溶液时应各加 0.4 g NaOH 和 H_2SO_4（1∶3）溶液 1 mL），用水定容到 100 mL。此为含钾 $\rho(K)$ 分别为 2 μg/mL、5 μg/mL、10 μg/mL、20 μg/mL、40 μg/mL、60 μg/mL 的系列标准溶液。

四、测定步骤

（一）样品熔融

称取通过 0.149 mm 孔径筛的风干土 0.25 g，精确到 0.000 1 g，盛入银坩埚中，加 5 滴无水乙醇使土壤润湿。加 2.0 g 氢氧化钠，使之平铺于土壤表面，暂时放入干燥器中，以防吸湿。待一批样品加完氢氧化钠后，将坩埚放入高温炉中，使炉温升至 400 ℃后关闭电源，以防坩埚内容物溢出。15 min 后再继续升温至 720 ℃，保持 15 min，关闭高温炉，打开炉门，待炉温降至 400 ℃以下，取出坩埚，稍冷观察熔块，应成淡蓝色或蓝绿色（若显棕黑色，表示分解不完全，应再熔一次）。在冷却的坩埚内，加入 10 mL 水，加热至 80 ℃左右，待熔块溶解后，再煮 5 min，转入 50 mL 容量瓶中，然后用少量 0.2 mol/L H_2SO_4 溶液清洗坩埚数次，一起倒入容量瓶内，使总体积至约 40 mL，再加 HCl（1∶1）溶液 5 滴和 H_2SO_4（1∶3）溶液 5 mL，用水定容，过滤。此待测液可供磷和钾的测定用。

（二）测定

吸取待测液 5.00 mL 或 10.00 mL 于 50 mL 容量瓶中（K 的浓度控制在 10～30 μg/mL），用水定容，直接在火焰光度计上测定，记录检流计的读数，然后从工作曲线上查得待测液的 K 浓度（μg/mL）。注意在测定完毕之后，用蒸馏水在喷雾器下继续喷雾 5 min，洗去多余的盐或酸，使喷雾器保持良好的使用状态。

（三）绘制标准曲线

将配制的钾标准系列溶液，以浓度最大的一个定到火焰光度计上检流计的满度（100），然后从稀到浓依序进行测定，记录检流计的读数。以检流计读数为纵坐标、μg/mL K 为横坐标，绘制标准曲线图。

五、结果计算

$$土壤全钾量（K，g/kg）= \frac{\rho \times 测读液的定容体积 \times 分取倍数}{m \times 10^6} \times 1\,000$$

式中：ρ 为从标准曲线上查得待测液中 K 的质量浓度，μg/mL；m 为烘干样品质量，g；10^6 为将 μg 换算成 g 的除数。

样品含钾量等于 10 g/kg 时,两次平行测定结果允许差为 0.5 g/kg。

注意事项:

(1)土壤和 NaOH 的比例为 1:8,当土样用量增加时,NaOH 用量也需相应增加。

(2)如在熔块还未完全冷却时加水,可不必再在电炉上加热至 80 ℃,放置过夜自溶解。

(3)加入 H_2SO_4 的量视 NaOH 用量多少而定,目的是中和多余的 NaOH,使溶液呈酸性(酸的浓度约 0.15 mol/L H_2SO_4),而硅得以沉淀下来。

实验 60　土壤速效氮含量测定

一、土壤水解性氮(碱解扩散法)

(一)实验目的
掌握碱解扩散法测定土壤水解性氮含量。

(二)实验原理
土壤水解性氮或称碱解氮,包括无机态氮(铵态氮、硝态氮)及易水解的有机态氮(氨基酸、酰胺和易水解蛋白质)。用碱液处理土壤时,易水解的有机氮及铵态氮转化为氨,硝态氮则先经硫酸亚铁转化为铵,以硼酸吸收氨,再用标准酸滴定,计算水解性氮含量。

(三)实验材料与用品

1. 仪器设备

扩散皿,半微量滴定管(5 mL),恒温箱。

2. 试剂

(1)1.00 mol/L NaOH:称取 40.0 g 氢氧化钠(NaOH,化学纯)溶于水中,冷却后,稀释至 1 L。

(2)2% H_3BO_3 指示剂溶液:称取 H_3BO_3 20 g 加水 900 mL,稍稍加热溶解,冷却后,加入混合指示剂 20 mL(0.099 g 溴甲酚绿和 0.066 g 甲基红溶于 100 mL 乙醇中)。然后以 0.1 mol/L 的 NaOH 调节溶液至红紫色(pH 约为 5),最后加水稀释至 1 000 mL,混合均匀储于瓶中。

(3)0.005 mol/ L 1/2H_2SO_4 标准液:取浓 H_2SO_4 1.42 mL,加蒸馏水 5 000 mL,然后用标准碱或硼砂($Na_2B_4O_7 \cdot 10H_2O$)标定之。

(4)碱性甘油:加 40 g 阿拉伯胶和 50 mL 水于烧杯中,温热至 70～80 ℃ 搅拌促溶,冷却约 1 h,加入 20 mL 甘油和 30 mL 饱和 K_2CO_3 水溶液,搅匀放冷,离心除去泡沫及不溶物,将清液储于玻璃瓶中备用。

(5)硫酸亚铁粉末:将硫酸亚铁($FeSO_4 \cdot 7H_2O$,化学纯)磨细,装入密封玻璃瓶中,存于阴凉处。

（四）实验步骤与方法

（1）称取风干土样（过 2 mm 筛）2.00 g（精确到 0.01 g）置于扩散皿外室，加入 0.2 g 硫酸亚铁粉末，水平地轻轻旋转扩散皿，使土样均匀铺在扩散皿外室。

（2）在扩散皿的内室中加入 2 mL 2% 含指示剂的硼酸溶液，然后在皿的外室边缘涂上碱性甘油，盖上毛玻璃，并旋转使毛玻璃与扩散皿边缘完全黏合，再慢慢转开毛玻璃的一边，使扩散皿露出一条狭缝，迅速加入 10 mL 1.00 mol/L NaOH 液于扩散皿的外室中，立即将毛玻璃旋转盖严，在实验台上水平地轻轻旋转扩散皿，使溶液与土壤充分混匀，并用橡皮筋固定；随后小心放入 40 ℃ 的恒温箱中。24 h 后取出，用微量滴定管以 0.005 mol/L 的 H_2SO_4 标准液滴定扩散皿内室硼酸液吸收的氨，其终点为紫红色。

（3）另取一扩散皿，做空白实验，不加土壤，其他步骤与有土壤的相同。

（五）结果计算

$$\omega(N) = \frac{(V - V_0) \times c \times M}{m} \times 1\,000$$

式中：$\omega(N)$ 为土壤碱解性氮质量分数，mg/kg；C 为硫酸（$1/2 H_2SO_4$）标准溶液的浓度，mol/L；1 000 为换算系数；V 为样品测定时间用去硫酸标准液的体积，mL；V_0 为空白实验时用去硫酸标准液的体积，mL；M 为氮的摩尔质量，14 g/mol；m 为土质重量，g。

注意事项：

（1）微量扩散皿使用前必须彻底清洗。利用小刷去除残余后，冲洗，先后浸泡于软性清洁剂及稀盐酸中，然后以自来水充分冲洗，最后再用蒸馏水淋之。应熟练操作技巧，以防止内室硼酸 - 指示剂液遭受碱液的污染。

（2）在 $NO_3^- - N$ 还原为 $NH_4^+ - N$ 时，$FeSO_4$ 本身要消耗部分 NaOH，所以测定时所用 NaOH 溶液的浓度须提高。例如，2 g 土加 11.5 mL 氢氧化钠溶液[$c(NaOH) = 1$ mol/L]，0.2 g 的 $FeSO_4 \cdot 7H_2O$ 和 0.1 mL 饱和 Ag_2SO_4 溶液进行碱解和还原。

（3）由于碱性胶液的碱性很强，在涂胶液和洗涤扩散皿时，必须特别细心，慎防污染内室，致使造成错误。

（4）滴定时要用小玻璃棒小心搅动吸收液，切不可摇动扩散皿。

（5）测定过程中碱的种类和浓度、土液比例、水解的温度和时间等因素对测定值的高低都有一定的影响。为了得到可靠的、能相互比较的结果，必须严格按照所规定的条件进行测定。

二、土壤无机氮

土壤中的无机态氮主要包括 $NH_4^+ - N$ 和 $NO_3^- - N$，土壤无机氮常采用 $Zn - FeSO_4$ 或戴氏合金（Devarda's alloy）在碱性介质中把 $NO_3^- - N$ 还原成 $NH_4^+ - N$，使还原和蒸馏过程同时进行，方法快速（3～5 min）、简单，也不受干扰离子的影响，$NO_3^- - N$ 的还原率为 99% 以上，适用于石灰性土壤和酸性土壤。

土壤 $NH_4^+ - N$ 测定主要分直接蒸馏和浸提后测定两类方法。直接蒸馏可能使结果偏高，故目前都用中性盐（K_2SO_4、KCl、NaCl）浸提，一般多采用 2 mol/L KCl 溶液浸出土壤

中 NH_4^+,浸出液中的 NH_4^+,可选用蒸馏、比色或氨电极等法测定。浸提蒸馏法的操作简便,易于控制条件,适合 $NH_4^+ - N$ 含量较多的土壤。用氨气敏电极测定土壤中 $NH_4^+ - N$,操作简便、快速、灵敏度高,重复性和测定范围都很好,但仪器的质量必须可靠。

土壤中的 $NO_3^- - N$ 的测定,可先用水或中性盐溶液提取,要求制备澄清无色的浸出液。在所用的各种浸提剂中,以饱和 $CaSO_4$ 清液最为简便和有效。浸出液中 $NO_3^- - N$ 可用比色法、还原蒸馏法、电极法和紫外分光光度法等测定。比色法中的酚二磺酸法的操作手续虽较长,但具有较高的灵敏度,测定结果的重现性好,准确度也较高。还原蒸馏法是在蒸馏时加入适当的还原剂,如戴氏(Devarda)合金,将土壤中 $NO_3^- - N$ 还原成 $NH_4^+ - N$ 后,再进行测定。此法只适合于含 $NO_3^- - N$ 较高的土壤。用硝酸根电极测定土壤中 $NO_3^- - N$ 较一般常规法快速和简便。虽然土壤浸出液有各种干扰离子和 pH 的影响以及液膜本身的不稳定等因素的影响,但其准确度仍相当于 $Zn - FeSO_4$ 还原法,而且有利于流动注射分析。紫外分光光度法,虽然灵敏、快速,但需要价格较高的紫外分光光度计。有效氮的同位素测定法,也属生物方法。它是用质谱仪测定施入土壤中的标记 ^{15}N 肥料进行的。由于目前影响有效氮"A"值的因素不清楚,且同位素 ^{15}N 的生产成本很高,实验只能小规模进行;测定用的质谱仪,价格贵、操作技术要求高等因素限制了它的应用。

(一)土壤硝态氮的测定

1.酚二磺酸比色法

1)实验目的

掌握酚二磺酸比色法测定土壤硝态氮的含量。

2)实验原理

土壤浸提液中的 $NO_3^- - N$ 在蒸干无水的条件下能与酚二磺酸试剂作用,生成硝基酚二磺酸:

$$C_6H_3OH(HSO_3)_2 + HNO_3 \rightarrow C_6H_2OH(HSO_3)_2NO_2 + H_2O$$

$$2,4 - 酚二磺酸 \qquad 6 - 硝基酚 - 2,4 - 二磺酸$$

此反应必须在无水条件下才能迅速完成,反应产物在酸性介质中无色,碱化后则为稳定的黄色溶液,黄色的深浅与 $NO_3^- - N$ 含量在一定范围内成正相关,可在 $400 \sim 425$ nm 处(或用蓝色滤光片)比色测定。酚二磺酸法的灵敏度很高,可测出溶液中 0.1 mol/L $NO_3^- - N$,测定范围为 $0.1 \sim 2$ mol/L。

3)实验材料与用品

(1)仪器设备。

分光光度计,水浴锅,瓷蒸发皿。

(2)试剂。

①$CaSO_4 \cdot 2H_2O$(分析纯,粉状),$CaCO_3$(分析纯,粉状),$Ca(OH)_2$(分析纯,粉状),$MgCO_3$(分析纯,粉状),Ag_2SO_4(分析纯,粉状),1:1 NH_4OH,活性炭(不含 NO_3^-)。

②酚二磺酸试剂:称取白色苯酚(C_6H_5OH,分析纯)25.0 g 置于 500 mL 三角瓶中,以 150 mL 纯浓 H_2SO_4 溶解,再加入发烟 H_2SO_4 75 mL 并置于沸水中加热 2 h,可得酚二磺酸溶液,储于棕色瓶中保存。使用时须注意其强烈的腐蚀性。如无发烟 H_2SO_4,可用苯酚

25.0 g,加浓 H_2SO_4 225 mL,沸水加热 6 h 配成。试剂冷却后可能析出结晶,用时须重新加热溶解,但不可加水,试剂必须储于密闭的玻璃塞棕色瓶中,严防吸湿。

③10 μg/mL $NO_3^- - N$ 标准溶液:准确称取 KNO_3(二级)0.722 1 g 溶于水,定容 1 L,此为 100 μg/mL $NO_3^- - N$ 溶液,将此液准确稀释 10 倍,即为 10 μg/mL $NO_3^- - N$ 标准溶液。

4)实验步骤与方法

(1)浸提。

称取新鲜土样 50 g 放在 500 mL 三角瓶中,加入 $CaSO_4 \cdot 2H_2O$ 0.5 g 和 250 mL 水,盖塞后,用振荡机振荡 10 min。放置 5 min 后,将悬液的上清液用干滤纸过滤,澄清的滤液收集在干燥洁净的三角瓶中。如果滤液因有机质而呈现颜色,可加活性炭除之。

(2)测定。

吸取清液 25 ~ 50 mL(含 $NO_3^- - N$ 20 ~ 150 μg)于瓷蒸发皿中,加 $CaCO_3$ 约 0.05 g,在水浴上蒸干,到达干燥时不应继续加热。冷却,迅速加入酚二磺酸试剂 2 mL,将皿旋转,使试剂接触到所有的蒸干物。静止 10 min 使其充分作用后,加水 20 mL,用玻璃棒搅拌直到蒸干物完全溶解。冷却后缓缓加入 1:1 NH_4OH 并不断搅拌混匀,至溶液呈微碱性(溶液显黄色)再多加 2 mL,以保证 NH_4OH 试剂过量。然后将溶液全部转入 100 mL 容量瓶中,加水定容。在分光光度计上用光径 1 cm 比色杯在波长 420 nm 处比色,以空白溶液作参比,调节仪器零点。

(3)$NO_3^- - N$ 工作曲线绘制。

分别取 10 μg/mL $NO_3^- - N$ 标准液 0 mL、1 mL、2 mL、5 mL、10 mL、15 mL、20 mL 于蒸发皿中,在水浴上蒸干,与待测液相同操作,进行显色和比色,绘制成标准曲线,或用计算器求出回归方程。

5)结果计算

$$土壤中 NO_3^- - N 含量(mg/kg) = \frac{\rho(NO_3^- - N) \times V \times t_s}{m}$$

式中:$\rho(NO_3^- - N)$ 为从标准曲线上查得(或回归所求)的显色液 $NO_3^- - N$ 质量浓度,μg/mL;V 为显色液的体积,mL;t_s 为分取倍数;m 为烘干样品质量,g。

注意事项:

(1)硝酸根为阴离子,不为土壤胶体吸附,且易溶于水,很易在土壤内部移动,在土壤剖面上下层移动频繁,因此测定硝态氮时应注意采样深度。即不仅要采集表层土壤,而且要采集心土和底土,采样深度可达 40 cm、60 cm 以至 120 cm。试验证明,旱地土壤上分析全剖面的硝态氮含量能更好地反映土壤的供氮水平。和表层土壤比较,全剖面的硝态氮含量与生物反应之间有更好的相关性,土壤经风或烘干易引起 $NO_3^- - N$ 变化,故一般都用新鲜土样测定。

(2)用酚二磺酸法测定硝态氮时,首先要求浸提液清澈,不能混浊,但是一般中性或碱性土壤滤液不易澄清,且带有机质的颜色,为此在浸提液中应加入凝聚剂。凝聚剂的种类很多,有 CaO、$Ca(OH)_2$、$CaCO_3$、$MgCO_3$、$KAl(SO_4)_2$、$CuSO_4$、$CaSO_4$ 等,其中 $CuSO_4$ 有防止生物转化的作用,但在过滤前必须以氢氧化钙或碳酸镁除去多余的铜,因此以 $CaSO_4$ 法提取较为方便。

(3)如果土壤浸提液由于有机质而有较深的颜色,则可用活性炭除去,但不宜用 H_2O_2,以防最后显色时反常。

(4)土壤中的亚硝酸根和氯离子是本法的主要干扰离子。亚硝酸和酚二磺酸产生同样的黄色化合物,但一般土壤中亚硝酸含量极少,可忽略不计。必要时可加少量尿素、硫脲和氨基磺酸(20 g/L NH_2SO_3H)将其除去。例如,亚硝酸根如果超出了 1 $\mu g/mL$,一般每 10 mL 待测液中加入 20 mg 尿素,并放置过夜,以破坏亚硝酸根。

检查亚硝酸根的方法:可取待测液 5 滴于白瓷板上,加入亚硝酸试粉 0.1 g,用玻璃棒搅拌后,放置 10 min,如有红色出现,即有 1 mg/L 亚硝酸根存在。如果红色极浅或无色,则可省去破坏亚硝酸根的手续。

$$NO_3^- + 3Cl^- + 4H^+ \rightarrow NOCl + Cl_2 + 2H_2O$$

亚硝酰氯

Cl^- 对反应的干扰,主要是加酸后生成亚硝酰氯化合物或其他氯的气体。如果土壤中含氯化合物超过 15 mg/kg,则必须加 Ag_2SO_4 除去,方法是每 100 mL 浸出液中加入 Ag_2SO_4 0.1 g(0.1 g Ag_2SO_4 可沉淀 22.72 mg Cl^-),摇动 15 min,然后加入 $Ca(OH)_2$ 0.2 g 及 $MgCO_3$ 0.5 g,以沉淀过量的银,摇动 5 min 后过滤,继续按蒸干显色步骤进行。

(5)在蒸干过程中加入碳酸钙是为了防止硝态氮的损失。因为在酸性和中性条件下蒸干易导致硝酸离子的分解,如果浸出液中含铵盐较多,更易产生负误差。

(6)此反应必须在无水条件下才能完成,因此反应前必须蒸干。

(7)碱化时应用 NH_4OH,而不用 NaOH 或 KOH,是因为 NH_3 能与 Ag^+ 络合成水溶性的 $[Ag(NH_3)_2]^+$,不致生成 Ag_2O 的黑色沉淀而影响比色。

(8)在蒸干前,显色和转入容量瓶时应防止损失。

2.还原蒸馏法

1)实验目的

掌握还原蒸馏法测定土壤硝态氮的含量。

2)实验原理

土壤浸出液中的 NO_3^- 和 NO_2^- 在氧化镁存在下,用 $FeSO_4$ - Zn 还原蒸出氨气为硼酸吸收,用盐酸标准溶液滴定。单测硝态氮时,土壤用饱和硫酸钙溶液浸提,联合测定铵态氮和硝态氮时,土壤用氯化钾浸提。

3)实验材料与用品

(1)仪器设备:往复式振荡机和定氮蒸馏装置。

(2)试剂。

①饱和硫酸钙溶液将硫酸钙加入水中充分振荡,使其达到饱和,澄清。

②0.01 mol/L HCl 标准溶液将浓盐酸(HCl,$\rho \approx 1.19$ g/mL,分析纯)约 1 mL 稀释至 1 L,用硼砂标准液标定其准确浓度。

③甲基红 - 溴甲酚绿混合指示剂称取甲基红 0.1 g 和溴甲酚绿 0.5 g 于玛瑙研钵中,加入 100 mL 乙醇研磨至完全溶解。

④氧化镁悬液称取氧化镁（MgO，化学纯）12 g，放入 100 mL 水中，摇匀。

⑤硫酸亚铁锌还原剂称取锌粉（Zn，化学纯）与亚铁硫酸（$FeSO_4 \cdot 7H_2O$，化学纯）按 1:5 混合，磨细。

⑥硼酸指示剂溶液称取硼酸 20 g 溶于水中，稀释至 1 L，加入甲基红－溴甲酚绿指示剂 20 mL，并用稀碱或稀酸调节溶液为紫红色（pH 约为 4.5）。

4）实验步骤与方法

（1）浸提。称取新鲜土样 50 g 放在 500 mL 三角瓶中，加入 $CaSO_4 \cdot 2H_2O$ 0.5 g 和水 250 mL，盖塞后，用振荡机振荡 10 min。放置 5 min 后，将悬液的上清液用干滤纸过滤。如果滤液因有机质而呈现颜色，可加活性炭除之。

（2）蒸馏。吸取滤液 25 mL，放入定氮蒸馏器中，加入氧化镁悬液 10 mL，通入蒸汽蒸馏去除铵态氮，待铵态氮去除后（用纳氏试剂检查），加入硫酸亚铁锌还原剂约 1 g，或节瓦尔德合金（过 60 号筛）0.2 g，继续蒸馏，在冷凝管下端用硼酸溶液吸收还原蒸出的氨。用盐酸标准溶液滴定。同时进行空白实验。

5）结果计算

$$土壤硝态氮（NO_3^- - N）含量（mg/kg） = \frac{c \times (V - V_0) \times 14.0 \times t_s}{m} \times 10^3$$

式中：c 为盐酸标准溶液浓度，mol/L；V 为样品滴定 HCl 标准溶液体积，mL；V_0 为空白滴定 HCl 标准溶液体积，mL；14.0 为氮的原子摩尔质量，g/mol；t_s 为分取倍数；10^3 为换算系数；m 为烘干样品质量，g。

（二）土壤铵态氮的测定

1.2 mol/L KCl 浸提－蒸馏法

1）实验目的

掌握 2 mol/L KCl 浸提－蒸馏法测定土壤铵态氮的含量。

2）实验原理

用 2 mol/L KCl 浸提土壤，把吸附在土壤胶体上的 NH_4^+ 及水溶性 NH_4^+ 浸提出来。取一份浸提液在半微量定氮蒸馏器中加 MgO（MgO 是弱碱，有防止浸提液中酰铵有机氮水解的可能）蒸馏。蒸出的氨以 H_3BO_3 吸收，用标准酸溶液滴定，计算土壤中的 $NH_4^+ - N$ 含量。

3）实验材料与用品

（1）仪器设备：振荡器，半微量定氮蒸馏器，半微量滴定管（5 mL）。

（2）试剂。

①20 g/L 硼酸－指示剂。将 20 g 的 H_3BO_3（化学纯）溶于 1 L 水中，每升 H_3BO_3 溶液中加入甲基红－溴甲酚绿混合指示剂 5 mL 并用稀酸或稀碱调节至微紫红色，此时该溶液的 pH 为 4.8。指示剂用前与硼酸混合，此试剂宜现配，不宜久放。

②0.005 mol/L $1/2H_2SO_4$ 标准液：量取 H_2SO_4（化学纯）2.83 mL，加蒸馏水稀释至 5 000 mL，然后用标准碱或硼酸标定，此为 0.020 0 mol/L（$1/2H_2SO_4$）标准溶液，再将此标准液准确地稀释 4 倍，即得 0.005 mol/L $1/2H_2SO_4$ 标准液。

③2 mol/L KCl 溶液：称 KCl（化学纯）149.1 g 溶解于 1 L 水中。

④120 g/L MgO 悬浊液:MgO 12 g 经 500～600 ℃灼烧 2 h,冷却,放入 100 mL 水中摇匀。

4)实验步骤与方法

取新鲜土样 10.0 g,放入 100 mL 三角瓶中,加入 2 mol/L KCl 溶液 50.0 mL。用橡皮塞塞紧,振荡 30 min,立即过滤于 50 mL 三角瓶中(如果土壤 NH_4^+ – N 含量低,可将液土比改为 2.5∶1)。

吸取滤液 25.0 mL(含 NH_4^+ – N 25 μg 以上)放入半微量定氮蒸馏器中,用少量水冲洗,先把盛有 20 g/L 硼酸溶液 5 mL 的三角瓶放在冷凝管下,然后加 120 g/L MgO 悬浊液 10 mL 于蒸馏室蒸馏,待蒸出液达 30～40 mL 时(约 10 min)停止蒸馏,用少量水冲洗冷凝管,取下三角瓶,用 0.005 mol/L 1/2H_2SO_4 标准液滴至紫红色为终点,同时做空白实验。

5)结果计算

$$土壤中铵态氮 NH_4^+ – N 含量(mg/kg) = \frac{c \times (V - V_0) \times 14.0 \times t_s}{m} \times 10^3$$

式中:c 为 0.005 mol/L 1/2H_2SO_4 标准溶液浓度;V 为样品滴定硫酸标准溶液体积,mL;V_0 为空白滴定硫酸标准溶液体积,mL;14.0 为氮的原子摩尔质量,g/mol;t_s 为分取倍数;10^3 为换算系数;m 为烘干样品质量,g。

2.2 mol/L KCl 浸提 – 靛酚蓝比色法

1)实验目的

掌握 2 mol/L KCl 浸提 – 靛酚蓝比色法测定土壤铵态氮的含量。

2)实验原理

2 mol/L KCl 溶液浸提土壤,把吸附在土壤胶体上的 NH_4^+ 及水溶性 NH_4^+ 浸提出来。土壤浸提液中的铵态氮在强碱性介质中与次氯酸盐和苯酚作用,生成水溶性染料靛酚蓝,溶液的颜色很稳定。在含氮 0.05～0.5 mg/L 的范围内,吸光度与铵态氮含量成正比,可用比色法测定。

3)实验材料与用品

(1)仪器与设备:往复式振荡机,分光光度计。

(2)试剂。

①2 mol/L KCl 溶液称取 149.1 g 氯化钾(KCl,化学纯)溶于水中,稀释至 1 L。

②苯酚溶液称取苯酚(C_6H_5OH,化学纯)10 g 和硝基铁氰化钠[$Na_2Fe(CN)_5NO_2H_2O$] 100 mg 稀释至 1 L。此试剂不稳定,须储于棕色瓶中,在 4 ℃冰箱中保存。

③次氯酸钠碱性溶液称取氢氧化钠(化学纯)10 g、磷酸氢二钠($Na_2HPO_4 \cdot 7H_2O$,化学纯)7.06 g、磷酸钠($Na_3PO_4 \cdot 12H_2O$,化学纯)31.8 g 和 52.5 g/L 次氯酸钠(NaOCl,化学纯,即含 5% 有效氯的漂白粉溶液)10 mL 溶于水中,稀释至 1 L,储于棕色瓶中,在 4 ℃冰箱中保存。

④掩蔽剂将 400 g/L 的酒石酸钾钠($KNaC_4H_4O_6 \cdot 4H_2O$,化学纯)与 100 g/L 的 EDTA 二钠盐溶液等体积混合。每 100 mL 混合液中加入 10 mol/L 氢氧化钠 0.5 mL。

⑤2.5 μg/mL 铵态氮(NH_4^+ – N)标准溶液称取干燥的硫酸铵$(NH_4)_2SO_4$ 0.471 7 g 溶于水中,洗入容量瓶后定容至 1 L,制备成含铵态氮(N)100 μg/mL 的储存溶液;使用前将

其加水稀释 40 倍,即配制成含铵态氮(N)2.5 μg/mL 的标准溶液备用。

4)实验步骤与方法

(1)浸提。称取相当于 20.00 g 干土的新鲜土样(若是风干土,过 10 号筛),准确到 0.01 g,置于 200 mL 三角瓶中,加入氯化钾溶液 100 mL,塞紧塞子,在振荡机上振荡 1 h。取出静置,待土壤 – 氯化钾悬浊液澄清后,吸取一定量上层清液进行分析。如果不能在 24 h 内进行,用滤纸过滤悬浊液,将滤液储存在冰箱中备用。

(2)比色。吸取土壤浸出液 2 ~ 10 mL(含 NH_4^+ – N 2 ~ 25 μg)放入 50 mL 容量瓶中,用氯化钾溶液补充至 10 mL,然后加入苯酚溶液 5 mL 和次氯酸钠碱性溶液 5 mL,摇匀。在 20 ℃左右的室温下放置 1 h 后,加掩蔽剂 1 mL 以溶解可能产生的沉淀物,然后用水定容至刻度。用 1 cm 比色槽在 625 nm 波长处(或红色滤光片)进行比色,读取吸光度。

(3)绘制工作曲线。分别吸取 0.00 mL、2.00 mL、4.00 mL、6.00 mL、8.00 mL、10.00 mL NH_4^+ – N 标准液于 50 mL 容量瓶中,各加 10 mL 氯化钠溶液,同步骤(2)进行比色测定。

5)结果计算

$$土壤中 NH_4^+ - (N) 含量 (mg/kg) = \frac{\rho \times V \times t_s}{m}$$

式中:ρ 为显色液铵态氮的质量浓度,μg/mL;V 为显色液的体积,mL;t_s 为分取倍数;m 为样品质量,g。

注意事项:

显色后在 20 ℃左右放置 1 h,再加入掩蔽剂。过早加入会使显色反应很慢,蓝色偏弱;加入过晚,则生成的氢氧化物沉淀可能老化而不易溶解。

参考文献:

[1] 南京农业大学. 土壤农化分析[M]. 2 版. 北京:农业出版社,1986:40-64.
[2] 李西开. 紫外分光光度法测定硝酸盐[J]. 土壤学进展. 1992(6):44-45.
[3] 易小琳,李西开,韩琅丰. 紫外分光光度法测定土壤硝态氮[J]. 土壤通报,1983(6):35-40.
[4] 鲍士旦. 土壤农化分析[M]. 3 版. 北京:中国农业出版社,2000:49-61.

实验 61　土壤速效磷含量测定

了解土壤中速效磷的供应状况,对于施肥有着直接的指导意义。土壤中速效磷的测定方法很多,由于提取剂的不同所得结果也不一样。一般情况下,石灰性土壤和中性土壤采用碳酸氢钠提取,酸性土壤采用酸性氟化铵提取。掌握比色法测定土壤速效磷的方法,了解土壤中磷素形态及土壤供磷能力与土壤速效磷的关系。掌握土壤速效磷的浸提,浸提液的处理,标准曲线制作,显色、比色,计算。

一、0.05 mol/L 碳酸氢钠法

(一)实验目的

掌握 0.05 mol/L 碳酸氢钠法测定土壤速效磷的含量。

(二)实验原理

中性、石灰性土壤中的速效磷,多以磷酸一钙和磷酸二钙状态存在,用 0.5 mol/L 的碳酸氢钠液可将其提取到溶液中,然后将待测液用钼锑抗混合显色剂在常温下进行还原,使黄色的锑磷钼杂多酸还原成为磷钼蓝进行比色。

(三)实验材料与用品

1. 仪器设备

往复式振荡机,分光光度计或光电比色计。

2. 试剂

(1)0.5 M $NaHCO_3$ 浸提剂(pH = 8.5):称取 42.0 g $NaHCO_3$ 溶于 800 mL 水中,稀释至 990 mL,用 4 mol/L NaOH 液调节 pH 至 8.5,然后稀释至 1 L,保存于瓶中,如超过一个月,使用前应重新校正 pH 值。

(2)无磷活性炭粉:将活性炭粉用 1∶1 HCl 浸泡过夜,然后用平板漏斗抽气过滤,用水洗净,直至无 HCl,再加 0.5 M $NaHCO_3$ 液浸泡过夜,在平板漏斗上抽气过滤,用水洗净 $NaHCO_3$,最后检查至无磷为止,烘干备用。

(3)钼锑抗试剂:称取酒石酸锑钾($KSbOC_4H_4O_6$)0.5 g,溶于 100 mL 水中,制成 5 g/L 的溶液。

量取 126 mL 浓硫酸,缓缓加入 400 mL 水中,不断搅拌,冷却。另称取钼酸铵 10 g 溶于 60 ℃ 300 mL 水中,冷却。然后将硫酸溶液缓缓倒入钼酸铵溶液中,再加入酒石酸锑钾溶液 100 mL,冷却后,加水定容至 1 L,充分摇匀,储于棕色瓶中,此为钼锑混合液。

临用前(当天)称取 1.5 g 左旋抗坏血酸溶液于 100 mL 钼锑混合液中,混匀。此即钼锑抗试剂。(有效期 24 h,如储于冰箱中,则有效期较长。)

(4)磷标准溶液:称取 0.439 g KH_2PO_4(105 ℃ 烘 2 h)溶于 200 mL 水中,加入 5 mL 浓 H_2SO_4,转入 1 L 容量瓶中,用水定容,此为 100 mg/L 磷标准液,可较长时间保存。取此溶液稀释 20 倍即为 5 mg/L 磷标准液,此液不宜久存。

(四)实验步骤与方法

(1)称取通过 1 mm 筛孔的风干土 5.00 g(精确到 0.01 g)于 250 mL 三角瓶中,准确加入 100 mL 0.5 mol/L $NaHCO_3$ 液,再加一角匙无磷活性炭,塞紧瓶塞,在 20~25 ℃ 下振荡 30 min(转速为 150~180 次/min),取出后用干燥漏斗和无磷滤纸过滤于三角瓶中。同时做试剂的空白实验。吸取滤液 10 mL 于 50 mL 容量瓶中(含磷量高时吸取 2.5~5 mL;同时应补加 0.5 mol/L 碳酸氢钠溶液至 10 mL),加硫酸钼锑抗混合显色剂 5 mL 充分摇匀,排出二氧化碳后加水定容至刻度,摇匀。在室温高于 15 ℃ 的条件下放置 30 min,用红色滤光片或 660 nm 波长的光进行比色,以空白溶液的透光率为 100%(光密度为 0),读出测定液的光密度,在标准曲线上查出显色液的磷浓度(mg/kg)。

(2)标准曲线制备。吸取含磷(P)5 mg/L 的标准溶液 0 mL、1 mL、2 mL、3 mL、4 mL、

5 mL、6 mL,分别加入 50 mL 容量瓶中,加 0.5 mol/L NaHCO$_3$ 液 10 mL,准确加水至约 30 mL,再加入钼锑抗显色剂 5 mL,摇匀,加蒸馏水定容,即得 0 mg/L、0.1 mg/L、0.2 mg/L、0.3 mg/L、0.4 mg/L、0.5 mg/L、0.6 mg/L 磷标准系列溶液,与待测溶液同时比色,读取吸收值后绘制工作曲线。

（五）结果计算

$$有效磷(P)含量(mg/kg) = \frac{\rho \times V \times t_s}{m \times 10^3 \times k} \times 1\,000$$

式中:ρ 为从工作曲线上查得磷的质量浓度,mg/L;m 为风干土质量,g;V 为显色时溶液定容的体积,mL;10^3 为将 μg 换算成 mg 的系数;t_s 为分取倍数(浸提液总体积/吸取浸提液体积);k 为将风干土换算成烘干土质量的系数;1 000 为换算成每千克含磷量的系数。

二、0.03 mol/L NH$_4$F－0.025 mol/L HCl 浸提－钼锑抗比色法

（一）实验目的

掌握 0.03 mol/L NH$_4$F－0.025 mol/L HCl 浸提－钼锑抗比色法测定土壤速效磷的含量。

（二）实验原理

酸性土壤中的磷主要是以 Fe－P、Al－P 的形态存在,利用氟离子在酸性溶液中络合 Fe^{3+} 和 Al^{3+} 的能力,可使这类土壤中比较活性的磷酸铁铝盐被陆续活化释放,同时由于 H$^+$ 的作用,也能溶解出部分活性较大的 Ca－P,然后用钼锑抗比色法进行测定。

（三）实验材料与用品

1. 仪器设备

塑料杯,其余与前法同。

2. 试剂

0.03 mol/L NH$_4$F－0.025 mol/L HCl 浸提剂:称取 1.11 g NH$_4$F 溶于 800 mL 水中,加入 1.0 mol/L HCl 25 mL,然后稀释至 1 L,储于塑料瓶中;其他试剂同前法。

（四）实验步骤与方法

（1）称取通过 1 mm 筛孔的风干土样品 5.00 g(精确到 0.01 g)于 150 mL 塑料杯中,加入 0.03 mol/L NH$_4$F－0.025 mol/L HCl 浸提剂 50 mL,在 20～30 ℃条件下振荡 30 min (转速为 150～180 次/min),取出后立即用干燥漏斗和无磷滤纸过滤于塑料杯中,同时做试剂空白实验。

（2）吸取滤液 10～20 mL(含 5～25 μg P)于 50 mL 容量瓶中,加入 10 mL 0.8 M 的 H$_3$BO$_3$,再加入二硝基酚指示剂 2 滴,用稀 HCl 和 NaOH 液调节 pH 至待测液呈微黄,用钼锑抗比色法测定磷,下述步骤与前法相同。

（五）结果计算

$$有效磷(P)含量(mg/kg) = \frac{\rho \times V \times t_s}{m \times 10^3 \times k} \times 1\,000$$

式中:ρ 为从工作曲线上查得磷的质量浓度,mg/L;m 为风干土质量,g;V 为显色时溶液定容的体积,mL;10^3 为将 μg 换算成 mg 的系数;t_s 为分取倍数(浸提液总体积/吸取浸提液

体积);k 为将风干土换算成烘干土质量的系数;1 000 为换算成每千克含磷量的系数。

参考指标:

(1)0.5 mol/L NaHCO₃法,分级如表1所示。

表1 0.5 mol/L NaHCO₃ 法土壤速效磷分级

Olsen – P(mg/kg P)	等级
<5	低
5 ~ 10	中
>10	高

(2)0.03 mol/L NH₄F – 0.025 mol/L HCl 法。

根据 Jackson 的建议,结果可做如下分级(见表2)。

表2 0.03 mol/L NH₄F – 0.025 mol/L HCl 法土壤速效磷分级

Bray 1(mg/kg P)	等级
<3	极低
3 ~ 7	低
7 ~ 20	中
>20	高

实验 62 土壤速效钾含量测定(火焰光度法)

测定速效钾可掌握土壤的供钾能力,指导生产中钾肥的调配与施用,评价土壤肥力的高低。本实验要求学生掌握土壤钾素的浸提、标准曲线的制备、用火焰光度计测定样品浸提液。

一、实验目的

掌握火焰光度法测定土壤速效钾的含量。

二、实验原理

以醋酸铵为提取剂,铵离子将土壤胶体吸附的钾离子交换出来。提取液用火焰光度计直接测定。

三、实验材料与用品

(一)仪器设备

火焰光度计,往复式振荡机。

(二)试剂

(1)乙酸铵溶液[$c(CH_3COONH_4) = 1.0$ mol/L]：称取 77.08 g NH_4OAc 溶于近 1 L 水中，用稀 HOAc 或氨水调至 pH7.0，然后定容。

(2)钾标准溶液：称取 0.190 7 g KCl(在 110 ℃下烘 2 h)溶于水中，定容至 1 L，即为钾标准溶液[$\rho(K) = 100$ mg/L]。钾标准系列溶液：吸取 100 mg/L 钾标准液(2 mL、5 mL、10 mL、20 mL、40 mL)分别放入 100 mL 容量瓶中，用乙酸铵溶液(试剂 1)定容，即得到 2 mg/L、5 mg/L、10 mg/L、20 mg/L、40 mg/L 的钾标准溶液。

四、实验步骤与方法

(1)称取风干土样(颗粒小于 2 mm)5.00 g 于 200 mL 塑料瓶(或三角瓶)中，加乙酸铵溶液(试剂 1)50.0 mL，用橡皮塞塞紧，在往复式振荡机上，以大约 120 次/min 的速度振荡 30 min 后立即过滤，振荡时最好恒温，但对温度要求不太严格，一般在 20 ~ 25 ℃即可。然后悬浮液用干滤纸过滤，将滤液同钾标准系列液在火焰光度计上测定钾含量。

(2)钾标准曲线的绘制。将钾标准系列溶液以浓度最大的一个定到火焰光度计上检流计为满度(100)，然后从稀到浓依次测定，记录检流计的读数。以检流计读数为纵坐标、钾的浓度为横坐标，绘制标准曲线。

五、结果计算

$$\omega(K) = \rho \times V \times t_s / m$$

式中：$\omega(K)$ 为速效钾的质量分数，mg/kg；ρ 为仪器直接测得或从工作曲线上查得的测定液的 K 浓度，mg/L；V 为测定液定容体积(mL)，本例为 50 mL；t_s 为分取倍数，原待测液总体积和吸取的待测液体积之比，以原液直接测定时，此值为 1；m 为样品质量，g。

注意事项：

加入醋酸铵溶液于土样后，不宜放置过久，否则可能有部分矿物钾转入溶液中，使速效钾量偏高。

土壤速效钾参考指标如表 1 所示。

表 1　土壤速效钾参考指标

土壤速效钾(mg/kg)	等级
< 30	极低
30 ~ 60	低
60 ~ 100	中
100 ~ 160	高
> 160	极高

实验 63　土壤阳离子交换量测定

土壤中阳离子交换作用,早在 19 世纪 50 年代已为土壤科学家所认识。当土壤用一种盐溶液(例如醋酸铵)淋洗时,土壤具有吸附溶液中阳离子的能力,同时释放出等量的其他阳离子,如 Ca^{2+}、Mg^{2+}、K^+、Na^+ 等。它们称为交换性阳离子。在交换中还可能有少量的金属微量元素和铁、铝。Fe^{3+}(Fe^{2+})一般不作为交换性阳离子。因为它们的盐类容易水解生成难溶性的氢氧化物或氧化物。

土壤吸附阳离子的能力用吸附的阳离子总量表示,称为阳离子交换量(cation exchange capacity,用 Q 表示),其数值以厘摩尔每千克(cmol/kg)表示。阳离子交换量的测定受多种因素影响。例如,交换剂的性质、盐溶液的浓度和 pH 等,必须严格掌握操作技术才能获得可靠结果。作为指示阳离子常用的有 NH_4^+、Na^+、Ba^{2+},亦有选用 H^+ 作为指示阳离子。各种离子的置换能力为 $Al^{3+} > Ba^{2+} > Ca^{2+} > Mg^{2+} > NH_4^+ > K^+ > Na^+$。$H^+$ 在一价阳离子中置换能力最强。在交换过程中,土壤交换复合体的阳离子、溶液中的阳离子和指示阳离子互相作用,出现一种极其复杂的竞争过程,往往由于不了解这种作用,而使交换不完全。交换剂溶液的 pH 是影响阳离子交换量的重要因素。阳离子交换量是由土壤胶体表面的净负电荷量决定的。无机、有机胶体的官能团产生的正负电荷和数量则因溶液的 pH 和盐溶液浓度的改变而变动。在酸性土壤中,一部分负电荷可能为带正电荷的铁、铝氧化物所掩蔽,一旦溶液 pH 升高,铁、铝呈氢氧化物沉淀而增强土壤胶体负电荷。尽管在常规方法中,大多数都考虑了交换剂的缓冲性,例如酸性、中性土壤用 pH7.0,石灰性土壤用 pH8.2 的缓冲溶液,但是这种酸度与土壤,尤其是酸性土壤原来的酸度可能相差较大而影响结果。

最早测定阳离子交换量的方法是用饱和 NH_4Cl 反复浸提,然后从浸出液中 NH_4^+ 的减少量计算出阳离子交换量。该方法在酸性非盐土中包括了交换性 Al^{3+},即后来所称的酸性土壤的实际交换量(Q_+,E)。后来改用 1 mol/L NH_4Cl 淋洗,然后用水、乙醇除去土壤中过多的 NH_4Cl,再测定土壤中吸附的 NH_4^+(Kelly 和 Brown,1924)。当时还未意识到在田间 pH 条件下,用非缓冲盐测定土壤阳离子交换量更合适,尤其对高度风化的酸性土。但根据其化学计算方法,已经发现土壤可溶性盐的存在影响测定结果。后来人们改用缓冲盐溶液如乙酸铵(pH7.0)淋洗,并用乙醇除去多余的 NH_4^+ 以防止吸附的 NH_4^+ 水解(Kelley,1948;Shollenberger 和 Simons,1945)。这一方法在国内外应用非常广泛,美国把它作为土壤分类时测定阳离子交换量的标准方法。但是,对于酸性土特别是高度风化的强酸性土壤往往测定值偏高。因为 pH7.0 的缓冲盐体系提高了土壤的 pH,使土壤胶体负电荷增强。同理,对于碱性土壤则测定值偏低(Kelley,1948)。

由于 $CaCO_3$ 的存在,在交换清洗过程中,部分 $CaCO_3$ 的溶解使石灰性土壤交换量测定结果大大偏高。对于含有石膏的土壤也存在同样问题。Mehlich(1942)最早提出用 0.1 mol/L $BaCl_2$ – TEA(三乙醇胺)pH8.2 缓冲液来测定石灰性土壤的阳离子交换量。在这个缓冲体系中,因 $CaCO_3$ 的溶解受到抑制而不影响测定结果。但是,土壤 SO_4^{2-} 的存在将消耗一部分 Ba^{2+},使测定结果偏高。Bascomb(1964)改进了这一方法,采用强迫交换的原理,用 $MgSO_4$ 有效地代换被土壤吸附的 Ba^{2+}。平衡溶液中离子强度对阳离子交换量的测定有影响,因此在清洗过程中,固定溶液的离子强度非常重要。一般浸提溶液的离子强度应与田间条件下的土壤离子强度大致相同。经过几次改进后,$BaCl_2$ – $MgSO_4$ 强迫交换的方法,能控制土壤溶液的离子强度,是酸性土壤阳离子交换量测定的好方法,也可以适用于其他各种类型土壤,目前它是国际标准方法。

一、酸性土壤阳离子交换量

(一)$BaCl_2$ – $MgSO_4$(强迫交换)法

1. 实验目的

掌握 $BaCl_2$ – $MgSO_4$(强迫交换)法测定酸性土壤阳离子交换量。

2. 实验原理

用 Ba^{2+} 饱和土壤复合体,经 Ba^{2+} 饱和的土壤用稀 $BaCl_2$ 溶液洗去大部分交换剂之后,离心,称重求出残留稀 $BaCl_2$ 溶液量。再用定量的标准 $MgSO_4$ 溶液交换土壤复合体中的 Ba^{2+}。x 土壤 $Ba + yBaCl_2$(残留量)$ + zMgSO_4 — x$ 土壤 $Mg + yMgCl_2 + (z - x - y)MgSO_4 + (x + y)BaSO_4 \downarrow$,调节交换后悬浊液的电导率使之与离子强度参比液一致,从加入 Mg^{2+} 总量中减去残留于悬浊液中的 Mg^{2+} 的量,即为该样品阳离子交换量。

3. 实验材料与用品

1)仪器设备

离心机,电导仪,pH 计。

2)试剂

(1)0.1 mol/L $BaCl_2$ 交换剂:溶解 24.4 g $BaCl_2 \cdot 2H_2O$,用蒸馏水定容到 1 000 mL。

(2)0.002 mol/L $BaCl_2$ 平衡溶液:溶解 0.488 9 g 的 $BaCl_2 \cdot 2H_2O$,用去离子水定容到 1 000 mL。

(3)0.01 mol/L($1/2MgSO_4$)溶液:溶解 $MgSO_4 \cdot 7H_2O$ 1.232 g,并定容到 1 000 mL。

(4)离子强度参比液 0.003 mol/L($1/2MgSO_4$):溶解 0.370 0 g 的 $MgSO_4 \cdot 7H_2O$(分析纯)于水中,定容至 1 000 mL。

(5)0.10 mol/L($1/2H_2SO_4$)溶液:量取 H_2SO_4(化学纯)2.7 mL,加蒸馏水稀释至 1 000 mL。

4. 实验步骤与方法

(1)称取通过 2 mm 筛孔的风干土 2.00 g 于预先称重(m_0)的 30 mL 离心管中,加入 0.1 mol/L $BaCl_2$ 交换剂 20.0 mL,用胶塞塞紧,振荡 2 h。

(2)在 10 000 r/min 下离心,小心弃去上层清液。

(3)加入 0.002 mol/L $BaCl_2$ 平衡溶液 20.0 mL,用胶塞塞紧,先剧烈振荡,使样品充分分散,然后再振荡 1 h。

(4)离心,弃去清液。重复上述步骤两次,使样品充分平衡。在第 3 次离心之前,测定悬浊液的 pH(pH_{BaCl_2})。

(5)弃去第 3 次清液后,加入 0.01 mol/L($1/2MgSO_4$)溶液 10.00 mL 进行强迫交换,

充分搅拌后放置 1 h。

（6）测定悬浊液的电导率 EC_{susp} 和离子强度参比液 0.003 mol/L（1/2MgSO$_4$）溶液的电导率 EC_{ref}，若 $EC_{susp} < EC_{ref}$，逐渐加入 0.01 mol/L（1/2MgSO$_4$）溶液，直至 $EC_{susp} = EC_{ref}$，并记录加入 0.01 mol/L（1/2MgSO$_4$）溶液的总体积（V_2）；若 $EC_{susp} > EC_{ref}$，测定悬浊液 pH（pH_{susp}），若 $pH_{susp} > pH_{BaCl_2}$ 超过 0.2~3 单位，滴加 0.10 mol/L（1/2H$_2$SO$_4$）溶液直至 pH 达到 pH_{BaCl_2}。

（7）加入去离子水并充分混合，放置过夜，直至两者电导率相等。如有必要，再次测定并调节 pH_{susp} 和 EC_{susp}，直至达到以上要求，准确称离心管及内容物的质量（m_1）。

5. 结果计算

土壤阳离子交换量 Q_+（CEC,cmol/kg）= 100 ×（加入 Mg 的总量 − 保留在溶液中的 Mg 的量）/土样质量

$$Q_+ = [(0.1 + c_2 V_2 - c_3 V_3) \times 100]/m$$

式中：Q_+ 为阳离子交换量，cmol/kg；0.1 为用于强迫交换时加入 0.01 mol/L（1/2H$_2$SO$_4$）溶液 10 mL；c_2 为调节电导率时，所用 0.01 mol/L（1/2H$_2$SO$_4$）溶液的浓度；V_2 为调节电导率时，所用的 0.01 mol/L（1/2H$_2$SO$_4$）溶液的体积，mL；c_3 为离子强度参比液 0.003 mol/L（1/2H$_2$SO$_4$）溶液的浓度；V_3 为悬浊液的终体积，$v_3 = m_1 - (m_0 + 2.00 \ g)$；$m$ 为烘干土样品质量，g。

（二）1 mol/L 乙酸铵交换法

1. 实验目的

掌握 1 mol/L 乙酸铵交换法测定酸性土壤阳离子交换量。

2. 实验原理

用 1 mol/L 乙酸铵溶液（pH7.0）反复处理土壤，使土壤成为 NH$_4^+$ 饱和土。用 950 mol/L 乙醇洗去多余的乙酸铵后，用水将土壤洗入开氏瓶中，加固体氧化镁蒸馏。蒸馏出的氨用硼酸溶液吸收，然后用盐酸标准溶液滴定。根据 NH$_4^+$ 的量计算土壤阳离子交换量。

3. 实验材料与用品

1）仪器设备

电动离心机（转速 3 000~4 000 r/min），离心管（100 mL），开氏瓶（150 mL），蒸馏装置。

2）试剂

（1）1 mol/L 乙酸铵溶液（pH7.0）：称取乙酸铵（CH$_3$COONH$_4$，化学纯）77.09 g 用水溶解，稀释至近 1 L。如 pH 不在 7.0，则用 1:1 氨水或稀乙酸调节至 pH7.0，然后稀释至 1 L。

（2）950 ml/L 乙醇溶液（工业用，必须无 NH$_4^+$）。

（3）液体石蜡（化学纯）。

（4）甲基红–溴甲酚绿混合指示剂：称取溴甲酚绿 0.099 g 和甲基红 0.066 g 于玛瑙研钵中，加少量 950 mL/L 乙醇，研磨至指示剂完全溶解为止，最后加 950 mL/L 乙醇至 100 mL。

（5）20 g/L 硼酸–指示剂溶液：称取硼酸（H$_3$BO$_3$，化学纯）20 g，溶于 1 L 水中。每升硼酸溶液中加入甲基红–溴甲酚绿混合指示剂 20 mL，并用稀酸或稀碱调节至紫红色（葡

萄酒色),此时该溶液的 pH 为 4.5。

(6)0.05 mol/L 盐酸标准溶液:每升水中注入浓盐酸 4.5 mL,充分混匀,用硼砂标定。标定剂硼砂($Na_2B_4O_7 \cdot 10H_2O$,分析纯)必须保存于相对湿度 60% ~ 70% 的空气中,以确保硼砂含 10 个结合水,通常可在干燥器的底部放置氯化钠和蔗糖的饱和溶液(并有二者的固体存在),密闭容器中空气的相对湿度即为 60% ~ 70%。

称取硼砂 2.382 5 g 溶于水中,定容至 250 mL,得 0.05 mol/L($1/2Na_2B_4O_7$)标准溶液。吸取上述溶液 25.00 mL 于 250 mL 锥形瓶中,加 2 滴溴甲酚绿 – 甲基红指示剂(或 0.2% 甲基红指示剂),用配好的 0.05 mol/L 盐酸溶液滴定至溶液变酒红色为终点(甲基红的终点为由黄突变为微红色)。同时做空白实验。盐酸标准溶液的浓度按下式计算,取 3 次标定结果的平均值:

$$c_1 = (c_2 \times V_2) / (V_1 - V_0)$$

式中:c_1 为盐酸标准溶液的浓度,mol/L;V_1 为盐酸标准溶液的体积,mL;V_0 为空白实验用去盐酸标准溶液的体积,mL;c_2 为($1/2Na_2B_4O_7$)标准溶液的浓度,mol/L;V_2 为用去($1/2Na_2B_4O_7$)标准溶液的体积,mL。

(7)pH10 缓冲溶液:称取氯化铵(化学纯)67.5 g 溶于无二氧化碳的水中,加入新开瓶的浓氨水(化学纯,$\rho = 0.9$ g/mL,含氨 25%)570 mL,用水稀释至 1 L,储于塑料瓶中,并注意防止吸收空气中的二氧化碳。

(8)K—B 指示剂:称取酸性铬蓝 K 0.5 g 和萘酚绿 B 1.0 g,与 105 ℃ 烘过的氯化钠 100 g 一同研细磨匀,越细越好,储于棕色瓶中。

(9)固体氧化镁:将氧化镁(化学纯)放在镍蒸发皿或坩埚内,在 500 ~ 600 ℃ 高温电炉中灼烧半小时,冷后储藏在密闭的玻璃器皿内。

(10)纳氏试剂:称取氢氧化钾(KOH,分析纯)134 g 溶于 460 mL 水中。另称碘化钾(KI,分析纯)20 g 溶于 50 mL 水中,加入碘化汞(HgI_2,分析纯)大约 3 g,使溶解至饱和状态。然后将两溶液混合即成。

4. 实验步骤

(1)称取通过 2 mm 筛孔的风干土样 2.0 g,质地较轻的土壤称 5.0 g,放入 100 mL 离心管中,沿离心管壁加入少量 1 mol/L 乙酸铵溶液搅拌土样,用橡皮头玻璃棒搅拌土样,使其成为均匀的泥浆状态。再加 1 mol/L 乙酸铵溶液至总体积约 60 mL,并充分搅拌均匀,然后用 1 mol/L 乙酸铵溶液洗净橡皮头玻璃棒,溶液收入离心管内。

(2)将离心管成对放在粗天平的两盘上,用乙酸铵溶液使之质量平衡。平衡好的离心管对称地放入离心机中,离心 3 ~ 5 min,转速 3 000 ~ 4 000 r/min,如不测定交换性盐基,离心后的清液即弃去,如需测定交换性盐基时,每次离心后的清液收集在 250 mL 容量瓶中,如此用 1 mol/L 乙酸铵溶液处理 3 ~ 5 次,直到最后浸出液中无钙离子反应。最后用 1 mol/L 乙酸铵溶液定容,留着测定交换性盐基。

(3)往载土的离心管中加少量 950 mL/L 乙醇,用橡皮头玻璃棒搅拌土样,使之成为泥浆状态,再加 950 mL/L 乙醇约 60 mL,用橡皮头玻璃棒充分搅匀,以便洗去土粒表面多余的乙酸铵,切不可有小土团存在。然后将离心管成对放在粗天平的两盘上,用 950 mL/L 乙醇溶液使之质量平衡,并对称放入离心机中,离心 3 ~ 5 min,转速 3 000 ~ 4 000 r/min,

弃去酒精溶液。如此反复用酒精洗3~4次,直至最后1次乙醇溶液中无铵离子,用纳氏试剂检查铵离子。

（4）洗净多余的铵离子后,用水冲洗离心管的外壁,往离心管内加少量水,并搅拌成糊状,用水把泥浆洗入150 mL开氏瓶中,并用橡皮头玻璃棒擦洗离心管的内壁,使全部土样转入开氏瓶内,洗入水的体积应控制在50~80 mL。蒸馏前往开氏瓶内加入液状石蜡2 mL和氧化镁1 g,立即把开氏瓶装在蒸馏装置上。

（5）将盛有20 g/L硼酸指示剂吸收液25 mL的锥形瓶（250 mL）,放置在用缓冲管连接的冷凝管的下端。打开螺丝夹（蒸汽发生器内的水要先加热至沸）,通入蒸汽,随后摇动开氏瓶内的溶液使其混合均匀。打开开氏瓶下的电炉电源,接通冷凝系统的流水。用螺丝夹调节蒸汽流速度,使其一致,蒸馏约20 min,馏出液约达80 mL以后,应检查蒸馏是否完全。检查方法:取下缓冲管,在冷凝管下端取几滴馏出液于白瓷比色板的凹孔中,立即往馏出液内加1滴甲基红-溴甲酚绿混合指示剂,呈紫红色,则表示氨已蒸完,蓝色需继续蒸馏（如加滴纳氏试剂,无黄色反应,即表示蒸馏完全）。

（6）将缓冲管连同锥形瓶内的吸收液一起取下,用水冲洗缓冲管的内外壁（洗入锥形瓶内）,然后用盐酸标准溶液滴定。同时做空白实验。

5. 结果计算

$$Q_+ = [c \times (V - V_0) \times 100]/m_1$$

式中:Q_+为阳离子交换量,cmol/kg;c为盐酸标准溶液的浓度,mol/L;V为盐酸标准溶液的用量,mL;V_0为空白实验用去盐酸标准溶液的体积,mL;m_1为烘干土样质量,g。

注意事项:
（1）如无离心机也可改用淋洗法。
（2）检查钙离子的方法。取最后1次乙酸铵浸出液5 mL放在试管中,加pH10缓冲液1 mL,加少许K-B指示剂。如溶液呈蓝色,表示无钙离子;如呈紫红色,表示有钙离子,还要用乙酸铵继续浸提。
（3）用少量乙醇冲洗并回收橡皮头玻璃棒上黏附的黏粒。

二、石灰性土壤阳离子交换量（火焰光度法）

石灰性土壤含游离碳酸钙、镁,是盐基饱和（主要是钙饱和）的土壤。一般只作交换量的测定。从土壤分类与土壤肥力方面考虑,也需进行交换性阳离子组成的测定。

测定石灰性土壤交换量的最大困难是交换剂对碳酸钙、镁的溶解。由于Ca^{2+}、Mg^{2+}始终在溶液中参与交换平衡,阻碍它们被交换完全,因此交换剂的选择是测定石灰性土壤交换量的首要问题。

石灰性土壤在大气CO_2分压下的平衡pH接近于8.2。在pH8.2时,许多交换剂对石灰质的溶解度很低。所以用于石灰性土壤的交换剂往往采用pH8.2的缓冲液。有些应用碳酸铵溶液,但因它对$MgCO_3$的溶解度较高,不合适于含白云石类的土壤。

以NaOAc为交换剂是目前国内广泛用于石灰性土壤和碱性土壤交换量测定的一个常规方法。它对$CaCO_3$的溶解度较小,但对$MgCO_3$的溶解度较高,测定的交换性镁往往有一定的正误差（<1 cmol/kg），在含蛭石黏土矿物的土壤，其内层离子能为 Na^+ 取代而保持在内层的 Na^+ 又能被置换，因此 NaOAc 不像 NH_4OAc 那样会降低阳离子交换量的问题。

（一）实验目的

pH8.2 $BaCl_2$ – TEA 作为石灰性土壤的交换剂，它的最大优点在于 Ba^{2+} 在石灰质表面形成 $BaCO_3$ 沉淀，包裹石灰矿粒，避免进一步溶解，从而有利于降低溶液中 Ca^{2+} 浓度，使交换作用完全。1 mol/L NH_4OAc（pH7）对石灰质溶解太强，一般不适用，但可先以 1 mol/L NH_4Cl 分解石灰，然后用 NH_4OAc 进行交换。

掌握火焰光度法测定石灰性土壤阳离子交换量。

（二）实验原理

用 1 mol/L NaOAc（pH = 8.2）处理土壤，使其为 Na^+ 饱和。洗除多余的 NaOAc 后，以 NH_4^+ 将交换性 Na^+ 交换出来，测定 Na^+ 以计算交换量。

在操作程序中，用醇洗去多余的 NaOAc 时，交换性钠倾向于水解进入溶液而损失，因此洗涤过程将产生负误差；减少淋洗次数，则因残留交换剂而提高交换量。只有当两个误差互相抵消，才能得到良好的结果。试验证明，醇洗 3 次，一般可使误差达到最低值。

（三）实验材料与用品

1. 仪器设备

离心机，火焰光度计。

2. 试剂

（1）1 mol/L 乙酸钠（pH8.2）溶液：称取 $CH_3COONa \cdot 3H_2O$ 136 g 用蒸馏水溶解并稀释至 1 L。此溶液 pH 为 8.2，否则以 NaOH 或 HOAc 调节至 pH8.2。

（2）丙醇（990 mL/L）或乙醇（950 mL/L）。

（3）1 mol/L NH_4OAc（pH7）：取冰乙酸（99.5%）57 mL，加蒸馏水至 500 mL，加浓氨水（NH_4OH）69 mL，再加蒸馏水至约 980 mL，用 NH_4OH 或 HOAc 调节溶液至 pH7.0，然后用蒸馏水稀释到 1 L。

（4）钠（Na）标准溶液：称取氯化钠（分析纯，105 ℃烘 4 h）2.5423 g，以 0.1 mol/L NH_4OAc（pH7.0）为溶剂，定容于 1 L，即为 1 000 μg/mL 钠标准溶液，然后逐级用醋酸铵溶液稀释成 3 μg/mL、5 μg/mL、10 μg/mL、20 μg/mL、30 μg/mL、50 μg/mL 标准溶液，储于塑料瓶中保存。

（四）实验步骤与方法

称取过 1 mm 筛孔的风干土样 4.00 ~ 6.00 g（黏土 4 g，沙土 6 g），置 50 mL 离心管中，加 1 mol/L NaOAc（pH8.2）33 mL，使各管质量一致，塞住管口，振荡 5 min 后离心，弃去清液。重复用 NaOAc 提取 4 次。然后以同样方法，用异丙醇或乙醇洗涤样品 3 次，最后 1 次尽除除尽洗涤液，将上述土样加 1 mol/L NH_4OAc 33 mL，振荡 5 min（必要时用玻璃棒搅动），离心，将清液小心倾入 100 mL 容量瓶中；按同样方法用 1 mol/L NH_4OAc 交换洗涤两次，收集的清液最后用 1 mol/L NH_4OAc 液稀释至刻度。用火焰光度计测定溶液中 Na^+ 浓度，计算土壤交换量。

（五）结果计算

$$土壤交换量（cmol/kg） = (\rho \times V \times 10^{-3} \times 100)/(m \times 23)$$

式中:ρ 为标准曲线上查得的待测液中钠离子的质量浓度,$\mu g/mL$;V 为测定时定容的体积,mL;23 为钠的摩尔质量,g/mol;10^{-3} 为把微克换算成毫克的系数;m 为烘干质量,g。

注意事项:

(1)放射性活度 1 Ci(居里) = 3.7×10^{10} Bq(贝可),这里 1.85×10^4 Bq^{45}Ca(相当于 0.5μ Ci)溶液。

(2)此实验步骤由石灰性土壤交换量测定,用于盐碱土时,由于该类土壤既含有石灰质又含易溶盐,在交换前必须除去可溶盐。具体办法是:于离心管中加入 50 ℃ 左右的 500 mL/L 乙醇溶液数毫升,搅拌样品,离心后弃去清液,反复数次至用 $BaCl_2$ 检查清液仅有微量 $BaSO_4$ 反应为止。

(3)用 NaOAc 溶液提取 4 次,第 4 次提取的钙和镁已很少,第 4 次提取液的 pH 值为 7.9 ~ 8.2,表示提取过程已基本完成。

(4)每升中钠离子的摩尔质量为 23 g,这里以毫升表示,则钠的摩尔质量为 23 mg。

参考文献:

鲍士旦. 土壤农化分析[M]. 3 版. 北京:中国农业出版社,2000:152-159,169-172.

实验64 土壤可溶性盐含量测定

一、阴离子

(一)碳酸根和重碳酸根(双指示剂 – 中和滴定法)

在盐土中常有大量 HCO_3^-,而在盐碱土或碱土中不仅有 HCO_3^-,也有 CO_3^{2-}。在盐碱土或碱土中 OH^- 很少发现,但在地下水或受污染的河水中会有 OH^- 存在。

在盐土或盐碱土中由于淋洗作用而使 Ca^{2+} 或 Mg^{2+} 在土壤下层形成 $CaCO_3$ 和 $MgCO_3$ 或者 $CaSO_4 \cdot 2H_2O$ 和 $MgSO_4 \cdot H_2O$ 沉淀,致使土壤上层 Ca^{2+}、Mg^{2+} 减少,$Na^+/(Ca^{2+} + Mg^{2+})$ 比值增大,土壤胶体对 Na^+ 的吸附增多,这样就会导致碱土的形成,同时土壤中就会出现 CO_3^{2-}。这是因为土壤胶体吸附的钠水解形成 NaOH,而 NaOH 又吸收土壤空气中的 CO_2 形成 Na_2CO_3。因而 CO_3^{2-} 和 HCO_3^- 是盐碱土和碱土中的重要成分。

$$土壤—Na^+ + H_2O \rightleftharpoons 土壤—H^+ + NaOH$$
$$2NaOH + CO_2 \rightarrow Na_2CO_3 + H_2O$$
$$Na_2CO_3 + CO_2 + H_2O \rightarrow 2NaHCO_3$$

1. 实验目的

掌握双指示剂 – 中和滴定法测定土壤中碳酸根和重碳酸根含量。

2. 实验原理

土壤水浸出液的碱度主要取决于碱金属和碱土金属的碳酸盐及重碳酸盐。溶液中同时存在碳酸根和重碳酸根时,可以应用双指示剂进行滴定。

$$Na_2CO_3 + HCl = NaHCO_3 + NaCl \quad (pH8.3\ 为酚酞终点)$$
$$NaHCO_3 + HCl = NaCl + CO_2 + H_2O \quad (pH4.1\ 为溴酚蓝终点)$$

由标准酸的两步用量可分别求得土壤中 CO_3^{2-} 和 HCO_3^- 的含量。滴定时标准酸如果采用 H_2SO_4，则滴定后的溶液可以继续测定 Cl^- 的含量。对于质地黏重、碱度较高或有机质含量高的土壤，会使溶液带有黄棕色，终点很难确定，可采用电位滴定法（采用电位计指示滴定终点）。

3. 实验材料与用品

1）仪器设备

自动电位滴定计，磁力搅拌器。

2）试剂

（1）5 g/L 酚酞指示剂：称取酚酞指示剂 0.5 g，溶于 100 mL 的 600 mL/L 的乙醇中。

（2）1 g/L 溴酚蓝（Bromophenol blue）指示剂：称取溴酚蓝 0.1 g 在少量 950 mL/L 乙醇中研磨溶解，然后用乙醇稀释至 100 mL。

（3）0.01 mol/L 1/2H_2SO_4 标准溶液：量取的浓 H_2SO_4（比重 1.84）2.8 mL 加水至 1 L，将此溶液再稀释 10 倍，再用标准硼砂标定其准确浓度。

4. 实验步骤与方法

吸取两份 10～20 mL 土水比为 1:5 的土壤浸出液，放入 100 mL 的烧杯中。

把烧杯放在磁力搅拌器上开始搅拌，或用其他方式搅拌，加酚酞指示剂 1～2 滴（每 10 mL 加指示剂 1 滴），如果有紫红色出现，即表示有碳酸盐存在，用 H_2SO_4 标准溶液滴定至浅红色刚一消失即为终点，记录所用 H_2SO_4 溶液的体积（V_1）。

溶液中再加溴酚蓝指示剂 1～2 滴（每 5 mL 加指示剂 1 滴）。在搅拌中继续用标准 H_2SO_4 溶液滴定至终点，由蓝紫色刚褪去，记录加溴酚蓝指示剂后滴定所用 H_2SO_4 标准溶液的毫升数（V_2）。

5. 结果计算

$$土壤中水溶性\ CO_3^{2-}\ 含量(cmol/kg) = (2V_1 \times c \times t_s \times 100)/m$$
$$土壤中水溶性\ CO_3^{2-}\ 含量(g/kg) = 1/2CO_3^{2-}\ (cmol/kg) \times 0.030\ 0$$
$$土壤中水溶性\ HCO_3^-\ 含量(cmol/kg) = [(V_2 - 2V_1) \times c \times t_s \times 100]/m$$
$$土壤中水溶性\ HCO_3^-\ 含量(g/kg) = HCO_3^-\ (cmol/kg) \times 0.061\ 0$$

式中：V_1 为酚酞指示剂达终点时消耗的 H_2SO_4 毫升数，此时碳酸盐只是半中和，故 $2V_1$；V_2 为溴酚蓝指示剂达终点时消耗的 H_2SO_4 体积，mL；c 为 1/2H_2SO_4 标准溶液的浓度，mol/L；t_s 为分取倍数；m 为烘干土样质量，g；0.030 0 和 0.061 0 分别为 1/2 CO_3^{2-} 和 HCO_3^- 的摩尔质量，kg/mol。

（二）氯离子（硝酸银滴定法）

土壤中普遍都含有 Cl^-，它的来源有许多方面，但在盐碱土中它的来源主要是含氯矿物的风化、地下水的供给、海水浸漫等方面。由于 Cl^- 在盐土中含量很高，有时高达水溶性总盐量的 80% 以上，所以常被用来表示盐土的盐化程度，作为盐土分类和改良的主要参考指标。因而盐土分析中 Cl^- 是必须测定的项目之一，甚至有些情况下只测定 Cl^- 就可判断盐化程度。

以二苯卡巴肼为指示剂的硝酸汞滴定法和以 K_2CrO_4 为指示剂的硝酸银滴定法(莫尔法),都是测定 Cl^- 的好方法。前者滴定终点明显,灵敏度较高,但需调节溶液酸度,手续较繁。后者应用较广,方法简便快速,滴定在中性或微酸性介质中进行,尤适用于盐碱化土壤中 Cl^- 的测定,待测液如有颜色可用电位法滴定。氯离子选择性电极法也被广泛使用。

1. 实验目的

掌握硝酸银滴定法测定土壤中氯离子含量。

2. 实验原理

用 $AgNO_3$ 标准溶液滴定 Cl^- 是以 K_2CrO_4 为指示剂,其反应如下:

$$Cl^- + Ag^+ \rightarrow AgCl\downarrow(白色)$$
$$CrO_4^{2-} + 2Ag^+ \rightarrow Ag_2CrO_4\downarrow(棕红色)$$

$AgCl$ 和 Ag_2CrO_4 虽然都是沉淀,但在室温下,$AgCl$ 的溶解度(1.5×10^{-3} g/L)比 Ag_2CrO_4 的溶解度(2.5×10^{-2} g/L)小,所以当溶液中加入 $AgNO_3$ 时,Cl^- 首先与 Ag^+ 作用形成白色 $AgCl$ 沉淀,当溶液中 Cl^- 全被 Ag^+ 沉淀后,则 Ag^+ 就与 K_2CrO_4 指示剂作用,形成棕红色的 Ag_2CrO_4 沉淀,此时即达终点。

用 $AgNO_3$ 滴定 Cl^- 时应在中性溶液中进行,因为在酸性环境中会发生如下反应:

$$CrO_4^{2-} + H^+ \rightarrow HCrO_4^-$$

因而降低了 K_2CrO_4 指示剂的灵敏性,如果在碱性环境中则:

$$Ag^+ + OH^- \rightarrow AgOH\downarrow$$

而 $AgOH$ 饱和溶液中的 Ag^+ 浓度比 Ag_2CrO_4 饱和液中的小,所以 $AgOH$ 将先于 Ag_2CrO_4 沉淀出来。因此,虽达 Cl^- 的滴定终点而无棕红色沉淀出现,这样就会影响 Cl^- 的测定。所以用测定 CO_3^{2-} 和 HCO_3^- 以后的溶液进行 Cl^- 的测定比较合适。在黄色光下滴定,终点更易辨别。

如果从苏打盐土中提出的浸出液颜色发暗不易辨别终点颜色变化时,可用电位滴定法代替。

3. 实验材料与用品

1)仪器设备

自动电位滴定计,磁力搅拌器。

2)试剂

(1)50 g/L 铬酸钾指示剂:溶解 K_2CrO_4 5 g 于大约 75 mL 水中,滴加饱和的 $AgNO_3$ 溶液,直到出现棕红色 Ag_2CrO_4 沉淀,再避光放置 24 h,倾清或过滤除去 Ag_2CrO_4 沉淀,半清液稀释至 100 mL,储在棕色瓶中,备用。

(2)0.025 mol/L 硝酸银标准溶液:将 105 ℃烘干的 $AgNO_3$ 4.246 8 g 溶解于水中,稀释至 1 L。必要时用 0.01 mol/L 溶液标定其准确浓度。

4. 实验步骤与方法

(1)用滴定碳酸盐和重碳酸盐以后的溶液继续滴定 Cl^-。如果不用这个溶液,可另取两份新的土壤浸出液,用饱和 $NaHCO_3$ 溶液或 0.05 mol/L H_2SO_4 溶液调至酚酞指示剂红色褪去。

(2)每 5 mL 溶液加 K_2CrO_4 指示剂 1 滴,在磁力搅拌器上,用 $AgNO_3$ 标准溶液滴定。无磁力搅拌器时,滴加 $AgNO_3$ 时应随时搅拌或摇动,直到刚好出现棕红色沉淀不再消失。

5. 结果计算

$$土壤中\ Cl^- 含量(cmol/kg) = (c \times V \times t_s \times 100)/m$$

$$土壤中\ Cl^- 的含量(g/kg) = Cl^-(cmol/kg) \times 0.035\ 45$$

式中:V 为消耗 $AgNO_3$ 标准液体积,mL;c 为 $AgNO_3$ 摩尔浓度,mol/L;0.035 45 为 Cl^- 的摩尔质量,kg/mol。

(三)硫酸根(EDTA 间接络合滴定法)

在干旱地区的盐土中,易溶性盐往往以硫酸盐为主。硫酸根分析是水溶性盐分析中比较麻烦的一个项目。经典方法是硫酸钡沉淀称重法,但由于手续烦琐而妨碍了它的广泛使用。近几十年来,滴定方法的发展,特别是 EDTA 滴定方法的出现有取代重量法之势。硫酸钡比浊测定 SO_4^{2-} 虽然快速、方便,但易受沉淀条件的影响,结果准确性差。硫酸 – 联苯胺比浊法虽然精度差,但作为野外快速测定硫酸根还是比较方便的。用铬酸钡测定 SO_4^{2-} 可以用硫代硫酸钠滴定法,也可以用 CrO_4^{2-} 比色法,前者比较麻烦,后者较快速,但精确度较差。四羟基醌(二钠盐)可以快速测定 SO_4^{2-}。四羟基醌(二钠盐)是一种 Ba^{2+} 的指示剂,在一定条件下,四羟基醌与溶液中的 Ba^{2+} 形成红色络合物,所以可用 $BaCl_2$ 滴定来测定 SO_4^{2-}。

下面介绍 EDTA 间接络合滴定法和 $BaSO_4$ 比浊法。

1. 实验目的

掌握 EDTA 间接络合滴定法测定土壤中硫酸根的含量。

2. 实验原理

用过量氯化钡将溶液中的硫酸根完全沉淀。为了防止 $BaCO_3$ 沉淀的产生,在加入 $BaCl_2$ 溶液之前,待测液必须酸化,同时加热至沸以赶出 CO_2,趁热加入 $BaCl_2$ 溶液以促进 $BaSO_4$ 沉淀,形成较大颗粒。

过量 Ba^{2+} 连同待测液中原有的 Ca^{2+} 和 Mg^{2+},在 pH10 时,以铬黑 T 为指示剂,用 EDTA 标准液滴定。为了使终点明显,应添加一定量的镁。从加入钡镁所消耗 EDTA 的量(用空白标定求得)和同体积待测液中原有 Ca^{2+} 和 Mg^{2+} 所消耗的 EDTA 的量之和减去待测液中原有 Ca^{2+} 和 Mg^{2+} 以及与 SO_4^{2-} 作用后剩余钡及镁所消耗的 EDTA 量,即为消耗于沉淀 SO_4^{2-} 的 Ba^{2+} 量,从而可求出 SO_4^{2-} 量。如果待测溶液中 SO_4^{2-} 浓度过大,则应减少用量。

3. 实验材料与用品

1)仪器设备

三角瓶,滴定计。

2)试剂

(1)钡镁混合液:称 $BaCl_2 \cdot 2H_2O$(化学纯)2.44 g 和 $MgCl_2 \cdot 6H_2O$(化学纯)2.04 g

溶于水中,稀释至 1 L,此溶液中 Ba^{2+} 和 Mg^{2+} 的浓度各为 0.01 mol/L,每毫升约可沉淀 SO_4^{2-} 1 mg。

（2）HCl(1:4)溶液:一份浓盐酸($HCl,\rho \approx 1.19$ g/mL,化学纯)与 4 份水混合。

（3）0.01 mol/L EDTA 二钠盐标准溶液:取 EDTA 二钠盐 3.720 g 溶于无 CO_2 的蒸馏水中,微热溶解,冷却定容至 1 000 mL。用标准 Ca^{2+} 溶液标定,方法同滴定 Ca^{2+}。此液储于塑料瓶中备用。

（4）pH10 的缓冲溶液:称取氯化铵(NH_4Cl,分析纯)33.75 g 溶于 150 mL 水中,加氨水 285 mL,用水稀释至 500 mL。

（5）铬黑 T 指示剂和 K – B 指示剂(同钙镁)。

4. 实验步骤与方法

（1）吸取 25.00 mL 土水比为 1:5 的土壤浸出液于 150 mL 三角瓶中,加 HCl(1:4)5 滴,加热至沸,趁热用移液管缓缓地准确加入过量 25% ~ 100% 的钡镁混合液(5 ~ 10 mL)继续微沸 5 min,然后放置 2 h 以上。

加 pH10 缓冲液 5 mL,加铬黑 T 指示剂 1 ~ 2 滴,或 K – B 指示剂 1 小勺(约 0.1 g),摇匀。用 EDTA 标准溶液滴定由酒红色变为纯蓝色。如果终点前颜色太浅,可补加一些指示剂,记录 EDTA 标准溶液的体积(V_1)。

（2）空白标定。25 mL 水,加入 HCl(1:4)5 滴,钡镁混合液 5 mL 或 10 mL(用量与上述待测液相同)pH10 缓冲液 5 mL 和铬黑 T 指示剂 1 ~ 2 滴或 K – B 指示剂一小勺(约 0.1 g),摇匀后,用 EDTA 标准溶液滴定由酒红色变为纯蓝色,记录 EDTA 溶液的体积(V_2)。

（3）土壤浸出液中钙镁含量的测定(如土壤中 Ca^{2+}、Mg^{2+} 已知,可免去此步骤)。

吸取上述(1)土壤浸出液相同体积(见可溶性钙镁的测定),记录 EDTA 溶液的用量(V_3)。

5. 结果计算

$$土壤水溶性 1/2SO_4^{2-} 的含量(cmol/kg) = [c(EDTA) \times (V_2 + V_3 - V_1) \times t_s \times 2 \times 100]/m$$
$$土壤水溶性 SO_4^{2-} 含量(g/kg) = 1/2SO_4^{2-}(cmol/kg) \times 0.048\ 0$$

式中:V_1 为待测液中原有 Ca^{2+}、Mg^{2+} 以及 SO_4^{2-} 作用后剩余钡镁剂所消耗的总 EDTA 溶液的体积,mL;V_2 为钡镁剂(空白标定)所消耗的 EDTA 溶液的体积,mL;V_3 为同体积待测液中原有 Ca^{2+}、Mg^{2+} 所消耗的 EDTA 溶液的体积,mL;c 为 EDTA 标准溶液的摩尔浓度,mol/L;0.048 0 为 $1/2SO_4^{2-}$ 的摩尔质量,kg/mol;m 为烘干土样质量。

注意事项:

由于土壤中 SO_4^{2-} 含量变化较大,有些土壤 SO_4^{2-} 含量很高,可用下式判断所加沉淀剂 $BaCl_2$ 是否足量:

$V_2 + V_3 - V_1 = 0$,表明土壤中无 SO_4^{2-};$V_2 + V_3 - V_1 < 0$,表明操作错误。

如果 $V_2 + V_3 - V_1 = A$(mL),$A + A \times 25\% \leqslant$ 所加 $BaCl_2$ 体积,表明所加沉淀剂足量。$A + A \times 25\% >$ 所加 $BaCl_2$ 体积,表明所加沉淀剂不够,应重新少取待测液,或者多加沉淀剂重新测定 SO_4^{2-}。

参考文献:
鲍士旦. 土壤农化分析[M]. 3 版. 北京:中国农业出版社, 2000:193-200.

二、阳离子

土壤水溶性盐中的阳离子包括 Ca^{2+}、Mg^{2+}、K^+、Na^+。目前 Ca^{2+} 和 Mg^{2+} 的测定中普遍应用的是 EDTA 滴定法。它可不经分离而同时测定钙、镁含量,符合准确和快速分析的要求。近年来广泛应用原子吸收光谱法也是测定钙和镁的好方法。K^+、Na^+ 的测定目前普遍使用的是火焰光度法。

(一)钙和镁的测定

1. EDTA 滴定法

1)实验目的

掌握 EDTA 滴定法测定土壤中钙和镁的含量。

2)实验原理

EDTA 能与许多金属离子如 Mn、Cu、Zn、Ni、Co、Ba、Sr、Ca、Mg、Fe、Al 等离子起配合反应,形成微离解的无色稳定性配合物。但在土壤水溶液中除 Ca^{2+} 和 Mg^{2+} 外,能与 EDTA 配合的其他金属离子的数量极少,可不考虑。因而可用 EDTA 在 pH10 时直接测定 Ca^{2+} 和 Mg^{2+} 的数量。干扰离子加掩蔽剂消除,待测液中 Mn、Fe、Al 等金属含量多时,可加三乙醇胺掩蔽。1:5 的三乙醇胺溶液 2 mL 能掩蔽 5 ~ 10 mg 的 Fe、10 mg 的 Al、4 mg 的 Mn。当待测液中含有大量 CO_3^{2-} 或 HCO_3^- 时,应预先酸化,加热除去 CO_2,否则用 NaOH 溶液调节待测溶液 pH12 以上时会有 $CaCO_3$ 沉淀形成,用 EDTA 滴定时,由于 $CaCO_3$ 逐渐离解而使滴定终点拖长。当单独测定 Ca 时,如果待测液含 Mg^{2+} 超过 Ca^{2+} 的 5 倍,用 EDTA 滴定 Ca^{2+} 时应先稍加过量的 EDTA,使 Ca^{2+} 先和 EDTA 配合,防止碱化时形成的 $Mg(OH)_2$ 沉淀对 Ca^{2+} 吸附。最后再用 $CaCl_2$ 标准溶液回滴过量 EDTA。单独测定 Ca 时,使用的指示剂有紫尿酸铵、钙指示剂(NN)或酸性铬蓝 K 等;测定 Ca、Mg 含量时,使用的指示剂有铬黑 T、酸性铬蓝 K 等。

3)实验材料与用品

(1)仪器设备:磁力搅拌器,10 mL 半微量滴定管。

(2)试剂。

①4 mol/L 的氢氧化钠溶液:溶解氢氧化钠 40 g 于水中,稀释至 250 mL,储于塑料瓶中,备用。

②铬黑 T 指示剂:溶解铬黑 T 0.2 g 于 50 mL 甲醇中,储于棕色瓶中备用,此液每月配制 1 次,或者溶解铬黑 T 0.2 g 于 50 mL 二乙醇胺中,储于棕色瓶。这样配制的溶液比较稳定,可用数月。或者称铬黑 T 0.5 g 与干燥分析纯的 NaCl 100 g 共同研细,储于棕色瓶中,用毕即刻盖好,可长期使用。

③酸性铬蓝 K – 萘酚绿 B 混合指示剂(K – B 指示剂):称取酸性铬蓝 K 0.5 g 和萘酚绿 B 1 g,与干燥分析纯 NaCl 100 g 共同研磨成细粉,储于棕色瓶中或塑料瓶中,用毕即刻盖好。可长期使用。或者称取酸性铬蓝 K 0.1 g、萘酚绿 B 0.2 g,溶于 50 mL 水中备用。此液每月配制 1 次。

④浓 HCl(化学纯,$\rho = 1.19$ g/mL)。

⑤1:1 HCl(化学纯):取 1 份盐酸加 1 份水。

⑥pH10 缓冲溶液:称取氯化铵(化学纯)67.5 g 溶于无二氧化碳的水中,加入新开瓶的浓氨水(化学纯,密度 0.9 g/mL,含氨 25%)570 mL,用水稀释至 1 L,储于塑料瓶中,并注意防止吸收空气中的二氧化碳。

⑦0.01 mol/L Ca 标准溶液:准确称取在 105 ℃下烘 4 ~ 6 h 的分析纯 CaCO$_3$ 0.500 4 g,溶于 25 mL 0.5 mol/L HCl 中煮沸除去 CO$_2$,用无 CO$_2$蒸馏水洗入 500 mL 容量瓶,并稀释至刻度。

⑧0.01 mol/L EDTA 标准溶液:取 EDTA 二钠盐 3.720 g 溶于无 CO$_2$的蒸馏水中,微热溶解,冷却定容至 1 000 mL。用标准 Ca^{2+}溶液标定,储于塑料瓶中,备用。

4)实验步骤与方法

(1)钙的测定。吸取土壤浸出液或水样 10 ~ 20 mL(含 Ca 0.02 ~ 0.2 mol)放在 150 mL 烧杯中,加 1:1 HCl 2 滴,加热 1 min,除去 CO$_2$,冷却,将烧杯放在磁力搅拌器上,杯下垫一张白纸,以便观察颜色变化。给此液中加 4 mol/L 的 NaOH 3 滴中和 HCl,然后每 5 mL 待测液再加 1 滴 NaOH 和适量 K – B 指示剂,搅动以便 Mg(OH)$_2$沉淀。用 EDTA 标准溶液滴定,其终点由紫红色至蓝绿色。当接近终点时,应放慢滴定速度,5 ~ 10 s 加 1 滴。如果无磁力搅拌器,应充分搅动,谨防滴定过量,否则将会得不到准确终点。记下 EDTA 用量(V_1)。

(2)Ca、Mg 合量的测定。吸取土壤浸出液或水样 10 ~ 20 mL(每份含 Ca 和 Mg 0.01 ~ 0.1 mol)放在 150 mL 的烧杯中,加 1:1 HCl 2 滴摇动,加热至沸 1 min,除去 CO$_2$,冷却。加 3.5 mL pH10 缓冲液,加 1 ~ 2 滴铬黑 T 指示剂,用 EDTA 标准溶液滴定,终点颜色由深红色到天蓝色,如加 K – B 指示剂则终点颜色由紫红变成蓝绿色,消耗 EDTA 量(V_2)。

5)结果计算

土壤水溶性钙(1/2Ca)含量(cmol/kg) $= c($EDTA$) \times V_1 \times 2 \times t_s/m \times 100$

土壤水溶性钙(Ca)含量(g/kg) $= c($EDTA$) \times V_1 \times t_s/m \times 0.04 \times 1 000$

土壤水溶性镁(1/2Mg)含量(cmol/kg) $= c($EDTA$) \times (V_2 - V_1) \times 2 \times t_s/m \times 100$

土壤水溶性镁(Mg)含量 $= ($g/kg$) = c($EDTA$) \times (V_2 - V_1) \times t_s/m \times 0.024 4 \times 1 000$

式中:V_1为滴定 Ca^{2+}时所用的 EDTA 体积,mL;V_2为滴定 Ca^{2+}、Mg^{2+}含量时所用的 EDTA 体积,mL;$c($EDTA$)$为 EDTA 标准溶液的浓度,mol/L;t_s为分取倍数;m为烘干土壤样品的质量,g。

2. 原子吸收分光光度法

1)实验目的

掌握原子吸收分光光度法测定土壤中钙和镁的含量。

2)实验原理

土壤浸出液进入火焰,使得钙、镁原子化,在火焰形成的基质态原子对特征谱线。

3)实验材料与用品

(1)仪器设备:原子吸收分光光度计(附 Ca、Mg 空心阴极灯)。

（2）试剂。

①50 g/L $LaCl_3 \cdot 7H_2O$ 溶液：称 $LaCl_3 \cdot 7H_2O$ 13.40 g 溶于 100 mL 水中，此为 50 g/L 镧溶液。

②100 g/mL Ca 标准溶液：称取 $CaCO_3$ 2.497 2 g（分析纯，在 110 ℃ 烘 4 h）于 250 mL 烧杯中，盖上表面皿，沿杯壁加入 20 mL 盐酸（1:1）。待溶解完成后，移入 1 000 mL 容量瓶中，用水定容。此溶液 Ca 浓度为 1 000 μg/mL，再稀释成 100 μg/mL 标准溶液。

③25 μg/mL Mg 标准溶液：称金属镁（化学纯）0.100 0 g 溶于少量 6 mol/L HCl 溶剂中，用水洗入 1 000 mL 容量瓶，此溶液 Mg 浓度 100 μg/mL，再稀释成 25 μg/mL；将以上这两种标准溶液配制成 Ca、Mg 混合标准溶液系列，含 Ca 0 ~ 20 μg/mL，Mg 0 ~ 1.0 μg/mL，最后应含有与待测液相同浓度的 HCl 和 $LaCl_3$。

4）实验步骤与方法

吸取一定量的土壤浸出液于 50 mL 量瓶中，加 50 g/L $LaCl_3$ 溶液 5 mL，用去离子水定容。在选择工作条件的原子吸收分光光度计上分别在 422.7 nm（Ca）及 285.2 nm（Mg）波长处测定吸收值。可用自动进样系统或手控进样，读取记录标准溶液和待测液的结果。并在标准曲线上查出（或回归法求出）待测液的测定结果。在批量测定中，应按照一定时间间隔用标准溶液校正仪器，以保证测定结果的正确性。

5）结果计算

$$土壤水溶性钙（Ca^{2+}）含量（g/kg）= \rho(Ca^{2+}) \times 50 \times t_s \times 10^{-3}/m$$
$$土壤水溶性钙（1/2Ca）含量（cmol/kg）= Ca^{2+}(g/kg)/0.020$$
$$土壤水溶性镁（Mg^{2+}）含量（g/kg）= \rho(Mg^{2+}) \times 50 \times t_s \times 10^{-3}/m$$
$$土壤水溶性镁（1/2Mg）含量（cmol/kg）= Mg^{2+}(g/kg)/0.012\ 2$$

式中：$\rho(Ca^{2+})$ 或 (Mg^{2+}) 为钙或镁的质量浓度，μg/mL；t_s 为分取倍数；50 为待测液体积，mL；0.020 和 0.012 2 为 $1/2Ca^{2+}$ 和 $1/2Mg^{2+}$ 的摩尔质量，kg/mol；m 为土壤样品的质量，g。

（二）钾和钠的测定（火焰光度法）

1. 实验目的

掌握火焰光度法测定土壤中钾和钠的含量。

2. 实验原理

K、Na 元素通过火焰燃烧容易激发而放出不同能量的谱线，用火焰光度计测试出来，以确定土壤溶液中的 K、Na 含量。为抵消 K、Na 二者的相互干扰，可把 K、Na 配成混合标准溶液，而待测液中 Ca 对于 K 干扰不大，但对 Na 影响较大。当 Ca 达 400 mg/kg 对 K 测定无影响，而 Ca 在 20 mg/kg 时对 Na 就有干扰，可用 $Al_2(SO_4)_3$ 抑制 Ca 的激发，减少干扰。其他 Fe^{3+} 200 mg/kg、Mg^{2+} 500 mg/kg 时对 K、Na 测定皆无干扰，在一般情况下（特别是水浸出液）上述元素均未达到此限。

3. 实验材料与用品

1）仪器与设备

火焰光度计。

2）试剂

（1）$c = 0.1$ mol/L $1/6Al_2(SO_4)_3$ 溶液：称取 $Al_2(SO_4)_3$ 34 g 或 $Al_2(SO_4)_3 \cdot 18H_2O$ 66 g 溶于水中,稀释至 1 L。

（2）K 标准溶液:称取在 105 ℃烘干 4～6 h 的分析纯 KCl 1.906 9 g 溶于水中,定容成 1 000 mL,则含 K 为 1 000 μg/mL,吸取此液 100 mL,定容成 1 000 mL,则得 100 μg/mL K 标准液。

（3）Na 标准溶液:称取在 105 ℃烘干 4～6 h 的分析纯 NaCl 2.542 g 溶于水中,定容 1 000 mL,则含 Na 为 1 000 μg/mL。吸取此液 250 mL 定容成 1 000 mL,则得 250 μg/mL Na 标准液。

将 K、Na 两标准溶液按照需要可配成不同浓度和比例的混合标准溶液（如将 K 100 μg/mL 和 Na 250 μg/mL 标准溶液等量混合则得 K 50 μg/mL 和 Na 125 μg/mL 的混合标准溶液,储在塑料瓶中备用）。

4. 实验步骤与方法

（1）吸取土壤浸出液 10～20 mL,放入 50 mL 量瓶中,加 $Al_2(SO_4)_3$ 溶液 1 mL,定容。然后,在火焰光度计上测试（每测一个样品都要用水或被测液充分吸洗喷雾系统）,记录检流计读数,在标准曲线上查出它们的浓度。

（2）标准曲线的制作。吸取 K、Na 混合标准溶液 0 mL、2 mL、4 mL、6 mL、8 mL、10 mL、12 mL、16 mL、20 mL,分别移入 9 个 50 mL 的量瓶中,加 $Al_2(SO_4)_3$ 1 mL,定容,则分别含 K 为 0 μg/mL、2 μg/mL、4 μg/mL、6 μg/mL、8 μg/mL、10 μg/mL、12 μg/mL、16 μg/mL、20 μg/mL 和含 Na 为 0 μg/mL、5 μg/mL、10 μg/mL、15 μg/mL、20 μg/mL、25 μg/mL、30 μg/mL、40 μg/mL、50μg/mL。用上述系列标准溶液,在火焰光度计上用各自的滤光片分别测出 K 和 Na 在检流计上的读数。以检流计读数作为纵坐标、以浓度作为横坐标,在直角坐标纸上绘出 K、Na 的标准曲线,求出回归方程。

5. 结果计算

$$土壤水溶性 K^+、Na^+ 含量(g/kg) = \rho(K^+,Na^+) \times 50 \times t_s \times 10^{-3}/m$$

式中:$\rho(K^+,Na^+)$ 为钙或镁的质量浓度,μg/mL;t_s 为分取倍数;50 为待测液体积,mL;m 为烘干样品质量,g。

实验 65　土壤微生物生物量测定

一、土壤微生物生物量碳

土壤微生物生物量碳（Soil microbial biomass C）是指土壤中所有活微生物体中碳的总量,通常占微生物干物质的 40%～45%,是反映土壤微生物生物量大小的最重要的指标。自应用氯仿熏蒸技术测定土壤微生物生物量以来,先后建立了测定土壤微生物生物量碳的熏蒸培养法（Fumigation-incubation method, FI）和熏蒸提取法（Fumigation-extraction method, FE）。

（一）熏蒸培养法（FI）

1. 实验目的

掌握熏蒸培养法（FI）测定土壤微生物生物量碳。

2. 实验原理

传统土壤微生物量测定是基于计数法观测的各类微生物的数量和大小,再换算成干物质质量。这种方法不仅费力、耗时,而且目前的方法技术仅能观测到一小部分土壤微生物,并且由于土壤微生物种类繁多,个体的形态和大小差异很大,其应用受到很大的限制,不能准确地测定出土壤微生物生物量,Jenkinson(1966)研究认为氯仿熏蒸引起的土壤 CO_2 呼吸量增加主要是由于被熏蒸杀死的土壤微生物的分解,CO_2 呼吸增加量可用于估算土壤微生物生物量。Jenkinson 和 Powlson 的系列研究进一步证实,熏蒸处理未导致土壤物理和化学性质、非生命有机碳的矿化速度(土壤基础呼吸速率,Soil basic respiration rate)发生明显的改变,从而确立了测定土壤微生物生物量碳的熏蒸培养法(Jenkinson 和 Powlson,1976a,1976b,1976c;Jenkinson et al,1976;Powlson,Jenkinson,1976)。

FI 分析方法的基本原理:新鲜土壤经氯仿蒸汽熏蒸后再培养,被杀死的土壤微生物生物量中的碳,将按一定比例矿化为 $CO_2 - C$,根据熏蒸土壤与未熏蒸土壤在一定培养期内释放的 $CO_2 - C$ 差值或增量,以及矿化比率(k_C),估算土壤微生物生物量碳。

3. 实验材料与用品

1)仪器设备

土壤筛(孔径 2 mm),真空干燥器(直径 22 cm),水泵抽真空装置(见图 1)或无油真空泵,pH - 自动滴定仪,塑料桶(带螺旋盖可密封,体积 50 L),可密封螺纹广口塑料瓶(容积 1.1 L),高温真空绝缘酯(MIST - 3),烧杯(25 mL、50 mL、80 mL),容量瓶(50 mL),三角瓶(150 mL)。

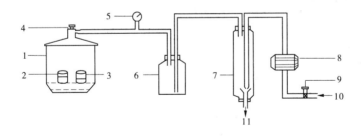

1—真空干燥器;2—装土壤烧杯;3—装氯仿烧杯;4—磨口三通活塞;5—真空表;
6—缓冲瓶;7—抽真空管;8—增压泵;9—控制开关;10—进水口;11—出水口

图 1　土壤熏蒸抽真空装置

2)试剂

(1)去乙醇氯仿:普通氯仿试剂一般含有少量乙醇作为稳定剂,使用前需除去。将氯仿试剂按 1∶2(V∶V)的比例与去离子水或蒸馏水一起放入分液漏斗中,充分摇动 1 min,慢慢放出底层氯仿于烧杯中,如此洗涤 3 次。得到的无乙醇氯仿加入无水氯化钙,以除去氯仿中的水分,纯化后的氯仿置于暗色试剂瓶中,在低温(4 ℃)、黑暗状态下保存,注意氯仿具有致癌作用,必须在通风橱中进行操作。

(2)氢氧化钠溶液[c(NaOH) = 1 mol/L]:分析纯固体氢氧化钠一般含有碳酸钠,影响滴定终点的判断和测定的准确度,应将其除去。先将氢氧化钠配成 50%(W∶V)的浓溶液,密闭放置 3 ~ 4 d,待碳酸钠沉降后,取 56 mL 50% 氢氧化钠上清液(约 19 mol/L),用新煮沸冷却的无二氧化碳去离子水稀释到 1 L，即为浓度 1 mol/L NaOH 溶液，用橡皮塞密闭塑料。

（3）碳酸酐酶溶液（1∶1，W∶V）：10.0 mg 碳酸酐酶，溶于 10 mL 去离子水，在 4 ℃下保存，有效期不超过 7 d。

盐酸溶液[$c(HCl) = 1$ mol/L]：90 mL 分析纯浓盐酸（HCl，$\rho = 1.19$ g/mL）用去离子水稀释 1 L。

（4）标准硼砂溶液[$c(Na_2B_4O_7 \cdot 10H_2O) = 0.1$ mol/L]：先将分析纯硼砂（$Na_2B_4O_7 \cdot 10H_2O$）在 55 ℃去离子水中重结晶过滤后放入装有食用糖和氯化钠饱和溶液烧杯的干燥器中（相对湿度 70%），取 38.136 7 g 硼砂结晶溶解于去离子水，定容至 1 L。

（5）标准盐酸溶液[$c(HCl) = 0.05$ mol/L]：4.5 mL 分析纯浓盐酸（HCl，$\rho = 1.19$ g/mL）用去离子水稀释到 1 L，再用 0.1 mol/L 标准硼砂溶液标定其准确浓度。

4. 实验步骤与方法

1）熏蒸

称取经前处理相当于 50.00 g 烘干基的新鲜土壤 3 份，置于 80 mL 烧杯中。将烧杯放入真空干燥器中，并放置盛有去乙醇氯仿（约 2/3 烧杯）的烧杯 2～3 只，烧杯内放入少量经浓盐酸溶液浸泡过夜后洗涤烘干的瓷片（0.5 mm 大小，防爆沸），或放入抗爆沸的颗粒，同时放入小烧杯稀 NaOH 溶液以吸收熏蒸期间释放出来的 CO_2，干燥器底部还应加入少量水以保持湿度，按图 1 中所示装置抽真空，也可用无油真空泵，真空度控制 -0.07 MPa 以下，使氯仿剧烈沸腾 3～5 min，关闭真空干燥器阀门，在 25 ℃暗室放置 24 h。熏蒸结束打开干燥器阀门时应听到空气进入的声音，否则为熏蒸不彻底，应重做。

取出氯仿（氯仿倒回储存瓶，可再使用）和稀 NaOH 溶液的烧杯，清洁干燥器，反复抽真空（-0.07 MPa；5～6 次，每次 3 min）直到土壤无氯仿味，每次抽真空后，最好完全打开干燥器，以加快去氯仿的速度。熏蒸的同时，另称取等量的土壤 3 份，置于另一干燥器中但不熏蒸，作为对照土壤。

2）培养

另称取 0.20 g 新鲜土壤于熏蒸好的土壤中，用小刮铲混匀后放入 1.1 L 螺纹广口塑料瓶中（一瓶一个），并在塑料瓶内放入一盛有 20 mL 1 mol/L NaOH 溶液的烧杯，塑料瓶底部加入 10 mL 去离子水，以保持瓶内湿度；密封后置于（25 ± 1）℃的黑暗条件下培养 10 d，对照土壤同时培养，并设置 3 个空白（无土壤），以校正 NaOH 溶液吸收空气中的 CO_2，操作过程中必须避免人呼出的 CO_2 被碱液吸收。

3）CO_2 滴定

培养结束后取出装有 NaOH 溶液的烧杯，或密封或迅速转入盛有约 40 mL 去离子水的 150 mL 三角瓶中，加入 4 滴碳酸酐酶液，于磁力搅拌器上慢慢加入 1 mol/L 盐酸溶液，使其 pH 值大约降至 10，用 0.05 mol/L 标准盐酸溶液滴定至 pH 值为 8.3 后再滴定至 pH 值为 3.7。NaOH 溶液吸收的 CO_2 摩尔数与由 pH 值为 8.3 滴定至 pH 值为 3.7 消耗的标准盐酸溶液的摩尔数相等。

5. 结果计算

土壤微生物生物量碳：

$$B_C = F_C/k_C$$

式中:F_C 为熏蒸土壤与未熏蒸土壤(对照)在培养 10 d 内释放的 $CO_2 - C$ 差值;k_C 为转换系数,代表被氯仿熏蒸杀死的土壤微生物生物量碳在培养期间矿化为 $CO_2 - C$ 的比例,一般取值为 0.45(Jenkinson,Ladd,1981;Wu et al,1996)。

(二)熏蒸提取 - 容量分析法

1. 实验目的

掌握熏蒸提取 - 容量分析法测定土壤微生物生物量碳。

2. 实验原理

熏蒸提取法基本原理:新鲜土壤经氯仿熏蒸(24 h)后,被杀死的土壤微生物生物量碳,能够以一定比例被 0.5 mol/L K_2SO_4 溶液提取并被定量地测定出来,根据熏蒸土壤与未熏蒸土壤测定的有机碳量的差值和提取效率(或转换系数 k_{EC}),估计土壤微生物生物量碳。

3. 实验材料与用品

1)仪器设备

振荡器,可调加液器(50 mL),可调移液器(5 mL),烧杯(50 mL),聚乙烯塑料瓶(150 mL、200 mL),三角瓶(150 mL),消化管(150 mL,24 mm × 295 mm),酸式滴定管(50 mL)。

2)试剂

(1)去乙醇氯仿:普通氯仿试剂一般含有少量乙醇作为稳定剂,使用前需除去。将氯仿试剂按 1:2(V:V)的比例与去离子水或蒸馏水一起放入分液漏斗中,充分摇动 1 min,慢慢放出底层氯仿于烧杯中,如此洗涤 3 次。得到的无乙醇氯仿加入无水氯化钙,以除去氯仿中的水分,纯化后的氯仿置于暗色试剂瓶中,在低温(4 ℃)、黑暗状态下保存,注意氯仿具有致癌作用,必须在通风橱中进行操作。

(2)硫酸钾提取剂[$c(K_2SO_4)$ = 0.5 mol/L]:43.57 g 分析纯硫酸钾,溶于 1 L 去离子水。

(3)重铬酸钾 - 硫酸溶液(0.018 mol/L $K_2Cr_2O_7$ - 22 mol/L H_2SO_4):5.300 0 g 分析纯重铬酸钾溶于 400 mL 离子水,缓缓加入 435 mL 分析纯浓硫酸 $\rho(H_2SO_4)$ = 1.84 g/mL),边加边搅拌,冷却至室温后,用去离子水定容至 1 L。

(4)重铬酸钾标准溶液[$c(K_2Cr_2O_7)$ = 0.05 mol/L]:2.451 5 g 分析纯重铬酸钾(称量前 130 ℃ 烘 2 h)溶于去离子水,定容至 1 L。

(5)邻菲罗啉指示剂:1.49 g 邻菲罗啉溶于 100 mL 0.7% 分析纯硫酸亚铁溶液,此溶液易变质,应密封保存于棕色试剂瓶中。

(6)硫酸亚铁溶液[$c(FeSO_4 \cdot 7H_2O)$ = 0.05 mol/L]:13.9 g 分析纯硫酸亚铁溶于 800 mL 离子水,缓缓加入 5 mL 分析纯浓硫酸,用去离子水稀释至 1 L,保存于棕色试剂瓶中,此溶液易被空气氧化,每次使用时应标定其准确浓度。

标定方法:取 20.00 mL 上述 0.05 mol/L 重铬酸钾标准溶液于 150 mL 三角瓶中,加 3 mL 分析纯浓硫酸和 1 滴邻菲罗啉指示剂,用硫酸亚铁溶液滴定至终点,根据所消耗的硫酸亚铁溶液量计算其准确浓度,计算公式如下:

$$c_2 = c_1 V_1/V_2$$

式中：c_1 为重铬酸钾标准溶液浓度，mol/L；c_2 为硫酸亚铁标准溶液浓度，mol/L；V_1 为重铬酸钾标准溶液体积，mL；V_2 为滴定至终点时所消耗的硫酸亚铁溶液体积，mL。

4. 实验步骤与方法

1) 熏蒸

称取经前处理相当于 50.00 g 烘干基的新鲜土壤 3 份，置于 80 mL 烧杯中。将烧杯放入真空干燥器中，并放置盛有去乙醇氯仿（约 2/3 烧杯）的烧杯 2~3 只，烧杯内放入少量经浓盐酸溶液浸泡过夜后洗涤烘干的瓷片（0.5 mm 大小，防爆沸），或放入抗爆沸的颗粒，同时放入小烧杯稀 NaOH 溶液以吸收熏蒸期间释放出来的 CO_2，干燥器底部还应加入少量水以保持湿度。抽真空，真空度控制在 −0.07 MPa 以下，使氯仿剧烈沸腾 3~5 min，关闭真空干燥器阀门，在 25 ℃ 暗室放置 24 h。熏蒸结束打开干燥器阀门时应听到空气进入的声音，否则为熏蒸不彻底，应重做。

取出氯仿（氯仿倒回储存瓶，可再使用）和稀 NaOH 溶液的烧杯，清洁干燥器，反复抽真空（−0.07 MPa；5~6 次，每次 3 min）直到土壤无氯仿味，每次抽真空后，最好完全打开干燥器，以加快去氯仿的速度。熏蒸的同时，另称取等量的土壤 3 份，置于另一干燥器中但不熏蒸，作为对照土壤。塑料瓶中，加入 100 mL 0.5 mol/L K_2SO_4（土水比为 1:4，W:V），振荡 30 min（300 r/min）。

2) 提取

将熏蒸土壤无损地转移到 200 mL 聚乙烯塑料瓶中，用中速定量滤纸过滤于 125 mL 塑料瓶中。熏蒸开始的同时，另称取等量的 3 份土壤于 200 mL 聚乙烯提取塑料瓶中，直接加入 100 mL 0.5 mol/L K_2SO_4 提取；另外做 3 个无土壤空白。提取液应立即分析，或在 −18 ℃ 下保存。

注意提取液保存时间过长（>20 h）会导致测定结果下降。低温（−18 ℃）下保存的土壤提取液，解冻后会出现一些白色沉淀（$CaSO_4$ 或 K_2SO_4 结晶），对有机碳测定没有影响（Brookes et al,1985），不必除去，但取样前应充分摇匀。

3) 测定

吸取 10 mL 上述土壤提取液于 150 mL 消化管（24 mm×295 mm）中，准确加入 10 mL 0.018 5 mol/L $K_2Cr_2O_7$ − 12 mol/L H_2SO_4 溶液，再加入 3~4 片经浓盐酸溶液浸泡过夜后洗涤烘干的瓷片（0.5 cm 大小，防爆沸），混匀后置于（175 ± 1）℃ 磷酸浴中煮沸 10 min（消化管放入前，磷酸浴温度应调节到 179 ℃ 左右，放入后恰好为所需温度），冷却后无损地转移到 50 mL 三角瓶中，用去离子水洗涤消化管 3~5 次使溶液体积约为 80 mL，加入 1 滴邻菲罗啉指示剂，用 0.05 mol/L 硫酸亚铁标准溶液滴定，溶液颜色由橙黄色变为蓝绿色，再变为棕红色即为滴定终点。

5. 结果计算

$$有机碳量（mgC/kg）= 12W / [4 \times 10^3 M(V_0 - V)f]$$

式中：M 为 $FeSO_4$ 溶液浓度，mol/L；V_0、V 分别为空白和样品消耗的 $FeSO_4$ 溶液体积，mL；f 为稀释倍数；W 为烘干土质量，g；12 为碳毫摩尔质量，g；10^3 为换算系数。

$$土壤微生物生物量碳 \ B_C = E_C / k_{EC}$$

式中：E_C 为熏蒸与未熏蒸土壤的差值；k_{EC} 为转换系数，取值 0.38（Vance et al,1987）。

(三)薰蒸提取–分析法

1. 实验材料与用品

1)仪器设备

碳–自动分析仪(Phoenix8000),容量瓶(100 mL),样品瓶(40 mL)。

2)试剂

(1)去乙醇氯仿:普通氯仿试剂一般含有少量乙醇作为稳定剂,使用前需除去。将氯仿试剂按 1∶2(V∶V)的比例与去离子水或蒸馏水一起放入分液漏斗中,充分摇动 1 min,慢慢放出底层氯仿于烧杯中,如此洗涤 3 次。得到的无乙醇氯仿加入无水氯化钙,以除去氯仿中的水分,纯化后的氯仿置于暗色试剂瓶中,在低温(4 ℃)、黑暗状态下保存,注意氯仿具有致癌作用,必须在通风橱中进行操作。

(2)硫酸钾提取剂[$c(K_2SO_4) = 0.5$ mol/L]:43.57 g 分析纯硫酸钾,溶于 1 L 去离子水。

(3)六偏磷酸钠溶液[$\rho(NaPO_3)_6 = 5$ g/(100 mL),pH 值为 2.0]:50.0 g 分析纯六偏磷酸钠缓慢加入盛有 800 mL 去离子水的烧杯中(注意:六偏磷酸钠溶解速度很慢,且易黏于烧杯底部结块,加热易使烧杯破裂),缓慢加热(或置于超声波水浴器中)至完全溶化用分析纯浓磷酸调节至 pH 值 2.0,冷却后稀释至 1 L。

(4)过硫酸钾溶液[$\rho(K_2S_2O_8) = 2$ g/(100 mL)]:20.0 g 分析纯过硫酸钾溶于去离子水,稀释至 1 L,避光存放,使用期最多为 7 d。

(5)磷酸溶液[$\rho(H_3PO_4) = 21$ g/(100 mL)]:37 mL 85% 分析纯浓磷酸($H_3PO_4, \rho = 1.70$ g/mL)与 188 mL 去离子水混合。

(6)邻苯二甲酸氢钾标准溶液[$\rho(C_6H_4CO_2HCO_2K) = 1\,000$ mgC/L]:2.125 4 g 分析纯邻苯二甲酸氢钾(称量前 105 ℃烘 2~3 h),溶于去离子水,定容至 1 L。

2. 实验步骤与方法

1)薰蒸

称取经前处理相当于 50.00 g 烘干基的新鲜土壤 3 份,置于 80 mL 烧杯中。将烧杯放入真空干燥器中,并放置盛有去乙醇氯仿(约 2/3 烧杯)的烧杯 2~3 只,烧杯内放入少量经浓盐酸溶液浸泡过夜后洗涤烘干的瓷片(0.5 mm 大小,防爆沸),或放入抗爆沸的颗粒,同时放入小烧杯稀 NaOH 溶液以吸收薰蒸期间释放出来的 CO_2,干燥器底部还应加入少量水以保持湿度。抽真空,真空度控制在 -0.07 MPa 以下,使氯仿剧烈沸腾 3~5 min,关闭真空干燥器阀门,在 25 ℃暗室放置 24 h。薰蒸结束打开干燥器阀门时应听到空气进入的声音,否则为薰蒸不彻底,应重做。

取出氯仿(氯仿倒回储存瓶,可再使用)和稀 NaOH 溶液的烧杯,清洁干燥器,反复抽真空(-0.07 MPa;5~6 次,每次 3 min)直到土壤无氯仿味,每次抽真空后,最好完全打开干燥器,以加快去氯仿的速度。薰蒸的同时,另称取等量的土壤 3 份,置于另一干燥器中但不薰蒸,作为对照土壤。

2)提取

将薰蒸土壤无损地转移到 200 mL 聚乙烯塑料瓶中,加入 100 mL 0.5 mol/L K_2SO_4(土水比为 1∶4;W∶V),振荡 30 min(300 r/min),用中速定量滤纸过滤于 125 mL 塑料瓶中。熏蒸开始的同时,另称取等量的3份土壤于200 mL聚乙烯提取塑料瓶中,直接加入100 mL 0.5 mol/L K_2SO_4提取;另外做3个无土壤空白。提取液应立即分析,或在-18 ℃下保存。

注意提取液保存时间过长(>20 h)会导致测定结果下降。低温(-18 ℃)下保存的土壤提取液,解冻后会出现一些白色沉淀($CaSO_4$或K_2SO_4结晶),对有机碳测定没有影响(Brookes et al,1985),不必除去,但取样前应充分摇匀。

3)测定

取10.00 mL土壤提取液于40 mL样品瓶中(注意解冻的提取液在取样前应均匀),加入10 mL六偏磷酸钠溶液(pH值2.0),于碳-自动分析仪(Phoenix8000)上测定有机碳含量。

工作曲线:分别吸取0.00 mL、2.00 mL、4.00 mL、6.00 mL、8.00 mL、10.00 mL浓度为1 000 mgC/L,邻苯二甲酸氢钾标准溶液于100 mL容量瓶中,去离子水定容,即得0 mgC/L、20 mgC/L、40 mgC/L、60 mgC/L、80 mgC/L、100 mgC/L系列标准碳溶液,按上述方法测定。

3. 结果计算

土壤微生物生物量碳:

$$B_C = E_C/k_{EC}$$

式中:E_C为熏蒸与未熏蒸土壤的差值;k_{EC}为转换系数,取值0.45(Wu et al,1990)。

参考文献:

吴金水. 土壤微生物生物量测定方法及其应用[M]. 北京:气象出版社,2006.

二、土壤微生物生物量氮

氮是微生物的必需营养元素,也是微生物细胞的重要组成元素,微生物中氮的组成成分包括蛋白质、多肽、氨基糖、氨基酸和核酸等,其中蛋白质和多肽占20%~50%、氨基糖态氮占5%~10%、氨基酸态氮占1%~5%、核酸态氮占1%以下。土壤微生物生物量氮(Soil microbial biomass N)是指土壤中所有活微生物体内所含有的氮的总量,尽管仅占土壤有机氮总量的1%~5%,却是土壤中最活跃的有机氮组分,其周转速率快,对于土壤氮素循环及植物氮素营养起着重要的作用,自测定土壤微生物生物量碳的熏蒸法建立后,相继出现了测定土壤微生物生物量氮的熏蒸法,包括熏蒸培养法(Fumigation-incubation method,FI-N)、熏蒸提取全氮测定法(Fumigation-extraction total N method,FE-N)和熏蒸提取茚三酮比色法(Fumigation-extraction ninhydrin method,FE-Nnin)。

(一)熏蒸培养法

1. 实验目的

掌握熏蒸培养法测定土壤微生物生物量氮。

2. 实验原理

新鲜土壤经氯仿蒸汽熏蒸后再培养,被杀死的土壤微生物生物量中的氮按一定比例矿化为矿质态氮,根据熏蒸土壤与未熏蒸土壤矿质态氮的差值和矿化比率(或转换系数

k_N),估算土壤微生物生物量氮。

3. 实验材料与用品

1) 仪器设备

硬质消化管(250 mL),定氮仪,pH - 自动滴定仪等。

2) 试剂

(1) 去乙醇氯仿:普通氯仿试剂一般含有少量乙醇作为稳定剂,使用前需除去。将氯仿试剂按 1:2(V:V)的比例与去离子水或蒸馏水一起放入分液漏斗中,充分摇动 1 min,慢慢放出底层氯仿于烧杯中,如此洗涤 3 次。得到的无乙醇氯仿加入无水氯化钙,以除去氯仿中的水分,纯化后的氯仿置于暗色试剂瓶中,在低温(4 ℃)、黑暗状态下保存,注意氯仿具有致癌作用,必须在通风橱中进行操作。

(2) 硫酸钾提取剂[$c(K_2SO_4) = 0.5$ mol/L]:43.57 g 分析纯硫酸钾,溶于 1 L 去离子水。

(3) 硫酸铬钾还原剂[$\rho(KCr(SO_4)_2 \cdot 12H_2O) = 5$ g/(100 mL)]:50.0 g 分析纯硫酸铬钾溶于 200 mL 分析纯浓硫酸(H_2SO_4, $\rho = 1.84$ g/mL),用去离子水稀释至 1 L。

(4) 氢氧化钠溶液[$c(NaOH) = 10$ mol/L]:400 g 分析纯氢氧化钠溶于去离子水,稀释至 1 L。

(5) 硼酸溶液[$c(H_3BO_4) = 20$ g/L]:20.0 g 分析纯硼酸溶于去离子水,稀释至 1 L。

(6) 标准硼砂溶液[$c(Na_2B_4O_7 \cdot 10H_2O) = 0.1$ mol/L]:先将分析纯硼砂($Na_2B_4O_7 \cdot 10H_2O$)在 55 ℃ 去离子水中重结晶过滤后放入装有食用糖和氯化钠饱和溶液烧杯的干燥器中(相对湿度 70%),取 38.136 7 g 砂结晶溶解于去离子水,定容至 1 L。

(7) 硫酸溶液[$c(H_2SO_4) = 0.05$ mol/L]:28.8 mL 98% 分析纯浓硫酸(H_2SO_4, $\rho = 1.84$ g/mL)用去离子水稀释定容至 1 L,此溶液硫酸浓度为 0.5 mol/L,稀释 10 倍即得到 0.05 mol/L 硫酸溶液,再用 0.1 mol/L 标准硼砂溶液标定其准确浓度。也可用盐酸溶液代替硫酸。

4. 实验步骤与方法

1) 熏蒸

称取经前处理相当于 50.00 g 烘干基的新鲜土壤 3 份,置于 80 mL 烧杯中。将烧杯放入真空干燥器中,并放置盛有去乙醇氯仿(约 2/3 烧杯)的烧杯 2~3 只,烧杯内放入少量经浓盐酸溶液浸泡过夜后洗涤烘干的瓷片(0.5 mm 大小,防爆沸),或放入抗爆沸的颗粒,同时放入小烧杯稀 NaOH 溶液以吸收熏蒸期间释放出来的 CO_2,干燥器底部还应加入少量水以保持湿度。抽真空,真空度控制在 -0.07 MPa 以下,使氯仿剧烈沸腾 3~5 min,关闭真空干燥器阀门,在 25 ℃ 暗室放置 24 h。熏蒸结束打开干燥器阀门时应听到空气进入的声音,否则为熏蒸不彻底,应重做。

2) 提取

培养结束时,取相当于烘干基 12.50 g 的土壤,加入 50 mL 0.5 mol/L K_2SO_4 溶液(土水比 1:4,W:V),充分振荡 30 min(300 r/min),用慢速定量滤纸过滤。

3) 测定

取 15.00 mL 上述提取液于 250 mL 消化管中,加入 10 mL 硫酸铬钾还原剂和 300 mg

锌粉,至少放置 2 h 后再消化(Pruden et al,1985),消化液冷却后加入 20 mL 去离子水,待再冷却后慢慢加入 25 mL 10 mol/L NaOH 溶液,边加边混合,以免因局部碱浓度过高而引起 NH_3 的挥发损失。将消化管连接到定氮蒸馏装置上,再加入 25 mL 10 mol/L NaOH 溶液,打开蒸汽进行蒸馏,馏出液用 5 mL 12% 硼酸溶液吸收,至溶液体积为约 40 mL。用 0.05 mol/L H_2SO_4 溶液滴定至终点,亦可采用 pH 自动滴定仪滴定溶液 pH 值至 4.7。

5. 结果计算

土壤微生物生物量氮:

$$B_N = F_N/k_N$$

式中:F_N 为熏蒸与未熏蒸土壤矿质态氮的差值;k_N 为转换系数,表示被氯仿熏蒸杀死的土壤微生物生物量氮在 10 d 培养期间矿化为矿质态氮的比例,一般取值 0.57(Jenkinson,1988)。

(二)熏蒸提取 - 全氮测定法

1. 实验目的

掌握熏蒸提取 - 全氮测定法测定土壤微生物生物量氮。

2. 实验原理

新鲜土壤经氯仿熏蒸后,被杀死的土壤微生物生物量氮能够被 0.5 mol/L K_2SO_4 溶液定量地提取并测定出来,根据熏蒸与未熏蒸土壤的差异和提取测定效率(转换系数 k_{EN}),可以比较简便地估计土壤微生物生物量氮。

3. 实验材料与用品

1)仪器设备

流动注射氮分析仪(FIAStar5000)或定氮仪,pH 自动滴定仪,真空抽滤瓶,微孔膜(<0.45 μm),容量瓶(100 mL)。

2)试剂

(1)去乙醇氯仿。

(2)硫酸钾提取剂[$c(K_2SO_4) = 0.5$ mol/L]。

(3)硫酸铬钾还原剂[$\rho(KCr(SO_4)_2 \cdot 12H_2O) = 5$ g/(100 mL)]。

(4)硫酸铜溶液[$c(CuSO_4) = 0.19$ mol/L]:30.324 g 分析纯硫酸铜溶于去离子水,稀释至 1 L。

(5)氢氧化钠溶液[$c(NaOH) = 10$ mol/L]:400 g 分析纯氢氧化钠溶于去离子水,稀释至 1 L。

(6)氢氧化钠溶液[$c(NaOH) = 4$ mol/L]:160 g 分析纯氢氧化钠溶于去离子水,稀释至 1 L,抽滤(0.45 μm 微孔滤膜)。

(7)氢氧化钠溶液[$c(NaOH) = 0.01$ mol/L]:2.5 mL 4 mol/L NaOH 溶液用去离子水稀释至 1 L。

(8)硼酸溶液[$\rho(H_3BO_4) = 2$ g/(100 mL)]:20.0 g 分析纯硼酸溶于去离子水,稀释至 1 L。

(9)硫酸溶液[$c(H_2SO_4) = 0.05$ mol/L]。

(10)指示剂储存液:0.5 g 氨混合指示剂溶于 5.0 mL 0.01 mol/L NaOH 溶液中,再与

5.0 mL 95% 乙醇混合,最后用去离子水稀释至 100 mL。该储存液使用期为 1 个月。

(11)指示剂溶液:10 mL 指示剂储存液用去离子水稀释至 500 mL,抽滤(0.45 mm 微孔滤膜)。注意:该溶液应在使用的前一天配制,最多可使用 1 周。

(12)氯化铵标准储存液[$\rho(NH_4Cl) = 1\,000$ μgN/mL]:3.819 0 g 分析纯氯化铵(称量前 105 ℃烘 2~3 h)溶于去离子水,并定容至 1 L。该储存液在 4 ℃下可稳定保存数月。

(13)氯化铵标准溶液[$\rho(NH_4Cl) = 50$ μgN/mL]:10 mL 1 000 μgN/mL 氯化铵储存液用去离子水稀释至 200 mL。该溶液最多保存 7 d。

4. 实验步骤与方法

1)熏蒸

称取经前处理相当于 50.00 g 烘干基的新鲜土壤 3 份,置于 80 mL 烧杯中。将烧杯放入真空干燥器中,并放置盛有去乙醇氯仿(约 2/3 烧杯)的烧杯 2~3 只,烧杯内放入少量经浓盐酸溶液浸泡过夜后洗涤烘干的瓷片(0.5 mm 大小,防爆沸),或放入抗爆沸的颗粒,同时放入小烧杯稀 NaOH 溶液以吸收熏蒸期间释放出来的 CO_2,干燥器底部还应加入少量水以保持湿度,用抽真空装置抽真空,也可用无油真空泵,真空度控制 -0.07 MPa 以下,使氯仿剧烈沸腾 3~5 min,关闭真空干燥器阀门,在 25 ℃暗室放置 24 h。熏蒸结束打开干燥器阀门时应听到空气进入的声音,否则为熏蒸不彻底,应重做。

取出氯仿(氯仿倒回储存瓶,可再使用)和稀 NaOH 溶液的烧杯,清洁干燥器,反复抽真空(-0.07 MPa,5~6 次,每次 3 min)直到土壤无氯仿味,每次抽真空后,最好完全打开干燥器,以加快去氯仿的速度。熏蒸的同时,另称取等量的土壤 3 份,置于另一干燥器中但不熏蒸,作为对照土壤。

2)提取

将熏蒸土壤无损地转移到 200 mL 聚乙烯塑料瓶中,加入 100 mL 0.5 mol/L K_2SO_4(土水比为 1:4;W:V),振荡 30 min(300 r/min),用中速定量滤纸过滤于 125 mL 塑料瓶中。熏蒸开始的同时,另称取等量的 3 份土壤于 200 mL 聚乙烯提取塑料瓶中,直接加入 100 mL 0.5 mol/L K_2SO_4 提取;另外做 3 个无土壤空白。提取液应立即分析,或在 -18 ℃下保存。

3)提取液中硝态氮还原

取 15.00 mL 提取液于 250 mL 消化管中,加入 10 mL 硫酸铬钾还原剂和 300 mg 锌粉,至少放置 2 h 后再消化(Pruden et al,1985)。根据已有的研究结果,熏蒸与未熏蒸土壤提取液中硝态氮含量差异很小,因此在测定微生物生物量氮时,也可以不包括硝态氮,即省略该操作步骤直接进行消化。

4)消化

方法Ⅰ:取 15.00 mL 上述提取液(或经还原反应后的样液)于 250 mL 消化管中,加入 0.3 mL 0.19 mol/L 硫酸铜溶液、5 mL 分析纯浓硫酸及少量防爆沸的颗粒物,混合液消化变清后再回流 3 h(Brookes et al,1985a)。

方法Ⅱ:取 15.00 mL 上述提取液于消化管中,加入 0.25 mL 浓硫酸酸化后,置于电热板上在 110~120 ℃下使溶液浓缩至 1~2 mL,冷却后,加入 3 mL 浓硫酸、1 g Na_2SO_4 和 0.1 g $CuSO_4$,340 ℃下消化 3 h(Sparling,west,1988)。

5)消化液中氮测定

（1）蒸馏法。

测定：取 15.00 mL 上述提取液于 250 mL 消化管中，加入 10 mL 硫酸铬钾还原剂和 300 mg 锌粉，至少放置 2 h 后再消化（Pruden et al,1985），消化液冷却后加入 20 mL 去离子水，待再冷却后慢慢加入 25 mL 10 mol/L NaOH 溶液，边加边混合，以免因局部碱浓度过高而引起 NH_3 的挥发损失。将消化管连接到定氮蒸馏装置上，再加入 25 mL 10 mol/L NaOH 溶液，打开蒸汽进行蒸馏，馏出液用 5 mL 12% 硼酸溶液吸收，至溶液体积为约 40 mL。用 0.05 mol/L H_2SO_4 溶液滴定至终点，亦可采用 pH 自动滴定仪滴定溶液 pH 值至 4.7。

（2）仪器法。

消化液冷却后，用去离子水洗涤，完全无损地转移到 100 mL 容量瓶中，至体积大约为 70 mL；待冷却后缓慢加入 10 mL 10 mol/L NaOH 溶液中和部分 H_2SO_4，边加边充分混匀，以免因局部碱浓度过高而引起 NH_3 的挥发损失，冷却后用去离子水定容至 100 mL。溶液中 NH_4^+ 含量采用流动注射氮分析仪（FIAStar5000）测定。采用 40 μL 样品圈，KTN 扩散膜（耐强酸和强碱），载液为去离子水，试剂 I 为 4 mol/L NaOH 溶液，试剂 II 为指示剂溶液。

（3）标准工作溶液制备。

分别取 0.00 mL、0.50 mL、1.00 mL、2.00 mL、3.00 mL、4.00 mL、5.00 mL 50 μgN/mL 氯化铵标准溶液于 100 mL 容量瓶中，再分别用去离子水洗涤转移一个空白消化液于容量瓶中，其余操作步骤同样液。用去离子水定容至 100 mL，即得浓度分别为 0 μgN/mL、0.25 μgN/mL、0.5 μgN/mL、1.0 μgN/mL、1.5 μgN/mL、2.0 μgN/mL、2.5 μgN/mL 系列氯化铵标准工作溶液，同上测定。其他具体操作参见仪器使用说明。

5. 结果计算

土壤微生物生物量氮：

$$B_N = E_N/k_{EN}$$

式中：E_N 为熏蒸与未熏蒸土壤的差值；k_{EN} 为转换系数，取值 0.45（Jenkinson,1988；Brookes et al,1985b）。

（三）熏蒸提取－茚三酮比色法

1. 实验目的

掌握熏蒸提取－茚三酮比色法测定土壤微生物生物量氮。

2. 实验原理

Amato 和 Ladd（1988）指出，新鲜土壤熏蒸过程中所释放出来的氮，主要为 α－氨基酸态氮和 NH_4^+－N，这些含氮化合物能够被 KCl 或 K_2SO_4 溶液提取并可采用茚三酮反应定量测定，熏蒸与未熏蒸土壤提取的茚三酮反应态氮的增量，与熏蒸培养法测定的土壤微生物生物量碳之间有显著的相关性。根据土壤微生物生物量碳（B_C）与生物氮（B_N）之比相对恒定的假设，可用熏蒸与未熏蒸土壤茚三酮反应态氮的增量及提取效率，来估算土壤微生物生物量氮。同时，由于 α－氨基酸的碳氮比相对恒定，因此还可以根据熏蒸与未熏蒸土壤茚三酮反应态氮的增量及提取效率，来估算土壤微生物生物量碳。这就是所谓的熏蒸提取茚三酮比色法。

3. 实验材料与用品

1）仪器设备

分光光度计,硬质试管(40 mL),其他仪器设备参见熏蒸培养法、熏蒸提取－容量分析法。

2）试剂

（1）去乙醇氯仿。

（2）硫酸钾提取液[$c(K_2SO_4) = 0.5$ mol/L]。

（3）醋酸溶液[$c(CH_3COOH) = 5$ mol/L]:28.9 mL 99%分析纯醋酸($CH_3COOH, \rho = 1.05$ g/mL)用去离子水稀释至100 mL。

（4）醋酸锂缓冲液[$c(CH_3COOLi) = 4$ mol/L]:263.8 g 分析纯醋酸锂溶于900 mL 去离子水,用5 mol/L 醋酸调节溶液 pH 值至5.2,再用去离子水稀释至1 L。

（5）茚三酮试剂:20.0 g 分析纯水合茚三酮(Ninhydrin,$C_9H_4O_3 \cdot H_2O$)和3.0 g 分析纯还原态茚三酮(Hydrindantin,$C_{18}H_{10}O_5$),溶解于750 mL 二甲基亚砜(Dimethylsulphoxide,C_2H_6OS),加入250 mL 4 mol/L 醋酸锂缓冲液(pH 值5.2),混合30 min,使 O_2 和 N_2 排出。注意:此试剂应在使用前一天配制,室温下密封保存。

（6）氢氧化钠溶液[$c(NaOH) = 10$ mol/L]:400 g 分析纯氢氧化钠溶于去离子水,稀释至1 L。

（7）柠檬酸缓冲液:42.0 g 分析纯柠檬酸($C_6H_8O_7$)和16.0 g 分析纯氢氧化钠,溶于900 mL 离子水,用10 mol/L 氢氧化钠调节 pH 值至5.0,再用去离子水稀释至1 L。

（8）乙醇溶液:95%分析纯乙醇(C_2H_6O)与去离子水按1:1($V:V$)的比例混合。

（9）硫酸铵标准储存液[$\rho(NH_4)_2SO_4) = 1\,000$ μgN/mL]:4.716 7 g 分析纯硫酸铵(称量前105 ℃烘2~3 h)溶于0.5 mol/L K_2SO_4 溶液,并用硫酸钾溶液定容至1 L。4 ℃下储存。

（10）硫酸铵标准溶液[$\rho(NH_4)_2SO_4) = 50$ μgN/mL]:10 mL 1 000 μgN/mL 硫酸铵储存液用0.5 mol/L K_2SO_4 溶液稀释至200 mL。溶液不宜久存。

4. 实验步骤与方法

1）熏蒸

称取经前处理相当于50.00 g 烘干基的新鲜土壤3份,置于80 mL 烧杯中。将烧杯放入真空干燥器中,并放置盛有去乙醇氯仿(约2/3烧杯)的烧杯2~3只,烧杯内放入少量经浓盐酸溶液浸泡过夜后洗涤烘干的瓷片(0.5 mm 大小,防爆沸),或放入抗爆沸的颗粒,同时放入小烧杯稀 NaOH 溶液以吸收熏蒸期间释放出来的 CO_2,干燥器底部还应加入少量水以保持湿度,用抽真空装置抽真空,也可用无油真空泵,真空度控制在 －0.07 MPa 以下,使氯仿剧烈沸腾3~5 min,关闭真空干燥器阀门,在25 ℃暗室放置24 h。熏蒸结束打开干燥器阀门时应听到空气进入的声音,否则为熏蒸不彻底,应重做。

取出氯仿(氯仿倒回储存瓶,可再使用)和稀 NaOH 溶液的烧杯,清洁干燥器,反复抽真空(－0.07 MPa,5~6次,每次3 min)直到土壤无氯仿味,每次抽真空后,最好完全打开干燥器,以加快去氯仿的速度。熏蒸的同时,另称取等量的土壤3份,置于另一干燥器中但不熏蒸,作为对照土壤。

2)提取

将熏蒸土壤无损地转移到 200 mL 聚乙烯塑料瓶中,加入 100 mL 0.5 mol/L K₂SO₄(土水比为 1:4,W:V),振荡 30 min(300 r/min),用中速定量滤纸过滤于 125 mL 塑料瓶中。熏蒸开始的同时,另称取等量的 3 份土壤于 200 mL 聚乙烯提取塑料瓶中,直接加入 100 mL 0.5 mol/L K₂SO₄ 提取;另外做 3 个无土壤空白。提取液应立即分析,或在 -18 ℃ 下保存。

3)测定

取 1.50 mL 提取液于 40 mL 硬质试管中,加入 3.5 mL 柠檬酸缓冲液,使提取液中 CaSO₄ 和 K₂SO₄ 彻底溶解,再慢慢加入 2.5 mL 茚三酮试剂,彻底混匀。将试管置于沸水浴中加热 25 min(放入试管 2 min 后水浴应再次沸腾),使加入试剂时产生的沉淀彻底溶解,待溶液冷却至室温,加入 9.0 mL 乙醇溶液,混匀,在 570 nm 波长下比色。

工作曲线:分别取 0.00 mL、0.50 mL、1.00 mL、2.00 mL、3.00 mL、4.00 mL、5.00 mL 100 μgN/mL (NH₄)₂SO₄ 标准溶液于 100 mL 容量瓶中,用 0.5 mol/L K₂SO₄ 溶液定容,即浓度分别 0 μgN/mL、0.25 μgN/mL、0.5 μgN/mL、1.0 μgN/mL、1.5 μgN/mL、2.0 μgN/mL、2.5 μgN/mL (NH₄)₂SO₄ 标准氮系列溶液。分别取 1.5 mL 标准氮系列溶液于 40 mL 硬质试管中,其余操作步骤同样液,也可采用 L - 亮氨酸(C₆H₁₃NO₂)标准氮溶液制备工作曲线。

5. 结果计算

土壤微生物生物量氮:

$$B_N = mE_N$$

式中:E_N 为熏蒸与未熏蒸土壤的差值;m 为转换系数,取值 5.0(Joergensen,Brookes,1990)。

参考文献:
吴金水. 土壤微生物生物量测定方法及其应用[M]. 北京:气象出版社,2006.

实验 66　土壤微生物数量测定

一、实验目的

掌握土壤微生物数量的测定方法。

二、实验原理

在自然条件下,土壤中的大多数微生物处于休眠状态,一旦供给可利用的碳源(如培养基),一些微生物将快速生长繁殖。因此,根据在培养基上所生长的微生物数量,可以估算土壤中微生物的数量。这种土壤微生物数量测定方法称为培养计数法,主要包括稀释平板计数法(简称稀释平板法)和最大自然计数法。稀释平板计数法的基本原理:土壤微生物经分散处理成为单个细胞后,在特殊的培养基上生长并形成一个菌落,根据形成的菌落数来计算微生物的数量。最大自然计数法的基本原理:假设被测定的微生物在稀释液中均匀分布,并在试管或平板上全部存活,随着稀释倍数的加大,稀释液中微生物的数量将越来越少,直到将某一稀释度的土壤稀释液接到培养基上培养后,没有或很少出现微生物菌落。根据没有出现菌落的最低稀释度和出现菌落的最高稀释度,再用最大或然计数法计算出样品中微生物的数量。

三、实验材料与用品

广口瓶或三角瓶及配套的橡皮塞,移液管(1 mL、10 mL,吸口用棉花塞住后用牛皮纸包好灭菌),培养皿(9 cm,用牛皮纸包好后灭菌),显微镜等。

常用的培养基种类很多,可根据需要测定的微生物种类选择培养基。按配方配制培养基后,先在 121 ℃ 下灭菌 15 min,冷却至 45 ~ 50 ℃ 使用,凝固后的培养基可加热溶解后使用。分离和培养土壤三大类微生物培养基的组成及用量如下。

细菌采用牛肉膏蛋白胨培养基:牛肉膏 5 g,蛋白胨 10 g,NaCl 5 g,琼脂 17 ~ 20 g,水 1 000 mL,pH 值 7.0 ~ 7.2,121 ℃、20 min 灭菌。

真菌采用马丁氏(Martin)琼脂培养基:葡萄糖 10 g,蛋白胨 5 g,KH_2PO_4 1 g,$MgSO_4$ · $7H_2O$ 0.5 g,孟加拉红水溶液(1/3 000)100 mL,琼脂 17 ~ 20 g,pH 自然,蒸馏水 800 mL,121 ℃、20 min 灭菌。出锅后在无菌条件下加入 200 mL 含链霉素 0.03% 的无菌液。

放线菌采用高氏(Gaue)1 号培养基:可溶性淀粉 20 g,KNO_3 1 g,$FeSO_4$ · $7H_2O$ 0.01 g,K_2HPO_4 0.5 g,$MgSO_4$ · $7H_2O$ 0.5 g,NaCl 0.5 g,琼脂 17 ~ 20 g,水 1 000 mL,临用时加入 3% $K_2Cr_2O_7$ 液 3.3 mL,pH 7.2 ~ 7.4。

四、实验步骤与方法

(一)土壤系列稀释液制备

取新鲜土壤(< 2 mm)10.00 g,放入经灭菌的装有 70 mL 水的广口瓶中,塞上经灭菌的橡皮塞,在振荡机上振荡 10 min,此为 10^{-1} 土壤稀释液。迅速用灭菌的移液管吸取 10^{-1} 土壤稀释液 10 mL,放入灭菌的装有 90 mL 水的广口瓶中,塞上橡皮塞,混合均匀,此为 10^{-2} 土壤稀释液。再如此依次配制 10^{-3}、10^{-4}、10^{-5} 和 10^{-6} 系列土壤稀释液,上述操作均在无菌条件下进行,以避免污染。

(二)平板制备和培养

从两个稀释倍数的土壤稀释液中(细菌和放线菌通常用 10^{-5} 和 10^{-6} 土壤稀释液,真菌用 10^{-2} 和 10^{-3} 稀释液)吸取 1.00 mL(吸前摇匀),分别放入 5 套培养皿中(注意每变换一次浓度,须更换一支移液管);再向培养皿内注入 45 ~ 50 ℃ 的培养基 10 mL,立即混合均匀,静置凝固后,倒置放于培养箱中培养。细菌和放线菌在 28 ℃ 下培养 7 ~ 10 d,真菌在 25 ℃ 下培养 3 ~ 5 d。

(三)镜检计数

尽管使用不同的培养基,但细菌、放线菌和真菌都可能在同一个培养基上生长,所以必须用显微镜做进一步的观察。明显有菌丝的一般是真菌,真菌的菌丝为丝状分枝,比较粗大,而放线菌菌丝呈放射状,比较细。细菌有球状和杆状,有些细菌也形成细小的菌丝,酵母菌的菌落与细菌的菌落很相似,但在显微镜下容易分辨,酵母菌个体比较大,一般有圆形、椭圆形、卵形、柠檬形或黄瓜形,有些还有瘤状的芽。

在两级稀释度中,选细菌和放线菌的菌落数为 30～200 个、真菌菌落数为 20～40 个的培养皿各 5 个,取其平均值计算出每组的菌落数。如果菌落很多,可将其分成 2～4 等份进行计数。微生物生物量可以通过微生物细胞个体大小和密度计算得到。

五、结果计算

$$土壤微生物数量(cfu/g) = MD/W$$

式中:M 为菌落平均数;D 为稀释倍数;W 为土壤烘干质量,g。

参考文献:

[1] 鲍士旦. 土壤农化分析[M]. 3 版. 北京:中国农业出版社,2000.

[2] 吴金水. 土壤微生物生物量测定方法及其应用[M]. 北京:气象出版社,2006.

第七部分　实验报告写作指导

实验报告是描述、记录某一研究课题的实验过程和结果的报告,是科研人员向社会公布自己的实验成果的一种文字形式。实验报告是实验课的重要内容,通过写实验报告,不仅可使学生加深对理论课的理解,而且一份好的实验报告还可使学生为科研工作打下基础。烟草学实验报告是烟草栽培学实践教学中必不可少的一个教学环节,撰写烟草学实验报告是培养学生综合能力、分析能力、创新能力、思维能力、论文写作能力的途径之一。

第一节　实验报告内容及写作要求

优秀的实验报告应具备创造性、准确性、客观性、确证性和可读性。要求文字简明扼要、重点突出、层次清楚、表述准确、有逻辑性。一篇完整的实验报告中包含实验名称、学生信息(姓名、班级、学号等)、日期和地点、引言、目的、材料与方法、结果和讨论、结论和必要的参考文献等部分。

一、实验名称

实验名称要简洁、鲜明、准确。要用最简练的语言反映实验的内容,必须包含两个明确的信息:研究对象和研究问题。

二、学生信息

学生信息包括学生姓名、班级、学号、小组成员等。

三、实验日期和地点

记录实验的时间和地点,野外实习报告要记录天气情况。

四、引言

此部分要阐明为什么做本次实验。在引言中清楚地提出一个科学问题,并陈述合理的假设。同时说明拟在什么实验对象上,应用什么方法,观察什么指标,用到什么实验原理,以及完成本次实验的主要任务(实验目的)和意义。实验目的的书写应简单、明确,重点突出,一些实验原理、方法等可以画图表示。注意:前言部分不应该是实验原理的描述,而是本项实验的背景和意义。

五、材料与方法

这部分主要是研究方案的具体化或者是具体做法,通常需要包括下面几项内容:所用实验对象、主要测定指标、仪器设备(规格型号)、试剂(注明浓度、成分等)、实验方法、操作步骤等。

每一部分都要做到实事求是、一一交代,增强文章数据的准确性和实验的可靠性。确保在相同的条件下,任何人在任何时间、任何地点进行实验,都可取得完全相同的结果。

注意:①对新颖、特殊的实验装置、方法等要加以介绍。②对实验步骤的描述要简单明了。

六、结果和讨论

实验结果主要是对实验现象和数据的描述,是原理应用于实际中所得到的结论的科学鉴证,它是整个实验的核心和成果。撰写分析部分时,遵循"客观性"原则是关键。实验的结果可以通过文字描述,也可以利用图和表呈现。利用文字描述时,需将原始资料系统化、条理化,用准确的专业术语客观地描述实验现象和结果,要有时间顺序以及各项指标在时间上的关系。利用三线表和图片的效果较文字描述更加直观、清晰,使实验结果一目了然。因此,在实验报告中,尽量使用图和表呈现结果。注意:在表和图中需要有正确的单位。

讨论部分主要是根据所学的相关理论知识,对实验结果进行合理的解释和分析,揭示产生该实验结果的可能原因并探求规律。讨论部分的要点是:联系实验目的、依据实验结果、在准确全面理解相关理论知识的基础上抓住重点进行讨论。如果实验结果与理论或者假设不同,应分析其存在差异的原因。也可以写出实验后的新的体会、建议,实验中存在的缺点和问题,和有待于进一步研究的问题。注意:如果实验失败,要对异常结果进行分析讨论,找出失败的原因以及解决办法。

七、结论

结论是分析研究结果与假设之间的关系,是经过对实验结果仔细分析之后归纳得到的一般性、概括性的判断,是对实验得到的感性材料进行提炼、加工,使之上升到理论认识的高度。结论要有概括性,推理要严密。注意:结论不是对实验结果的再次罗列,此外,在本实验中未获得证据的理论不能写入结论。

八、参考文献

参考文献中应列出实验报告中所引用的知识和理论、方法的来源,通常包括书籍、期刊、网络等。注意:同一篇实验报告中的参考文献格式应保持一致。

第二节 如何提高实验报告写作技巧

一、提前预习

在每次实验课前,学生要提前预习实验内容及相关的理论知识,了解本次实验的主要内容和具体要求,这是做好实验的全过程并最终写出一份合格的实验报告的前提。此外,鼓励学生从多方面、多角度考虑问题、提出问题并通过实验验证设想。这样还有利于激发学生的实验兴趣,培养学生的科研思维。

二、认真做实验,客观记录数据

认真地做实验是完成优秀实验报告的前提。只有观察细致、操作规范,才能使整个过程的现象真实记录完整、准确地表达。实验前,学生要认真细读实验指导上的每一个步骤、操作要领、注意事项。实验过程中,学生要以严谨的态度来完成实验,仔细地观察实验现象,客观、真实记录实验结果,不漏掉任何一个正常和异常的实验现象。如果实验中出现异常情况,或者数据出现有明显误差,应在备注栏中加以注明。实验记录本内字迹需工整,不可用铅笔书写。

三、认真思考,充分讨论

有的学生尽管做了实验,观察了实验现象和得到了实验结果,但由于缺少对实验现象和结果进行分析、归纳、讨论和总结,对实验的分析、研究和解决问题以及撰写科技论文习惯性地就事论事,其写作能力得不到锻炼,因而就达不到实验的目的。要运用学过的理论知识对实验中观察到的现象和记录到的数据进行科学分析,对实验结果与预期目标的符合程度及可能产生的原因提出自己的看法。注意:切忌离开实验结果的客观实际而将教材中的理论知识生搬硬套地抄进自己的分析讨论中。

四、文字简明而概括

一篇优秀的实验报告要求学生具有严密的逻辑思维,具有较好的文字表述能力。在书写报告过程中,首先要对实验指导书上的实验内容,认真反复研读,熟悉实验的目的与要求,其次将实验结果进行逻辑性汇总、归类,再进行分析和取舍推敲,然后通过撰写实验报告,达到能完整、准确、简明扼要地用书面形式表达出实验的全过程,理清思路,建立实验报告的初步框架。

总结上述,实验报告是知识与实验技能的有机结合,一篇好的实验报告应具备创造性、准确性、客观性、确证性和可读性。报告文字简明扼要、重点突出、层次清楚、表述准确、有逻辑性。广大学生要加强实验报告书写这一环节,只有认真、主动学习,不断地研究探索、改进和完善,才能逐步提高自己的写作水平,适应新时期高素质创新人才培养的要求。

附　录

附录 1　烟草农艺性状调查方法

一、烟草的重要生育期

此标准适合用于红花烟草和黄花烟草。

1. 生育期:烟草从出苗到子实成熟的总天数;栽培烟草从出苗到烟叶采收结束的总天数。

2. 播种期:烟草种子播种到母床和直播育苗盘的日期。

3. 出苗期:从播种至幼苗子叶完全展开的日期。

4. 十字期:幼苗在第三真叶出现时,第一、第二真叶与子叶大小相近,交叉呈十字形的日期,称小十字期。幼苗在第五真叶出现时,第三、第四真叶与第一、第二真叶大小相近,交叉呈十字形的日期,称大十字期。

5. 生根期:十字期后,从幼苗第三真叶至第七真叶出现时称为生根期。此时幼苗的根系已形成。

6. 假植期:将烟苗再次植入托盘、假植苗床或营养袋(块)的时期。

7. 成苗期:烟苗达到移栽的壮苗标准,可进行移栽的日期。

8. 苗床期:从播种到成苗这段的时间。

9. 移栽期:烟苗移栽大田的日期。

10. 还苗期:烟苗从移栽到成活为还苗期。根系恢复生长,叶色转绿、不凋萎、心叶开始生长,烟苗即为成活。

11. 伸根期:烟苗从成活到团棵称为伸根期。

12. 团棵期:植株达到团棵标准,此时叶片 12 ~ 13 片,叶片横向生长的宽度与纵向生长的高度比例约为 2:1,形似半球状时为团棵期。

13. 旺长期:植株从团棵到现蕾称为旺长期。

14. 现蕾期:植株的花蕾完全露出的时间为现蕾期。

15. 打顶期:植株可以打顶的时期。

16. 开花期:植株第一中心花开放的时期。

17. 盛花期:植株 50% 以上的花开放的时期。

18. 第一青果期:植株第一中心蒴果完全长大,呈青绿色的时期。

19. 蒴果成熟期:蒴果呈黄绿色,大多数种子成熟的时期。

20. 收种期:实际采收种子的时期。

21. 生理成熟期:植株叶片定型,干物质积累最多的时期。

22. 工艺成熟期:烟叶充分进行内在生理生化转化,达到了卷烟原料所要求的可加工性和可用性,烟叶质量达最佳状态的时期。

23. 过熟期:烟叶达到工艺成熟以后,如不及时采收,养分大量消耗,逐渐衰老枯黄的时期。

24. 烟叶成熟期:烟叶达到工艺成熟的时期。

25. 大田生育期:从移栽到烟叶采收完毕(留种田从移栽到种子采收完毕)的这段时期。

二、农艺性状调查

农艺性状:烟草具有的与生产有关的特征和特性,是鉴别品种生产性能的重要标志,受品种特性和环境条件的影响。

(一)实验材料和用具

1. 材料:烟苗苗床或大田生长的烟草植株。

2. 用具:钢卷尺、细绳、量角器、游标卡尺或螺旋测微器、记录本。

(二)调查指标及方法

1. 苗期生长势:在生根期调查记载。分强、中、弱三级。

2. 苗色:在生根期调查。分深绿、绿、浅绿、黄绿四级。

3. 大田生长势:分别在团棵期和现蕾期记载。分强、中、弱三级。

4. 整齐度:在现蕾期调查。分整齐、较齐、不整齐三级。以株高和叶数的变异系数10%以下的为整齐,25%以上的为不整齐。

5. 腋芽生长势:打顶后首次抹芽前调查。分强、中、弱三级。

6. 株形:植株的外部形态,开花期或打顶后一周调查。

7. 塔形:植株自下而上逐渐缩小,呈塔形。

8. 筒形:植株上、中、下三部位大小相近,呈筒形。

9. 腰鼓形:植株上下部位较小,中部较大,呈腰鼓形。

10. 株高:

(1)自然株高:不打顶植株在第一青果期进行测量。自地表茎基处至第一蒴果基部的高度(cm)。

(2)栽培株高,打顶植株在打顶后茎顶端生长定型时测量。自地表茎基处至茎部顶端的高度,又称茎高。

(3)生长株高,指现蕾期以前的株高,为自地表茎基处至生长点的高度。

11. 茎围:

(1)定期测量:第一青果期或打顶后一周至10 d内在自下而上第5~6叶位之间测量茎的周长。

(2)不定期测量:在试验规定的日期在自下而上第5~6叶位之间测量茎的周长。

12. 节距:

(1)定期测量:第一青果期或打顶后一周至10 d内测量株高和叶数,计算其平均长度。

（2）不定期测量：在试验规定的日期测量株高和叶数，计算其平均长度。

13.茎叶角度：于第一青果期或打顶后一周至 10 d 内的上午 10 时前，自下而上测量第 10 叶片与茎的着生角度。分甚大（90°以上）、大（60°～90°）、中（30°～60°）和小（30°以内）四级。

14.叶序：以分数表示。于第一青果期或打顶后一周至 10 d 内测量，自脚叶向上计数，把茎上着生在同一个方向的两个叶节之间的叶数作为分母；两叶节之间着生叶片的顺时针或逆时针方向所绕圈数作为分子表示。通常叶序有 2/5、3/8、5/13 等。

15.茸毛：

（1）定期测量：现蕾期在自上而下第 4～5 片叶的背面调查，与对照比较，观察描述茸毛的多少。分多、少两级。

（2）不定期测量：在试验规定的日期在自上而下第 4～5 片叶的背面调查，记载茸毛的多少。

16.叶数

（1）有效叶数：实际采收的叶数。

（2）着生叶数：也叫总叶数，自下而上至第一花枝处顶叶的叶数。

（3）苗期和大田期调查叶数时，苗期长度 1 cm 以下的小叶、大田期长度 5 cm 以下的小叶不计算在内。

17.叶片长宽：一般调查，分别测量脚叶、下二棚、腰叶、上二棚和顶叶各个部位的长度和宽度。长度指叶片正面自茎叶连接处至叶尖的直线长度；宽度以叶面最宽处与主脉的垂直长度。

18.最大叶长宽：测量最大叶片的长度和宽度，在不能用肉眼区分时，可测量与最大叶（包括该叶片）相邻的 3 个叶片，取长×宽之积最大的叶片数值。

19.叶形：根据叶片的形状和长宽比例（或称叶形指数），以及叶片最宽处的位置确定。分椭圆形、卵圆形、心脏形和披针形。

（1）椭圆形：叶片最宽处在中部。

①宽椭圆形：长宽比为（1.6～1.9）：1；

②椭圆形：长宽比为（1.9～2.2）：1；

③长椭圆形：长宽比为（2.2～3.0）：1。

（2）卵圆形：叶片最宽处靠近基部（不在中部）。

①宽卵圆形：长宽比为（1.2～1.6）：1；

②卵圆形：长宽比为（1.6～2.0）：1；

③长卵圆形：长宽比为（2.0～3.0）：1。

（3）心脏形：叶片最宽处靠近基部，叶基近主脉处呈凹陷状，长宽比为（1～1.5）：1。

（4）披针形：叶片披长，长宽比为 3.0：1。

20.叶柄：分有、无两种。自茎至叶基部的长度为叶柄长度。

21.叶尖：分钝尖、渐尖、急尖和尾尖四种。

22.叶耳：分大、中、小、无四种。

23.叶面：分皱折、较皱、较平、平四种。

24.叶缘:分皱折、波状和较平三种。

25.叶色:分浓绿、深绿、绿、黄绿等。

26.叶片厚薄:分厚、较厚、中、较薄、薄五级。

27.叶肉组织:分细密、中等、疏松三级。

28.叶脉形态:

(1)叶脉颜色:分绿、黄绿、黄白等。多数白肋烟为乳白色。

(2)叶脉粗细:分粗、中、细三级。

(3)主侧脉角度:在叶片最宽处测量主脉和侧脉着生角度。

29.茎色:分深绿、绿、浅绿和黄绿四种。多数白肋烟为乳白色。

30.花序:在盛花期记载花序的密集或松散的程度。

31.花朵:在盛花期调查花冠、花萼的形状、长度直径和颜色。分深红、红、淡红、白色、黄色、黄绿色等。

32.蒴果:青果期记载蒴果长度、直径及形状。

33.种子:晾干后记载种子的形状、大小和色泽。

34.生育期调查:

(1)播种期:实际播种日期,以月、日表示。

(2)出苗期:全区50%及以上出苗的日期。

(3)小十字期:全区50%及以上幼苗呈小十字形的日期。

(4)大十字期:全区50%及以上幼苗呈大十字形的日期。

(5)生根期:全区50%及以上幼苗第四、五真叶明显上竖的日期。

(6)假植期:烟苗从母床假植到托盘或营养钵的日期,以月、日表示。

(7)成苗期:全区50%及以上幼苗达到适栽和壮苗标准的日期。

(8)苗床期:从播种到成苗的时期,以天数表示。

(9)移栽期:烟苗移栽到大田的日期,以月、日表示。

(10)还苗期:移栽后全区50%以上烟苗成活的日期。

(11)伸根期:烟苗成活后到团棵的时期,以月、日表示。

(12)团棵期:全区50%植株达到团棵标准。

(13)旺长期:全区50%植株从团棵到现蕾称为旺长期。

(14)现蕾期:全区10%植株现蕾时为现蕾始期,达50%时为现蕾盛期。

(15)打顶期:全区50%植株可以打顶的日期。

(16)开花期:全区10%植株中心花开为开花始期,达50%时为开花盛期。

(17)第一青果期:全区50%植株中心蒴果达青果标准的日期。

(18)蒴果成熟期:全区50%植株半数蒴果达成熟标准的日期。

(19)收种期:实际收种的日期,以月、日表示。

(20)烟叶成熟期:分别记载下部叶成熟期、中部叶成熟期和上部叶成熟期的日期。

(21)大田生育期:从移栽到最后一次采收或从移栽到种子收获的时期,以天数表示。

35.生育期天数:

(1)苗期天数:出苗至成苗的天数(以苗龄天表示)。

（2）大田期天数：移栽至烟叶末次采收的天数。

（3）烟叶采收天数：首次采收至末次采收的天数。

（4）现蕾天数：出苗至现蕾天数、移栽至现蕾天数分别记载。

（5）开花天数：出苗至开花天数、移栽至开花天数分别记载。

（6）蒴果成熟天数：开花盛期至蒴果成熟的天数。

（7）打顶天数：移栽至打顶天数。

（8）全生育期天数：出苗至烟叶采收结束的天数，出苗至种子采收结束的天数分别记载。

36. 物理测定：

（1）单叶重：取中部叶等级相同的干烟叶 100 片称其重量，以克表示。重复 2~4 次取平均值。

（2）特定单叶重：根据试验要求，分部位或等级测量单叶重，每次测量叶数不少于 10 片。

（3）干烟率：干烟叶占鲜烟叶重量的百分率。在采收烟叶时随机取中部烟叶 300 片称重，经调制平衡水后达到定量水分（含水率 16% 左右）时再称重，计算出干烟率。

（4）特定干烟率：根据试验要求，分部位或等级测量干烟率，每次测量叶片数不少于 10 片。

（5）叶面积：在打顶后一周至 10 d，测量最大叶的长宽，每个样本数量不少于 10 片，以长×宽×修正系数（0.634 5）之积代表叶面积。

37. 仪器测量，使用叶面积仪进行测量，每个样本数量不少于 10 片。

（1）叶面积系数：指单位土地面积上的叶面积，为植物群落叶面积大小指标的无名数。叶面积系数 =（平均单叶面积×单株叶数×株数）/取样的土地面积。

（2）单位叶面积重量：用 2~10 cm² 的圆形打孔器自干烟叶或根据试验要求确定的叶片上叶尖、叶中、叶基对称取样，取叶肉样品若干，用千分之一天平称重，计算每平方厘米的平均重量，单位：mg/cm²。

38. 根系：测量根系在土壤中自然生长的深度和广度（扩展范围），以厘米表示。如试验需要时，可增加测定调查项目（如根系重量和侧根数目、长度等）。

附录 2　烤烟国家标准（GB 2635—1992）

一、与烤烟分级有关术语

1. 分组：在烟叶着生部位、颜色和其总体质量相关的某些特征的基础上，将密切相关的等级划分组成。

2. 分级：将同一组列内的烟叶，按质量的优劣划分的级别。

3. 成熟度：指调制后烟叶的成熟程度（包括田间和调制成熟度）。成熟度划分为下列

档次;

（1）完熟:指上部烟叶在田间达到高度的成熟,且调制后熟充分。

（2）成熟:烟叶在田间及调制后熟均达到成熟程度。

（3）尚熟:烟叶在田间刚达到成熟,生化变化尚不充分或调制失当后熟不够。

（4）欠熟:烟叶在田间未达到成熟或调制失当。

（5）假熟:泛指脚叶,外观似成熟,实质上未达到真正成熟。

4. 叶片结构:指烟叶细胞排列的疏密程度。分为下列档次:疏松、尚疏松、稍密、紧密。

5. 身份:指烟叶厚度、细胞密度或单位面积的重量。以厚度表示,分下列档次:薄、稍薄、中等、稍厚、厚。

6. 油分:烟叶内含有的一种柔软半液体或液体物质。根据感官感觉,分下列档次:

（1）多:富油分,表观油润。

（2）有:尚有油分,表观有油润感。

（3）稍有:较少油分,表观尚有油润感。

（4）少:缺乏油分,表观无油润感。

7. 色度:指烟叶表面颜色的饱和程度、均匀度和光泽强度。分下列档次:

（1）浓:叶表面颜色均匀,色泽饱和。

（2）强:颜色均匀,饱和度略逊。

（3）中:颜色尚匀,饱和度一般。

（4）弱:颜色不匀,饱和度差。

（5）淡:颜色不匀,色泽淡。

8. 长度:从叶片主脉柄端至尖端间的距离,以厘米（cm）表示。

9. 残伤:烟叶组织受破坏,失去成丝的强度和坚实性,基本无使用价值(包括由于烟叶成熟度的提高而出现的病斑、焦尖和焦边),以百分数（％）表示。

10. 破损:指叶片因受到机械损伤而失去原有的完整性,且每片叶破损面积不超过50％,以百分数表示。

11. 颜色:同一型烟叶经调制后烟叶的相关色彩、色泽饱和度和色值的状态。

（1）柠檬黄色:烟叶表观全部呈现黄色,在习惯称呼的淡黄、正黄色色域内。

（2）橘黄色:烟叶表观呈现橘黄色,在习惯称呼的金黄色、深黄色色域内。

（3）红棕色:烟叶表观呈现红黄色或浅棕黄色,在习惯称呼的红黄、棕黄色色域内。

12. 微带青:指黄色烟叶上叶脉带青或叶片含微浮青面积在10％以内者。

13. 青黄色:指黄色烟叶上有任何可见的青色,且不超过三成者。

14. 光滑:指烟叶组织平滑或僵硬。任何叶片上平滑或僵硬面积超过20％者,均列为光滑叶。

15. 杂色:指烟叶表面存在的非基本色颜色斑块（青黄烟除外）,包括轻度泗筋、蒸片及局部挂灰、全叶受污染、青痕较多、严重烤红、严重潮红、受蚜虫损害叶等。凡杂色面积达到或超过20％者,均视为杂色叶片。

16. 青痕:指烟叶在调制前受到机械擦压伤而造成的青色痕迹。

17. 纯度允差:指混级的允许度。允许在上、下一级总和之内。纯度允差以百分数(%)表示。

二、分组、分级

(一)分组

依烤烟叶片在烟株上生长的位置分下部、中部、上部,依颜色深、浅分柠檬黄、橘黄、红棕。即下部柠檬黄、橘黄色组,中部柠檬黄、橘黄色组,上部柠檬黄、橘黄、红棕色组(见表1)。另分一个完熟叶组共八个正组;副组包括中下部杂色、上部杂色、光滑叶、微带青、青黄色五个副组。

表1　部位分组特征

组别	部位特征				颜色
	脉相	叶形	叶面	厚度	
下部	较细	较宽圆	平坦	薄	多柠檬黄色
中部	适中,遮盖至微露,叶尖处稍弯曲	宽至较宽,叶尖部较钝	皱缩	适中至稍厚	多橘黄色
上部	较粗到粗、较显露至突起	稍窄至较窄	稍皱折至平坦	稍厚至厚	多橘黄至红棕

注:在特殊情况下,部位划分以脉相、叶形为依据。

(二)分级

1. 等级代号

等级代号由 1~3 个英文字母及阿拉伯数字所组成。英文字母代表部位、颜色及其他与总体质量相关的特征,表示级别;阿拉伯数字表示品质,用 1、2、3、4 分别表示一级、二级、三级、四级。

等级代号书写一般方法是部位＋品质＋颜色。如下部橘黄一级表示为 X1F,中部柠檬黄二级表示为 X2L,中下部杂色二级表示为 CX2K,完熟一级表示为 H1F。特殊等级的符号书写方法是光滑一级、二级分别表示为 S1、S2,青黄色一级、二级分别表示为 GY1、GY2。

2. 等级设置

根据烟叶的成熟度、叶片结构、身份、油分、色度、长度、残伤等七个外观品级因素区分级别。分为下部柠檬黄色 4 个级、橘黄色 4 个级,中部柠檬黄色 4 个级、橘黄色 4 个级,上部柠檬黄色 4 个级、橘黄色 4 个级、红棕色 3 个级,完熟叶 2 个级,中下部杂色 2 个级、上部杂色 3 个级,光滑叶 2 个级,微带青 4 个级、青黄色 2 个级,共 42 个级,其中主组 29 个等级,副组 13 个等级(见表2、表3)。

表2　烤烟等级设置

组别	主族								副族				
	XL	XF	CL	CF	BL	BF	BR	H	CXK	BK	S	GY	V
等级设置	X1L	X1F	C1L	C1F	B1L	B1F	B1R	H1F	CX1K	B1K	S1	GY1	X2V
	X2L	X2F	C2L	C2F	B2L	B2F	B2R	H2F	CX2K	B2K	S2	GY2	C3V
	X3L	X3F	C3L	C3F	B3L	B3F	B3R			B3K			B2V
	X4L	X4F	C4L	C4F	B4L	B4F							B3V

表3　烟叶等级的品质规定

组别		级别	代号	成熟度	叶片结构	身份	油分	色度	长度（cm）	残伤（%）
下部（X）	柠檬黄（L）	1	X1L	成熟	疏松	稍薄	有	强	40	10
		2	X2L	成熟	疏松	薄	稍有	中	35	20
		3	X3L	成熟	疏松	薄	稍有	弱	30	25
		4	X4L	假熟	疏松	薄	少	淡	25	30
	橘黄（F）	1	X1F	成熟	疏松	稍薄	有	强	40	10
		2	X2F	成熟	疏松	稍薄	稍有	中	35	20
		3	X3F	成熟	疏松	稍薄	稍有	弱	30	25
		4	X4F	假熟	疏松	薄	少	淡	25	30
中部（C）	柠檬黄（L）	1	C1L	成熟	疏松	中等	多	浓	45	5
		2	C2L	成熟	疏松	中等	有	强	40	10
		3	C3L	成熟	疏松	稍薄	有	中	35	20
		4	C4L	成熟	疏松	稍薄	稍有	中	35	30
	橘黄（F）	1	C1F	成熟	疏松	中等	多	浓	45	5
		2	C2F	成熟	疏松	中等	有	强	40	10
		3	C3F	成熟	疏松	中等	有	中	35	20
		4	C4F	成熟	疏松	稍薄	稍有	中	35	30
上部（B）	柠檬黄（L）	1	B1L	成熟	尚疏松	中等	多	浓	45	5
		2	B2L	成熟	稍密	中等	有	强	40	10
		3	B3L	成熟	稍密	中等	稍有	中	35	20
		4	B4L	成熟	紧密	稍厚	稍有	弱	30	25
	橘黄（F）	1	B1F	成熟	尚疏松	稍厚	多	浓	45	5
		2	B2F	成熟	尚疏松	稍厚	有	强	40	10

组别		级别	代号	成熟度	叶片结构	身份	油分	色度	长度（cm）	残伤（%）
上部（B）	橘黄（F）	3	B3F	成熟	稍密	稍厚	有	中	35	20
		4	B4F	成熟	稍密	厚	稍有	弱	30	25
	红棕（R）	1	B1R	成熟	尚疏松	稍厚	有	浓	45	5
		2	B2R	成熟	稍密	稍厚	有	强	40	15
		3	B3R	成熟	稍密	厚	稍有	中	35	25
完熟叶（H）		1	H1F	完熟	疏松	中等	稍有	强	40	10
		2	H2F	完熟	疏松	中等	稍有	中	35	25
杂色（K）	中下部（CX）	1	CX1K	尚熟	疏松	稍薄	有	—	35	20
		2	CX2K	欠熟	尚疏松	薄	少	—	25	25
	上部（B）	1	B1K	尚熟	稍密	稍厚	有	—	35	20
		2	B2K	欠熟	紧密	厚	稍有	—	30	30
		3	B3K	欠熟	紧密	厚	少	—	25	35
光滑叶（S）		1	S1	欠熟	紧密	稍薄、稍厚	有	—	35	10
		2	S2	欠熟	紧密	—	少	—	30	20
微带青（V）	下二棚（X）	2	X2V	尚熟	疏松	稍薄	有	中	35	15
	中部（C）	3	C3V	尚熟	疏松	中等	多	强	40	10
	上部（B）	2	B2V	尚熟	稍密	稍厚	多	强	40	10
		3	B3V	尚熟	稍密	稍厚	有	中	35	10
青黄色（GY）		1	GY1	尚熟	尚疏松至稍密	稍薄、稍厚	有	—	35	10
		2	GY2	欠熟	稍密至紧密	稍薄、稍厚	稍有	—	30	20

附录3 常用植物切片固定剂种类及配制

一、固定的目的及原理

（一）固定的目的
固定的目的可以归结为以下几点：

(1)迅速地杀死原生质,固定原来的细微结构。

(2)增加细胞及其内含物质的折光度,使各个部分结构更为清晰,便于在显微镜下观察。

（3）凝固组织中某些部分，使材料适当硬化，便于切片。

（4）促进植物组织对一些染色剂的着色力。固定剂可使材料本身起一些物理上或化学上的变化，这些变化会导致材料对某些染色料亲和力的增强和对另一些染色料亲和力的减弱。因此，在选用固定剂时应事先考虑到以后用何种染料染色，尽量使固定剂和染色剂相互配合，取得良好的染色效果。

要达到上述要求，单一的化学药品是不行的。一种药品往往既有优点，又有缺点，如酒精渗透力强，但会使原生质收缩，醋酸虽然渗透力弱，然而却能使细胞膨胀。假使把它和酒精以适当的比例混合起来，效果会很好。因此，两种或两种以上不同性质的药品配合起来，才能发挥各自的长处，相互弥补缺陷。我们通常采用的固定剂，都是两种或两种以上的药品的混合物，即混合固定剂。

任何一种固定剂都不是万能的，对所有的材料都适应。这就要求我们在选择用何种固定剂时，一定要根据植物种类、观察目的、器官等决定。

（二）固定的原理

1. 化学作用

根据作用机制的不同，又可分为下列三种：

（1）凝结作用。例如细胞内的蛋白质，遇到酒精即凝结成块状，发生不可逆的变化，以后所有的处理都不能使其变形或溶解。

（2）交联作用。组成细胞的许多高分子化合物，在一定条件下（一般为酸性）可和甲醛发生交联作用，即甲醛在这些高分子当中形成了共价结合，减少了分子间相对滑动引起的结构不可逆变形，使组织、细胞产生稳定的结构。

（3）络合（螯合）作用。许多固定液中含有能起络合（螯合）作用的金属离子，如铬等，可与组成细胞的高分子化合物上的羧基等发生络合（螯合）作用，使组织细胞的结构保持稳定，络合（螯合）作用一般是不可逆的。

2. 物理作用

物理作用即沉淀作用，如油类和脂肪遇到锇酸即发生黑色沉淀。但应指出，某种沉淀发生后又能溶于水，这样就不能认为使固定。

二、固定相

（1）酸性固定相：即在酸性固定剂中可使细胞分裂间期的染色质、核仁、纺锤丝等保存下来，细胞质固定成索状海绵质。核质和线粒体被溶解。

（2）碱性固定相：在碱性固定剂中和酸性作用相反，使分裂间期的染色质和纺锤丝被溶解，而核质和线粒体则被保存下来，细胞质固定成透明状态，液泡也可保存。

我们常用的固定剂多数为酸性固定相，少数为碱性固定相。也有一些固定剂在不同的 pH 值下有不同的反应，如重铬酸钾。

在植物制片中，碱性固定剂仅用来研究细胞内含物、线粒体等。

三、常用固定液简介

(一)酒精(乙醇)(ethyl alcohol)

用酒精作固定剂有如下特点:杀死快,渗透力强,易使材料硬化,但会引起原生质收缩。

酒精本身是一种还原剂,不要与铬酸、重铬酸钾、锇酸等氯化剂混合使用,而与福尔马林、醋酸丙酸(propamic acid)等配成混合剂效果较好。此外,酒精能溶解脂肪、磷酸酯。因此,含有这些物质的材料用酒精固定起来困难。

配固定剂用的酒精,有50%到纯酒精不同的浓度。

(二)福尔马林(formalin)(37% ~40%的甲醛)

福尔马林为很好的硬化剂,但其渗透力弱。对很多材料会引起强烈收缩,因此最好与其他药品混合使用,可以大大改善固定的效果。

甲醛极易氧化成甲酸,故而不要与铬酸、锇酸等氧化剂相混合。此外,它的蒸汽刺激鼻、眼,长期接触可损害眼睛,使用时应注意。

单独使用甲醛作固定剂时,浓度在2% ~10%。

(三)醋酸(acetic acid)

醋酸为具有刺激性气味的无色液体。纯醋酸在温度稍低时即凝结成冰花状结晶,因而亦称冰醋酸(dlacial acetic acid)。

醋酸作固定剂时,它的渗透力强,渗透迅速,但由于它会使材料的原生质膨胀,因此常与铬酸、甲醛等易使材料收缩的药品相混合,可起到平衡作用。

醋酸在固定剂中的浓度常在0.3% ~6%,用其固定的材料,不必经特别的洗涤。

醋酸不仅是一种很好的固定剂,而且是较好的保存剂。我国古代就有用米醋腌食物的习惯。除防腐外,还能保存食物中的蛋白质和脂肪。

(四)苦味酸(picric acid)

苦味酸为黄色结晶,可溶于水,亦可溶于酒精、二甲苯中。

作固定剂用的苦味酸是其饱和溶液,它使蛋白质、核酸等沉淀并可防止其过度硬化,经它固定后,材料着色能力增强。但是苦味酸渗透力弱,且易引起材料细胞收缩,因此常与其他药品混合使用。材料经苦味酸固定后,需用50% ~70%酒精洗涤。

为使用方便,一般在苦味酸瓶中注入蒸馏水,可随时取其饱和溶液。

苦味酸的干粉很容易爆炸,因此最好将其加入少量的蒸馏水保存。

(五)铬酸(chromic acid)

铬酸为红棕色结晶,极易潮解,平时存放在容器内密封。它在水中的溶解度很大,其饱和水溶解度为70%。

作固定剂用的铬酸是其0.1% ~1%的水溶液,可使蛋白质沉淀、组织硬化,但其穿透缓慢,且使材料收缩,因此常与醋酸混合使用,效果很好。

铬酸为强氧化剂,当还原为二氧化铬时,即失去固定作用。所以不能与酒精、甲醛等预先混合储备。材料固定在铬酸中,不能直接暴露在强光下,因强光可使固定的蛋白质分解。

平时最好将铬酸配成2%、10%的母液,以便用时稀释。

(六)重铬酸钾(potassium dichromate)

重铬酸钾为橙红色结晶,水中的溶解度大约为9%,水溶液略具酸性,为一种强氧化剂。

作固定液用的重铬酸钾浓度为1%~3%,假如与酸性溶液混合,pH值在4.2以下时,可固定染色体、细胞质,染色质则沉淀成网状,但不能固定细胞质中的线粒体,如果固定液的pH在5.2以上,染色体被溶去,染色质的网状结构不明显,然而细胞质却保存得均匀一致,尤其是线粒体的固定很好。

重铬酸钾不能与还原剂酒精、甲醛等预先混合。

(七)锇酸(osmic acid)

锇酸是一种灰黄的结晶,它不是一种酸,其溶液呈中性。它是目前进行细胞学研究的最好的固定剂;电镜需要用的超薄切片,此药也是主要的固定剂。锇酸为脂肪类物质的唯一固定剂,研究线粒体也常用它固定。

锇酸的渗透力很弱,且固定也不易均匀。当材料完全变为棕黑色时,表明已固定完全。

锇酸十分昂贵,价格为白金的2倍,通常将其0.5 g或1 g的结晶储存在玻璃小管内,配药时在瓶中将小管打碎,放入重蒸馏水中。平时将其配成2%的母液备用(其饱和浓度可达6%),配制时,如蒸馏水稍有不纯,或瓶子不干净,锇酸即还原变为黑色。

锇酸为强氧化剂,不能与酒精、甲醛等还原剂混合。为防止锇酸在储存过程中被还原,常将其溶于2%铬酸里配成1%的溶液或在其溶液中加入少量的碘化钾。

固定后脱水前,材料必须经流水冲洗一昼夜;染色前可用过氧化氢漂白(1份过氧化氢加10份70%~80%的酒精),以免妨碍染色。

四、几种常用固定剂(液)的配制

制片用的固定液种类很多,现介绍常用的几种如下。

(一)福尔马林 – 醋酸 – 酒精固定液(F. A. A solution)

适用范围:一般的根、茎、叶、花药、脂肪等的组织切片均用此固定液。

固定时间:2~24 h即可,亦可作为长久保存剂。

配方Ⅰ:F——福尔马林(Formalin)　　　　5 mL

A——冰醋酸(Glacial acetic acid)　5 mL

A——酒精(Alcohol)　　　　　　90 mL(50%~70%酒精)

幼嫩的材料用50%的酒精,一般的材料用70%的酒精,如果要用此固定液固定胚胎方面的材料,应采用配方Ⅱ。

配方Ⅱ:F——福尔马林(Formalin)　　　　5 mL

A——冰醋酸(Glacial acetic acid)　6 mL

A——酒精(Alcohol)　　　　　　89 mL(50%酒精)

此固定液应用虽然普遍,但在研究细胞学的制片和固定单细胞生物、丝状藻类以及菌类时则不如其他专用的固定液,因为其中含有酒精,易使原生质收缩。

用 FAA 固定的材料,脱水前需经 50% 或 70% 的酒精洗 2 次,然后再脱水。

（二）卡诺氏固定液（Carnoy's solution）

适用范围:其穿透力强,穿透迅速,所以常用于细胞学材料的固定,如根尖、花药等。

固定时间:根尖、花药 15 ~ 30 min,最多不超过 24 h。

配方有下列几种(见表 1)。

表 1　卡诺氏固定液配方　(单位:mL)

药品	I	II
纯酒精(absolute alcohol)	15	30
冰醋酸(Glacial acetic acid)	5	10
氯仿(Chloroform)	—	5

改良后的卡诺氏固定液(A modified Carnoy's solution)配方见表 2。

表 2　改良后的卡诺氏固定液配方

药品	I	II
纯酒精(absolute alcohol)	3 份	3 份
氯仿(Chloroform)	1 份	4 份
冰醋酸(Glacial acetic acid)	1 份	1 份

配方 I 适合有丝分裂的材料,配方 II 适合减数分裂的材料。

固定后的材料如需立即观察,用纯酒精洗 2 ~ 3 次,然后进行其他步骤,或放入 70% 的酒精中备用。如果固定时间超过 24 h,材料将变坏,使用时应注意。

（三）铬酸 – 醋酸固定液

此液应用甚广,有下列三种配方(见表 3)。

表 3　铬酸 – 醋酸固定液配方　(单位:mL)

药品	I	II	III
10% 的铬酸	2.5	7	10
10% 的醋酸	5	10	10
蒸馏水	92.5	83	100

如将上液加 2 g 麦芽糖或尿素,有助于溶液的渗透。

配方 I 为弱型铬酸 – 醋酸液,常用于容易渗透的材料,如藻类、菌类及苔藓、蕨类植物的原叶体、包子囊等。

配方 II 为中型铬酸 – 醋酸液,为幼嫩组织如根尖、茎尖、胚珠等最好的固定液。

配方 III 对木质材料、坚韧的子叶较适用。

（四）纳瓦兴固定液

纳瓦兴固定液对一般组织学、胚胎学的材料都适用。

固定时间:12 ~ 48 h。

纳瓦兴固定液配方如表4所示。

表4　纳瓦兴固定液配方

（单位：mL）

种类	药品	Nawashin's	I	II	III	IV	V
甲液	1%铬酸	—	40	40	60	—	—
	10%铬酸	15	—	—	—	8	10
	10%醋酸	—	15	20	40	60	70
	冰醋酸	10	—	—	—	—	—
	蒸馏水	75	45	40	—	32	20
乙液	福尔马林	40	10	10	20	20	30
	蒸馏水	60	90	90	80	80	70

注：V为冷多夫（Randoph）改良纳瓦兴液。

　　柔嫩组织等含水多的材料可选用低浓度的配方I、II,坚韧的材料可选用高浓度的配方IV、V。其中以III、IV配方最为常用。

　　甲、乙两液应分开保存,使用前将其等量混合。此液兼有保存作用。固定后,I、II号液需在流水中洗25 h,然后各级酒精脱水,III、IV号液可在35%的酒精中冲洗,然后换入70%酒精冲洗2次,再入83%的酒精中脱水。

（五）酒精－福尔马林固定液

适用范围：一般植物组织,特别是对花粉管的萌发固定效果较好。

固定时间：24 h。

配方：福尔马林　　6~10 mL

　　　70%酒精　　100 mL

材料可在溶液中长期保存。

（六）铬酸－醋酸－锇酸固定液

此液由佛来明（Fleming）首创。

适用范围：一般细胞学制片都适用,对染色体的观察特别适用。

固定时间：24~48 h。

泰勒（Tayley）将佛氏原液加以变化,得出强、中、弱三种配方（见表5）。

表5　泰勒铬酸－醋酸－锇酸固定液配方

（单位：mL）

药品	强	中	弱
10%铬酸	3.1	0.33	1.5
2%锇酸（溶于2%铬酸中）	12	0.62	5
10%醋酸	3	3	1
蒸馏水	11.9	6.27	96.5

　　强型适用于坚韧的材料,弱型适用于柔软的材料。该液渗透力很弱,固定时材料应尽

量小。该液应用时混合,不可事先配合保存。固定好的应冲洗,不可长期保存。

(七)苦味酸混合固定液(Bouins solution)

适用范围:根尖及裸子植物的雌配子体、根尖有丝分裂中期。

固定时间:12～48 h。

苦味酸混合固定液配方如表6所示。

表6 苦味酸混合固定液配方

种类	药品	原液	I	II	III
甲液	1%铬酸	—	50	50	
	10%醋酸	—	20		25
	冰醋酸	5		5	40
乙液	甲醛	25	10	10	10
	饱和苦味酸溶液	75	20	35	25

甲、乙两溶液应用时再混合,切忌提前混合保存。

上述III式较为常用,II式固定百合科植物的花药和芽效果较好。

此液固定效果很好,不但渗透力强,而且也不使材料变脆。因此,对其他固定剂不易固定的材料可改用此液固定。固定后用50%酒精洗涤数次,不要用水冲洗,因水对植物组织有损害,洗到材料变白色,加酒精不变色为止。

(八)夏姆皮氏固定液(Champy's solution)

适用范围:主要用于线粒体和脂肪的固定。

固定时间:24 h。

配方:3%重铬酸钾　　　7 mL

　　　1%铬酸　　　　　7 mL

　　　2%锇酸　　　　　4 mL

此液应用时混合,不可事先配制保存。它的渗透力差,材料应尽量减小。固定后,材料应在流水中冲洗24 h。

此液不能作为保存液,应用时应注意。

(九)氧化汞混合固定液

此液多用于藻菌类的固定,固定时间18～20 h,现分述如下:

(1)氧化汞　　　　　　　　4 g

　　冰醋酸　　　　　　　　5 mL

　　50%酒精或蒸馏水　　　100 mL

此液对固定藻类,特别是小型藻类很有效。如果用甘油、松脂精封藏,则利用水的固定液;如以后用作石蜡制片,则宜用酒精的固定液。

(2)氧化汞　　　10 g

　　冰醋酸　　　2 mL

　　硝酸　　　　7.5 mL

60%酒精　50 mL

此液固定菌类较好,尤其是对柔软多胶质的菌类固定效果更好。

氧化汞固定液固定后,材料必须及早包埋,以免久置损坏。固定后应立即冲洗,并加少量的碘,以除净材料中的氧化汞。

附录4　实验室常用酸、碱的浓度

试剂名称	密度(20 ℃)(g/mL)	浓度(mol/L)	质量分数
浓硫酸	1.84	18	0.96
浓盐酸	1.19	12.1	0.372
浓硝酸	1.42	15.9	0.704
磷酸	1.7	14.8	0.855
冰醋酸	1.05	17.45	0.998
浓氨水	0.9	14.53	0.566
浓氢氧化钠	1.54	19.4	0.505

名称	分子式	相对质量	质量密度(kg/L)	百分浓度(%)(W/W)	物质的量浓度(粗略)(mol/L)	配1 L 1 mol/L溶液所需量(mL)
盐酸	HCl	36.47	1.19	37.2	12	84
			1.18	35.4	11.8	
			1.1	20	6	
硫酸	H_2SO_4	98.09	1.84	95.6	18	28
			1.18	24.8	3	
硝酸	HNO_3	63.02	1.42	70.9	16	63
			1.4	65.3	14.5	
			1.2	32.36	6.1	
冰乙酸	CH_3COOH	60.05	1.05	99.5	17.4	59
乙酸	CH_3COOH		1.075	80	14.3	69.93
磷酸	H_3PO_4	98.06	1.71	85	15	67
氨水	$NH_3 \cdot H_2O$	35.05	0.9		15	67
			0.904	27	14.3	70
			0.91	25	13.4	
			0.96	10	5.6	
氢氧化钠溶液		40	1.5	50	19	53

附录5 常用酸、碱指示剂

中文名	英文名	变色pH范围	酸性色	碱性色	浓度(%)	溶剂	100 mL指示剂需 0.1 mol/L NaOH 毫升数(mL)
间甲酚紫	m – cresol purple	1.2 ~ 2.8	红	黄	0.04	稀碱	1.05
麝香草酚蓝	thymol blue	1.2 ~ 2.8	红	黄	0.04	稀碱	0.86
溴酚蓝	bromophenol blue	3.0 ~ 4.6	黄	紫	0.04	稀碱	0.6
甲基橙	methyl orange	3.1 ~ 4.4	红	黄	0.02	水	—
溴甲酚绿	bromocresol green	3.8 ~ 5.4	黄	蓝	0.04	稀碱	0.58
甲基红	methyl red	4.2 ~ 6.2	粉红	黄	0.10	50%乙醇	—
氯酚红	chlorophenol red	4.8 ~ 6.4	黄	红	0.04	稀碱	0.94
溴酚红	bromophenol red	5.2 ~ 6.8	黄	红	0.04	稀碱	0.78
溴甲酚紫	bromocresol purple	5.2 ~ 6.8	黄	紫	0.04	稀碱	0.74
麝香草酚蓝	bromothymol blue	6.0 ~ 7.6	黄	蓝	0.04	稀碱	0.64
酚红	phenol red	6.4 ~ 8.2	黄	红	0.02	稀碱	1.13
中性红	neutral red	6.8 ~ 8.0	红	黄	0.01	50%乙醇	—
甲酚红	cresol red	7.2 ~ 8.8	黄	红	0.04	稀碱	1.05
间甲酚紫	m – cresol purple	7.4 ~ 9.0	黄	紫	0.04	稀碱	1.05
麝香草酚蓝	thymol blue	8.0 ~ 9.2	黄	蓝	0.04	稀碱	0.86
酚酞	phenolphthalein	8.2 ~ 10.0	无色	红	0.10	95%乙醇	—
麝香草酚酞	thymolphthalein	8.8 ~ 10.5	无色	蓝	0.10	50%乙醇	—
茜素黄R	alizarin yellow R	10.0 ~ 12.1	淡黄	棕红	0.10	50%乙醇	—
金莲橙O	tropaeolin Q	11.1 ~ 12.7	黄	红棕	0.10	水	—

附录6 常用缓冲液的配制

一、磷酸氢二钠 – 柠檬酸缓冲液

Na_2HPO_4相对分子质量 = 141.98;0.2 mol/L溶液为28.40 g/L。

$Na_2HPO_4 \cdot 2H_2O$相对分子质量 = 178.04;0.2 mol/L溶液含35.61 g/L。

$C_6H_8O_7 \cdot H_2O$相对分子质量 = 210.14;0.1 mol/L溶液为21.01 g/L。

磷酸氢二钠－柠檬酸缓冲液

pH	0.2 mol/L Na₂HPO₄(mL)	0.1 mol/L 柠檬酸(mL)
2.2	0.4	18.6
2.4	1.24	18.76
2.6	2.18	17.82
2.8	3.17	16.83
3	4.11	15.89
3.2	4.94	15.6
3.4	5.7	14.3
3.6	6.44	13.56
3.8	7.1	12.9
4	7.71	12.29
4.2	8.28	11.72
4.4	8.82	11.18
4.6	9.35	10.65
4.8	9.86	10.14
5	10.3	9.7
5.2	10.72	8.28
5.4	11.15	8.85
5.6	11.6	8.4
5.8	12.09	7.91
6	12.63	7.37
6.2	13.22	6.78
6.4	13.85	6.15
6.6	14.55	5.45
6.8	15.45	4.55
7	16.47	3.53
7.2	17.39	2.61
7.4	18.17	1.83
7.6	18.73	1.27
7.8	19.15	0.85
8	19.45	0.55

二、柠檬酸－柠檬酸钠缓冲液(0.1mol/L)

柠檬酸 $C_6H_8O_7 \cdot H_2O$,相对分子质量 =210.14;0.1 mol/L 溶液为 21.01 g/L。

柠檬酸钠 $Na_3C_6H_5O_7 \cdot 2H_2O$,相对分子质量:294.12;0.1 mol/L 溶液为 29.41 g/L。

柠檬酸－柠檬酸钠缓冲液(0.1 mol/L)

pH	0.1 mol/L 柠檬酸(mL)	0.1 mol/L 柠檬酸钠(mL)
3	18.6	1.4
3.2	17.2	2.8
3.4	16	4
3.6	14.9	5.1
3.8	14	6
4	13.1	6.9
4.2	12.3	7.7
4.4	11.4	8.6
4.6	10.3	9.7
4.8	9.2	10.8
5	8.2	11.8
5.2	7.3	12.7
5.4	6.4	13.6
5.6	5.5	14.5
5.8	4.7	15.3
6	3.8	16.2
6.2	2.8	17.2
6.4	2	18
6.6	1.4	18.6

三、醋酸－醋酸钠缓冲液(0.2 mol/L)

$NaAC \cdot 3H_2O$,相对分子质量 =136.09;0.2 mol/L 溶液为 27.22 g/L。

醋酸 – 醋酸钠缓冲液(0.2 mol/L)

pH(18 ℃)	0.2 mol/L NaAC(mL)	0.2 mol/L HAC(mL)
3.6	0.75	9.25
3.8	1.2	8.8
4	1.8	8.2
4.2	2.65	7.35
4.4	3.7	6.3
4.6	4.9	5.1
4.8	5.9	4.1
5	7	3
5.2	7.9	2.1
5.4	8.6	1.4
5.6	9.1	0.9
5.8	9.4	0.6

四、磷酸盐缓冲液

1. $Na_2HPO_4 \cdot 2H_2O$,相对分子质量 = 178.05;0.2 mol/L 溶液为 35.61 g/L。

$Na_2HPO_4 \cdot 12H_2O$,相对分子质量 = 358.22;0.2 mol/L 溶液为 71.64 g/L。

$NaH_2PO_4 \cdot H_2O$,相对分子质量 = 138.01;0.2 mol/L 溶液为 27.6 g/L。

$NaH_2PO_4 \cdot 2H_2O$,相对分子质量 = 156.03;0.2 mol/L 溶液为 31.21 g/L。

磷酸氢二钠 – 磷酸二氢钠缓冲液(0.2 mol/L)

pH	0.2 mol/L Na_2HPO_4(mL)	0.2 mol/L NaH_2PO_4(mL)
5.7	6.5	93.5
5.8	8	92
5.9	10	90
6	12.3	87.7
6.1	15	85
6.2	18.5	81.5
6.3	22.5	77.5
6.4	26.5	73.5
6.5	31.5	68.5
6.6	37.5	62.5

磷酸氢二钠 - 磷酸二氢钠缓冲液(0.2 mol/L)

pH	0.2 mol/L Na$_2$HPO$_4$ (mL)	0.2 mol/L NaH$_2$PO$_4$ (mL)
6.7	43.5	56.5
6.8	49	51
6.9	55	45
7	61	39
7.1	667	33
7.2	72	28
7.3	77	23
7.4	81	19
7.5	84	16
7.6	87	13
7.7	89.5	10.5
7.8	91.5	8.5
7.9	93	7
8	94.7	5.3

2. Na$_2$HPO$_4$ · 2H$_2$O,相对分子质量 = 178.05;1/15 mol/L 溶液为 35.61 g/L。

KH$_2$PO$_4$,相对分子质量 = 136.09;1/15 mol/L 溶液为 9.078 g/L。

磷酸氢二钠 - 磷酸二氢钾缓冲液(1/15 mol/L)

pH	1/15 mol/L Na$_2$HPO$_4$ (mL)	1/15 mol/L KH$_2$PO$_4$ (mL)
4.92	0.1	9.9
5.29	0.5	9.5
5.91	1	9
6.24	2	8
6.47	3	7
6.64	4	6
6.81	5	5
6.98	6	4
7.17	7	3
7.38	8	2
7.73	9	1
8.04	9.5	0.5
8.34	9.75	0.25
8.67	9.9	0.1
8.18	10	0

五、巴比妥钠 – 盐酸缓冲液(18 ℃)

巴比妥钠盐相对分子质量 = 206.18;0.04 mol/L 溶液为 8.25 g/L。

巴比妥钠 – 盐酸缓冲液(18 ℃)

pH	0.04 mol/L 巴比妥钠溶液(mL)	0.2 mol/L 盐酸(mL)
6.8	100	18.4
7	100	17.8
7.2	100	16.7
7.4	100	15.3
7.6	100	13.4
7.8	100	11.47
8	100	9.39
8.2	100	7.21
8.4	100	5.21
8.6	100	3.82
8.8	100	2.52
9	100	1.65
9.2	100	1.13
9.4	100	0.7
9.6	100	0.35

六、Tris – 盐酸缓冲液

50 mL 0.1 mol/L 三羟甲基氨基甲烷(Tris)溶液与 X mL 0.1 mol/L 盐酸混合均匀后,加水稀释至 100 mL。

羟甲基氨基甲烷(Tris)相对分子质量 = 121.14;0.1 mol/L 溶液为 12.114 g/L。

Tris 溶液可从空气中吸收二氧化碳,使用时注意将瓶盖严。

Tris – 盐酸缓冲液(25 ℃)

pH	X(mL)
7.1	45.7
7.2	44.7
7.3	43.4
7.4	42
7.5	40.3
7.6	38.5

Tris – 盐酸缓冲液(25 ℃)	
pH	$X(\text{mL})$
7.7	36.6
7.8	34.5
7.9	32
8	29.2
8.1	26.2
8.2	22.9
8.3	19.9
8.4	17.2
8.5	14.7
8.6	12.4
8.7	10.3
8.8	8.5
8.9	7

七、碳酸钠 – 碳酸氢钠缓冲液(0.1 mol/L)

$Na_2CO_3 \cdot 10H_2O$ 相对分子质量 = 286.2;0.1 mol/L 溶液为 28.62 g/L。

$NaHCO_3$ 相对分子质量 = 84.0;0.1 mol/L 溶液为 8.40 g/L。

碳酸钠 – 碳酸氢钠缓冲液(0.1 mol/L)

pH		0.1 mol/L Na_2CO_3(mL)	0.1 mol/L $NaHCO_3$(mL)
37 ℃	20 ℃		
9.16	8.77	1	9
9.4	9.12	2	8
9.51	9.4	3	7
9.78	9.5	4	6
9.9	9.72	5	5
10.14	9.9	6	4
10.28	10.08	7	3
10.53	10.28	8	2
10.83	10.57	9	1

Ca^{2+}、Mg^{2+} 存在时不得使用。

参考文献:

[1] 李合生.植物生理生化实验原理和技术[M].北京:高等教育出版社,2000.

[2] 孔祥生. 植物生理学实验技术[M]. 北京:中国农业出版社,2008.

[3] 萧浪涛,王三根. 植物生理学实验技术[M]. 北京:中国农业出版社,2005.

附录 7　植物组织组培常用培养基配制

培养基成分	MS	B5	N6	SH	NN	White
$(NH_4)_2SO_4$		134	463			
NH_4NO_3	1 650				720	
KNO_3	1 900	2 500	2 830	2 500	950	80
$Ca(NO_3)_2 \cdot 4H_2O$						200
$CaCl_2 \cdot 2H_2O$	440	150	166	200	166	
$MgSO_3 \cdot 7H_2O$	370	250	185	400	185	720
KH_2PO_4	170		400		68	
$NaH_2PO_4 \cdot H_2O$		150				17
$NH_4H_2PO_4$				300		
Na_2SO_4						200
Na_2-EDTA	37.3	37.3	37.3	15	37.3	
$Fe-EDTA$						
$Fe_2(SO_4)_2$						2.5
$FeSO_4 \cdot 7H_2O$	27.8	27.8	27.8	20	27.8	
$MnSO_4 \cdot H_2O$				10		
$MnSO_4 \cdot 4H_2O$	22.3	10	4.4		25	5
$ZnSO_4 \cdot 7H_2O$	8.6	2	3.8	1	10	3
H_3BO_3	6.2	3	1.6	5	10	1.5
KI	0.83	0.75	0.8	1		0.75
$Na_2MoO_4 \cdot 2H_2O$	0.25	0.25		0.1	0.25	
MoO_3						0.001
$CuSO_4 \cdot 5H_2O$	0.025	0.25		0.2	0.025	
$CoCl_2 \cdot 6H_2O$	0.025	0.025		0.1		
盐酸硫胺素(维生素 B1)	0.1	10	1	5	0.5	0.1
烟酸	0.5	1	0.5	5	5	0.3
盐酸吡哆醇(维生素 B6)	0.5	1	0.5	5	0.5	0.1
肌醇	100	100		1 000	100	
叶酸					0.5	
生物素(维生素 H)					0.05	

培养基成分	MS	B5	N6	SH	NN	White
甘氨酸	2		2		2	3
蔗糖	30 000	20 000	50 000	30 000	20 000	20 000
琼脂(g)	10	10	10		8	10
pH	5.8	5.5	5.8	5.8	5.5	5.6